Horst Jentsch

Weltgeschichte zwischen Wissenschaft und Glaube

Teil 2

Die Probleme der naturalistischen Standardlehre der Evolution mit der Langzeitinterpretation

Troisdorf 2021

3. Auflage

Verfasser: Horst Jentsch
Satz und Sichtung: Jürgen Schmid
Coverbild: Frank Jenne
Herstellung und Verlag: BoD - Books on Demand, Norderstedt
ISBN 978-3-7526-1891-4

Inhalt

Vorwort

Seit tausenden von Jahren versuchen Gelehrte herauszufinden, wie es zur Entstehung des Universums kam und was sich seit der Urgeschichte vollzogen haben mag. Schon im späten Mittelalter, besonders aber ab dem Beginn der Aufklärung wurde seitdem mit großem Einsatz versucht, die stattgefundenen Ereignisse zu verstehen. Vor allem ging es darum, aus den durch Beobachtung und Experiment gewonnenen naturwissenschaftlichen Erkenntnissen Schlüsse zum Zwecke der Reproduzierbarkeit der Vorgänge des Anfangs zu ziehen. Wobei aus der Vielfalt weltanschaulicher und naturwissenschaftlicher Betrachtungen sehr unterschiedliche Modellvorstellungen entstanden sind. **Verbindliches Standardmodell ist dabei die auf dem Urknall basierende naturalistische Evolutionslehre geworden.**

Für das naturwissenschaftliche Establishment ist dieses sich auf reinen Zufall und Selbstorganisation gründende Modell dieser Lehre **eine bewiesene Tatsache. Diese Weltsicht entspricht der Denkhaltung des Naturalismus.**

Im Brockhaus heißt es dazu, dass Mensch, Pflanze, Tier und Kosmos allein auf biologisch erfahrbare und materialistisch begründbare Erklärungszusammenhänge zurückzuführen seien. **Dabei wird Gott als Ursache des Seins ausgeschlossen.** Die Entstehung des Seins sei das Produkt natürlicher Evolutionsvorgänge, die sich im Laufe von vielen Millionen und Milliarden von Jahren zugetragen hätten.[1]

Das Leben habe sich dabei aus der Urzelle im Wesentlichen über die Mechanismen Mutation und Selektion entwickelt, wobei **die Vielfalt der Arten** im Zuge der natürlichen Evolution **in Makroevolution** (Entstehung neuer Gene und Organe rein zufällig) **und nicht in Mikroevolution** (erst nach ihrer Schöpfung durch Spezialisierungen) **entstanden sei.**

Diese Überzeugung wird als innig gehegte Denkhaltung in Lehre und Forschung unbeirrt vertreten und auch mit allen Mitteln verteidigt. Sie liefert eine von einem Schöpfer losgelöste Erklärung für Ursprung und Entwicklung des Universums, die in diesem Sinne alternativlos zu bleiben hat. Einem der Wissenschaft gemäßen Anspruch auf Objektivität entspricht dies nicht, weil die Frage nach Gott gar nicht gestellt werden darf. **Wissenschaftlich ist dies deshalb unhaltbar.**

Als ausschlaggebendes Ereignis gilt der Urknall, der zur Basis für das Verständnis des Kosmos wurde. Er ist für die meisten Wissenschaftler der Ausgangspunkt für das Universum, in welcher Form dieses auch speziell zustande gekommen und ausgeprägt sein mag. Ausgehend von diesem Urereignis wird für die ab diesem Zeitpunkt stattgefundene Entwicklung die **Evolution auf rein naturalistischer Basis verantwortlich gemacht.**

Schon als Schüler hat es mich gestört, dass die Thesen der Evolutionslehre und ihre Varianten als die alleinige Erklärung für die Entstehung des Alls, unserer Erde und des Lebens auf ihr gelehrt wurden. Das ist bis zum heutigen Tage so geblieben. Dabei haben sich inzwischen die damals schon verhärteten Positionen eher noch verstärkt. Es wird verbissen, eigentlich seit dem britischen Theologen und Naturforscher Charles Robert Darwin, an der Evolutionslehre festgehalten. Diese skurrile Verhaltensweise, die ebenso eigenwillig wie auch verschroben ist, verleitet dazu ständig zu behaupten, dass es für die Entstehung des Universums eines intelligenten Designers nicht bedurfte.

Ziel und Schwerpunkt der nun vorliegenden Arbeit ist die kritische Auseinandersetzung mit diesem unhaltbaren Zustand. Von daher ist es sogar geboten, die Schöpfungslehre in die Betrachtungen einzubeziehen. Denn die Heilige Schrift lehrt, im deutlichen Unterschied zur naturalistischen Evolutionslehre, dass die Schöpfung nach der Lehre der Teleologie durch das Wort Gottes entstanden ist. Im Johannesevangelium in Kapitel 1, Vers 1-3 + 14 heißt es:

1 Brockh. Enzykl., Band 15, 1991, Seite 376

„Im Anfang war das Wort und das Wort war Gott. Dieses war im Anfang bei Gott. Alle Dinge sind durch dieses gemacht, ohne es ist nichts gemacht, was gemacht ist. Und das Wort ward Fleisch und wohnte unter uns ...“
So war es Jesus Christus, durch welchen unsere Welt **in der Einheit mit dem allmächtigen Gott** geschaffen wurde. **Manche Ausleger nennen Christus den „Werkmeister“ Gottes.** Das Geschenk des freien Willens führte dann zur Sünde des ersten Menschen und schließlich durch ihr uferloses Anwachsen zum Sintflutgericht (näheres dazu siehe **Kapitel 6**).
So ward Jesus Mensch, um die Menschen mit Gott zu versöhnen. **Ohne ihn gibt es keine Versöhnung mit Gott und keinen Zugang zu ihm. So ist Jesus der einzige Weg zu Gott** (Johannes 14,6). Wie dieser Weg aussieht und wie man ihn finden kann, wird im Epilog zu **Punkt 7.11** genauestens beschrieben. Dieser Zusammenhang ist selbst vielen Christen nicht bekannt. Zu diesem Wissen haben viele Menschen allerdings leider auch in vielen kirchlichen Einrichtungen keinen Zugang mehr.

Wie sich zeigen wird, kann man mit den heutigen naturwissenschaftlichen Erkenntnissen für die Schöpfungslehre einen hohen Erklärungswert ableiten. **Es gibt sogar Belege dafür, dass sich die Natur nicht von selbst schöpferisch in Szene setzen konnte.** So werden wir mit Zusammenhängen vertraut gemacht, die hochgradige Indizien für die Existenz eines Schöpfers sind. **Ansprechen will ich Menschen, die vielleicht schon lange Suchende sind,** die aber bisher keine Gelegenheit fanden, auch die Sichtweise der Schöpfungslehre kennenzulernen.
Große Teile der Wissenschaft leisten sich aber gerade in dieser Beziehung eine ganz gezielte Informationsunterdrückung zu Gunsten der Evolutionslehre. Längst glaubt die gängige Schulweisheit und in ihrem Gefolge viele Medien, dass die für die Entstehung unseres Universums wesentlichen Vorgänge mit Hilfe der Evolutionslehre hinreichend erklärt werden können. Das Gegenteil ist aber der Fall! Von schlüssigen Beweisen dafür, wie unsere Welt wirklich entstand, muss man sich zunehmend mehr und mehr verabschieden. Obwohl es viele Gründe gibt, die inzwischen in die Jahre gekommene Lehre von der zufälligen Entstehung und Funktion des Weltganzen als gänzlich überholt zu betrachten, wird sie nach darwinschem Muster unter allen Umständen aufrechterhalten. Sie entwickelte sich sogar zur Standardlehre der Kosmogonie, mit der man sich aber längst in einer Sackgasse befindet. Es haben sich so grundlegende Veränderungen in der wissenschaftlichen Landschaft vollzogen, dass es an der Zeit ist, sich von den einseitigen darwinschen Vorstellungen endlich zu verabschieden. Mit wirklichen Beweisen kann nämlich niemand aufwarten, denn die Ereignisse haben sich nicht vor unserer Haustür abgespielt und sind nicht reproduzierbar.

Steven Weinberg, seinerzeit Professor für Physik an der Harvard-Universität, schreibt in der Einleitung zu seinem Buch „Die ersten drei Minuten“ einen Satz, der in diese Richtung weist: *„Ich kann nicht leugnen, dass ich einen Anflug von Unwirklichkeit empfinde, wenn ich über die ersten drei Minuten in einer Weise schreibe, als wüssten wir wirklich, wovon wir sprechen.“* [2]
Es wird sich zeigen, dass es viele wissenschaftliche Deutungsmöglichkeiten gibt, aber dass es niemandem gelingen kann, **das „Wie“** des sich seit Ewigkeiten vollziehenden Werdens und Vergehens im All vollständig und allumfassend zu erklären. In Bezug auf das **„Wann“** sieht es genauso aus wie beim **„Wie“. Was bringt es, unbedingt wissen zu wollen, wann genau unser Kosmos entstanden ist?**
Systematisch habe ich in den letzten 30 Jahren Schriftgut unterschiedlichster Autoren gesammelt und kritisch ausgewertet. Dazu stand reichlich Material zur Verfügung. Über lange

---

2   Steven Weinberg, „Die ersten drei Minuten – Der Ursprung des Universums“,
     Piper-Verlag, 1977, Seite 24

Zeit versuchte ich, mir als aufmerksamer Beobachter eine Gesamtübersicht zu verschaffen. Dabei stellte sich aber sehr bald heraus, dass die Indizien für das Walten eines allmächtigen Schöpfers so überzeugend sind, dass sie manchmal sogar schon den Charakter von Indizienbeweisen annehmen. So entstand schließlich die Idee, die Erkenntnisse schriftlich festzuhalten und in ein Buch einzubringen, woraus inzwischen drei Bücher entstanden sind.
Als Ingenieur und Betriebswirt, in Bezug auf viele Fachgebiete aber als Autodidakt, war die Bewältigung dieses Vorhabens für mich mit hohen Anforderungen verbunden.

Die Ausarbeitung ist so angelegt, dass die einzelnen Kapitel nicht unbedingt aufeinander aufbauen. Wo doch ein Zusammenhang besteht, weil an anderer Stelle eine Weiterführung geschieht, wird auf die entsprechenden Kapitel oder Unterpunkte hingewiesen. So ist der Leser in die Lage versetzt, sich evtl. nur mit dem ihn Interessierenden zu befassen. **Wenn sich beim Lesen wegen der umfangreichen und teilweise schwierigen Materie das Verständnis nicht direkt erschließt, wird trotzdem zum Weiterlesen ermutigt.** Mir sind die Schwierigkeiten bewusst. Um fundierte Beiträge zu erbringen, konnte ich aber auf naturwissenschaftlich fachliche Aussagen nicht verzichten. Zum besseren Verständnis und um zügiges Lesen zu gewährleisten, werden aber Fachaussagen und Fachbegriffe für den mit der Materie vielleicht nicht Vertrauten weitestgehend direkt im Text erklärt.
In den nun vorliegenden drei Büchern werden in zehn Kapiteln naturwissenschaftliche, kulturgeschichtliche und historische Zusammenhänge und Phänomene unseres Universums behandelt. Dabei wurde versucht, mit Hilfe des gesammelten und ausgewerteten literarischen Gedankenguts darzustellen, was sich zwischen naturalistisch geprägter Evolutionslehre und Schöpfungslehre abspielt.
Schwerpunktmäßig geht es diesem Buch nun um die Probleme, die mit der Langzeitinterpretation der naturalistischen Evolutionslehre - das heißt mit dem postulierten langen Zeitraum für die Entstehung unseres Universums - verbunden sind. Im Konsens mit dem naturwissenschaftlichen Establishment aller Fachgebiete, soll nämlich vor ca. 14 Milliarden Jahren der Urknall zur Expansion und Entwicklung des Weltalls geführt haben. Die Probleme mit dieser Lehre durchziehen wie ein roter Faden sämtliche Kapitel dieses Buches. Dabei geht es in **Kapitel 3** zuerst um die Problematik der radiometrischen Altersbestimmung. Dazu werden Betrachtungen über die Grenzen dieser Methoden angestellt.
In Kapitel 4 wird anhand einer Reihe von Beispielen die Problematik der zu den Altersvorstellungen der Standardlehre der naturalistischen Evolution unpassenden Alter vorgestellt.
In **Kapitel 5** geht es um Aspekte mikro- und makrokosmischer Erscheinungsformen und ihre Problematik für den Urknallhypothese, schwerpunktmäßig um die 3 k-Hintergrundstrahlung, als so genanntes Echo des Urknalls und die Rotverschiebung der Spektrallinien ferner Galaxien als „Beweis" für die Expansion des Universums, wobei beide Phänomene andere Deutungen zulassen.
In **Kapitel 6** geht es um Ereignisse, die besonders im Widerspruch zur postulierten Langzeitinterpretation stehen. In die Betrachtungen einbezogen sind dabei die Sintflut, die Kontinentaldrift, die Gebirgsauffaltung und auch die Eiszeit als Impaktwinter, die sämtlich von nachhaltigem megakatastrophischen Einfluss waren und sich nicht in Jahrmillionen zutrugen, sondern sich innerhalb eines außerordentlich kurzfristigen Zeitrahmens abwickelten.
Im **Kapitel 7** wird schließlich die ganze Problematik den gängigen Geologischen Zeittafeln sichtbar gemacht, wobei diese um eine Vielfalt in ihr nicht aufgeführter menschlicher Funde ergänzt wurden. Es kann schematisch dargestellt und kommentiert werden, dass es menschliche Fossilien und Artefakte von Anfang an zu allen Zeitaltern gab. Deshalb entsprechen die konventionellen Geologischen Zeittafeln, zudem auch nicht die in ihnen enthaltenen Alter, den tatsächlichen Gegebenheiten für die stattgefundenen Geschehnisse und

führen in die Irre und sind deshalb überholungsbedürftig.

Die Niederschrift des Manuskripts nahm einige Jahre in Anspruch. Während der gesamten Zeit des Schreibens hatte ich viele Gespräche und Diskussionen mit ganz unterschiedlichen Personen. Von Korrekturlesern, die kleine und große Teile des Manuskripts lasen, erhielt ich sehr wertvolle Anregungen, die im Manuskript berücksichtigt wurden. Dieses Buch hätte nicht ohne die vielfältigen Dienste von Günter Karrenberg und Jürgen Schmid vervollständigt werden können. Ihre Hinweise führten zu vielfachen Korrekturen und auch texlichen Veränderungen. Sehr dankbar bin ich für die besondere Betreuung von Fritz Blacha und Dieter Zemann, die das ganze Buch zum Zwecke der Korrektur gelesen haben. Hilfe wurde mir zusätzlich von Jürgen Schmid noch bei Satz und Sichtung zu Teil. Mein besonderer Dank gilt auch Dr.-Ing. Frank Jenne für Coverbild und -entwurf und auch meiner Frau für ihre Unterstützung und große Geduld.

Troisdorf, 2021   Horst Jentsch

Einführung

Das Weltall entstand nach der Standardlehre der naturalistishen Evolution also vor ca. 14 Milliarden Jahren in einem als Urknall (Big bang) bezeichneten explosionsartigen Vorgang. Einigkeit herrscht unter den Anhängern dieser Lehre darüber, dass dieser Vorgang mit einem Feuerball begonnen haben soll. Bei einem solchen Inferno entstehen aber zunächst nur Elementarteilchen und keine Atome, und wenn die Temperatur unter 1000 Millionen Grad sinkt, sorgen gleichzahlig vorhandene Antiteilchen sofort dafür, dass nur noch Strahlung übrigbleibt. Da das heutige Universum aber Struktur besitzt, glaubt man, dass einige Elementarteilchen überlebten, um das Universum entstehen zu lassen. Das heißt, dass das Zustandekommen der Struktur unseres Universums nur mit einem Symmetriebruch erklärt werden kann. Diese Auffassung verstößt in dem Inferno eines Urknalls gegen das Gesetz von der Erhaltung der Baryonenzahl, weil sich in einem solchen Szenario alle Baryonen (Protonen und Neutronen) paarweise erzeugen und nach dem Gesetz ausnahmslos vernichten. Das heißt, dass die Zahl der am Prozess beteiligten Baryonen vor und nach der Reaktion stets die gleiche ist. Nicht beweisbar ist, dass z. B. einige Protonen und vor allem deren massetragende Bestandteile wie Quarks unbeschadet blieben und das Universum bildeten. Das Zustandekommen von Struktur ist immer noch ein ungelöstes Problem, wie dies der Physiker Hubert Goenner in seinem Buch „Einsteins Relativitäts-Theorien Raum, Zeit, Masse, Gravitation" beschreibt:

*„**Ein wichtiges ungelöstes Problem der Kosmologie ist das der Strukturbildung**, also der Bildung der Galaxien, Haufen von Galaxien und der weiteren beobachteten Überstruktur aus der angenommenen gleichförmigen Verteilung der Materie beim Urknall im Standardmodell. Der Frühzustand des Kosmos, mit dem sich die theoretische Forschung intensiv befasst, ist weitgehend unbekannt und empirisch kaum zugänglich. Daher schäumen waghalsige Extrapolationen und Spekulationen aller Art über."* [1]

Zur Problematik mehr in **Punkt 5.3** „Beweist die 3 k Hintergrundstrahlung den Urknall".

So basiert der Urknall eigentlich auf einem Glaubensbekenntnis! Ebenso verhält es sich mit den nachstehend kurz beschriebenen Naturerscheinungen, die inzwischen als Beweise für den Urknall angesehen werden.

Den ersten Auftrieb bekam das klassische Urknallmodell durch die **Entdeckung der Rotverschiebung des Galaxienlichts** durch Edwin Hubble. Bei dieser geht es um die Verschiebung der Spektrallinien ferner Galaxien zum roten oder blauen Ende des elektromagnetischen Spektrums hin (Hubble-Effekt). Durch diesen Effekt glaubt man zu erkennen, dass sich bei Rotverschiebung die Galaxien von uns wegbewegen und man vermag auch zu errechnen, mit welcher Geschwindigkeit dies geschieht. Diese Erscheinung wird auch als Expansionsbewegung des Universums vom Urknall her gedeutet.

Das Forschungsergebnis Hubbles zur Rotverschiebung des Galaxienlichts wurde sogar zum Auslöser für das Urknall-Modell. Seine Beobachtung wurde zunächst, bis eine gewisse Ernüchterung eintrat, mit einem besonders euphorischen Beifall bedacht. Weil er festgestellt hatte, dass sich die Galaxien umso schneller von uns wegbewegen, je weiter sie entfernt sind, wurde diese von ihm beobachtete Erscheinung nach dem abgeklungenen Beifall, schnell zu einem Problem. Dies auch, weil diese Erscheinung nicht auf alle Himmelskörper gleichmäßig zutrifft.

Die Probleme, die die beobachtete Fluchtbewegung der Galaxien bereitete, wurde schließlich mit Hilfe der Annahme gesellschaftsfähig gemacht, dass sich nicht die Galaxien von uns entfernen würden, sondern sich nur der Raum ausdehne (kosmologische Rotverschiebung), dadurch sähe es nur so aus, als entfernten sich die Galaxien von uns.

---

1   Hubert Goenner, „Einsteins Relativitäts-Theorien Raum, Zeit, Masse, Gravitation", fünfte Auflage 2005, Verlag c. h. Beck oHG, Nördlingen, Seite 99

Zur Veranschaulichung hatte der Physiker Mario Livio bei seinen Vorträgen immer einen Luftballon bei sich, auf dem schwarze Punkte aufgetragen sind. Immer wenn er ihn aufblies, entfernten sich die Punkte in ihrem Abstand zueinander. So versuchte er die kosmische Expansion zu demonstrieren. Doch dieser Vergleich hinkt, weil die Ballonhülle keinen eigenen Mittelpunkt besitzt und sich ein Hohlkörper als Ballon deshalb auch nicht in einen anderen Raum hinein ausdehnen könnte. Näheres dazu in **Punkt 5.4**. Bei der Vorstellung der Raum wäre es, der sich ständig ausdehnen würde, kommt es zu ewiger Expansion. Tätsächlich glaubt man, dass es eine Kraft gäbe, die dies bewirkt, weil derzeit, wie man glaubt, nicht erkennbar ist, dass die Expansion zum Stillstand kommen könnte.

In einer Fernsehsendung zum Thema sagte der Kommentator, dass ewige Expansion aber bedeute, dass es durch sie zur Zerstörung der geordneten Himmelsmechanik kommen müsse, was das völlige Verschwinden der Himmelskörper wie Galaxien, Sterne und Planeten im unermeßlichen Weltraum dann zur Folge hätte. [2]
Dies besonders, wenn nämlich davon ausgegangen wird, dass die Expansion schon 14 Milliarden Jahre im Gange ist. Im Laufe dieses gewaltigen Zeitraums müssten sich die Galaxien inzwischen so weit von uns entfernt haben, dass nur einige wenige noch zu sehen wären, wenn der Raum expandieren würde.
Beobachtet wird aber, dass die Abstände der Himmelkörper zueinander relativ ungestört bleiben, soweit man dies überhaupt beurteilen kann. Trotz der postulierten Raumvergrößerung existieren eine Fülle von Galaxien in unserer Umgebung weiter.
Dies ist umso merkwürdiger, wenn noch dazu angenommen wird, dass die Ausdehnung des Raumes anfangs sogar mit **Überlichtgeschwindigkeit** vor sich gegangen sein soll. Inzwischen müsste sich also bei einer derartig lang andauernden Expansiontätigkeit eine beträchtliche Abstandsvergrößerung mit nachhaltigen Störungen im Verhalten der himmelsmechanischen Ordnung eingestellt haben. Da dies nicht der Fall ist, und auch die Mechanismen in unserer Galaxie und die innerhalb der anderen Galaxien funktionieren, wird ein völliges Auseinanderdriften dieser ganz offensichtlich unterbunden.
Werden deshalb aus den beobachteten Erscheinungen falsche Schlussfolgerungen gezogen? Dies, weil zwar noch immer eine Fluchtbewegung zu beobachten ist, wobei diese aber gar nichts mit der. Raumvergrößerung zu tun haben muss Es stellt sich die Frage: Wird die Rotverschiebung falsch interpretiert? Genau dies könnte Steven Weinberg in seinem Buch „Die ersten drei Minuten - Der Ursprung des Universums" gemeint haben, wenn er sagt:
*„Ich möchte nicht den Eindruck erwecken, als seien sich alle in dieser Interpretation der Rotverschiebung einig. **Tatsächlich beobachten wir nicht, dass die Galaxien sich von uns entfernen;** alles, dessen wir sicher sind, ist die Tatsache, dass die Linien in ihren Spektren zum Roten, also zu längeren Wellenlängen hin, verschoben sind. **Dass die Rotverschiebungen irgendetwas mit Dopplerverschiebungen oder mit einer Expansion des Universums zu tun haben, wird von hervorragenden Astronomen bezweifelt.** Nachdrücklich hat Halton Arp vom Hale-Observatorium darauf hingewiesen, dass es Gruppen von Galaxien am Himmel gibt, in denen **einige Galaxien eine abweichende Rotverschiebung aufweisen."* [3]

Damit steht dieser Beweis für den Urknall auf wackeligen Beinen. Dies besonders deshalb, weil die Rotverschiebung höchstwahrscheinlich nichts mit Expansionsbewegung, sondern etwas **mit der Rotation des Kosmos zu tun hat**. Dann aber sieht es nur so aus, als fliegen die Galaxien je weiter je schneller davon. Dann wäre der entstehende Eindruck, sie

2   Fernsehsendung des N-TV vom 21. Februar 2016, Uhrzeit 22.05, Titel: „Das Universum"
3   Steven Weinberg, „Die ersten drei Minuten - Der Ursprung des Universums", Seite 551

fliegen davon, tatsächlich nur ein scheinbarer und ist auch anders erklärbar.

Wenn sich nämlich das gesamte All um sich selbst in Bewegung befindet, gaukelt eine sich weit draußen schnell entfernende Galaxie dem Beobachter nur eine Fluchtbewegung vor, obwohl es sich in Wirklichkeit um Tangentialgeschwindigkeit handelt, **weil sich das ganze Universum um ein galaktisches Zentrum dreht.** Da man eine Art von Fluchtbewegung tatsächlich beobachten kann, ist anzunehmen, dass diese wohl doch mit der Rotation des Universums zusammenhängt. Genaueres dazu siehe unter **Buch Teil 1, Punkt 1.1,** Unterpunkt „Besitzt das Universum eine Grenze mit einem Rand und ein Zentrum?".

Da man die Fluchtbewegung auf die Expansion des Universums zurückführt, hat man nach einer Kraft gesucht, die diese Erscheinung ermöglichen müsste. Für verantwortlich dafür wird **Dunkle Energie** gehalten.

Man glaubt zudem an das Vorhandensein einer weiteren Kraft, die man **Dunkle Materie** nennt, weil man sich z. B. anders das außergewöhnliche Rotationsverhalten bestimmter Himmelskörper nicht erklären kann. Manche Himmelsköper rotieren mit einer Schnelligkeit, die aufgrund ihres großen Abstandes zu Sonne ansonsten unerklärlich wäre und dies besonders deshalb, weil andere mit dem gleichen Abstand zur Sonne ein ganz wesentlich weniger schnelles Drehverhalten zeigen. Aber auch wenn es diese Kraft mit Gravitationspotenzial gäbe, ist sie offensichtlich nicht in der Lage die Expansion zu stoppen. So ist man der Auffassung, dass es doch Dunkle Energie als Gegenkraft zur Gravitation ist, die vom Urknall an die Expansion des Universums gewährleistet hat.

Es entsteht der Eindruck, dass hier die dunklen Kräfte herhalten müssen, um auf diese Weise die Urknallhypothese zu retten. Sind so Dunkle Materie und Dunkle Energie nur „nützliche Parameterisierungen des Unwissens", wie der Physiker Alexander Unzicker dies formulierte? Näheres dazu siehe **Buch Teil 1, Punkt 1.1** Unterpunkte „Dunkle Energie - die Gegenkraft zur Gravitation?" auch „Dunkle Parameter nur nützliche Parameterisierungen unseres Unwissens?".

So bleibt die Angelegenheit ungeklärt! Der Versuch, diese Frage auf das Zusammenwirken der beiden soeben angesprochenen zusätzlichen Kraftwirkungen zurückzuführen, ist nicht geheuer. Es bleibt dabei so, wie Rüdiger Vaas dies einmal kommentierte:

„Seit der Hypothese von der Kosmischen Inflation ist das Universum nicht mehr das, was es einmal schien. Und die Vielfalt der Modelle und Voraussetzungen steigert die Konfusion noch - und zwar nicht nur bei Laien.

Zwar glänzt das Szenario durch Einfachheit und Eleganz. Bei genauerer Betrachtung gerät man jedoch rasch in einen Strudel der Komplexität. Die Konsequenzen der Inflation für unser Weltbild sind freilich ungeheuer - und nicht wenigen Kosmologen auch nicht geheuer oder aber ungeheuerlich." [4]

Es existiert offenbar doch ein anderer **Gleichgewichtsmechanismus,** für dessen Aufrechterhaltung aber keine zusätzlichen Kräfte notwendig sind und der bewirkt, dass das kosmische Gleichgewicht gewahrt und die kosmische Ordnung aufrechterhalten bleibt. Es handelt sich um eine Ordnung, die der Schöpfer so eingerichtet hat. Dies zeigt sich an den Gegebenheiten der Himmelsmechanik unserer Himmelwelt. Es herrscht offensichtlich aufgrund der Gravitationskraft eine Balance. Diese hat sehr wahrscheinlich nichts mit der Wirkung von Kräften wie Dunkle Materie und Dunkler Energie zu tun, die nur im Zusammenhang mit der Expansion des Universums postuliert werden müssen.

Wahrscheinlich stimmt, was der Astrophysiker Hans Joachim Blome und der Wissenschaftsjournalist Harald Zaun in ihrem Buch ausführen, wenn sie sagen, dass *„die Summe der Einzelenergien aller Teilchen im Kosmos größenordnungsmäßig gleich dem*

---

4   Rüdiger Vaas, „Hawkings neues Universum", Piper Verlag München, 2010, Seite 181

Betrag ihrer wechselseitigen Gravitationenergie sei. " [5]

Die Autoren bringen damit m. E. zum Ausdruck, dass die **Gravitationenergie** ein ganz wesentlicher in sich ausgeglichener **Ordnungsfaktor im Weltgetriebe** ist. Ebenso, wie dies noch auf andere Phänomene zutrifft, die sich für unsere Erde als ein großes Glück erweisen.

So besitzt beispielsweise die Erde auf ihrer Bahn um die Sonne **den richtigen Durchmesser**, wodurch sie sich in der so genannten „habitablen" (grünen) Zone bewegt. Zum anderen ist ihre **Bewegung um die Sonne nahezu kreisförmig.** Nur kreisförmige (exzentrische) Bahnen sind für das Leben tauglich, während sehr längliche Bahnen starke jahreszeitliche Schwankungen bedingen. Ohne **den richtigen Abstand zur Sonne,** wäre es auf der Erde klimatisch entweder zu heiß oder zu kalt, was das Leben auf ihr unmöglich machen würde.

Besonders der richtige Abstand der Erde zur Sonne ist lebensnotwendig. Nur wenn dieser Abstand stimmt kann die Schwerkraft (Gravitation) der Erde dafür sorgen, dass die lebenswichtigen Gase wie Sauerstoff und Stickstoff in unserer Atmosphäre verbleiben und nicht in das Weltall ausströmen können. Andernfalls gäbe es kein Leben auf der Erde, weil ansonsten die Schwerkraft der Sonne zum Verlust unserer Atmosphäre führen würde. Es ist schwer vorstellbar, dass so sinnvolle Ordnung sich - nach einer Explosion wie dem Urknall - von allein einstellt.

Eine Naturerscheinung, deren Nachglimmen man für das Echo des Urknalls hält, ist die **kosmische Hintergrundstrahlung.** Bei letzterer handelt es sich um eine elektromagnetische Strahlung im Bereich der Radiofrequenzen (Mikrowellenstrahlung). Tragisch zu nennen ist, dass man bis zur Stunde fest davon überzeugt ist, mit dieser und der Hubble'schen Rotverschiebung handfeste Beweise für einen Urknall zu besitzen. Was, wie sich weiter zeigen wird, nicht der Fall ist! Dazu, dass sich diese Erscheinungen ganz anders erklären lassen, siehe auch **Punkte 5.3 und 5.4**.

Ein gravierendes Problem stellt dar, dass die Feldgleichungen der Relativitätstheorie nur für den Makrokosmos Anwendung finden. Sie gelten nicht für den Mikrokosmos. So stimmen diese Gleichungen nicht mit denen der Standardtheorie der Teilchenphysik, betreffend den Mikrokosmos, überein, in dem wir es mit dem Spiel der winzigen Elementarteilchen zu tun haben. Bei diesen handelt es sich gemäß **Buch Teil 1, Punkt 2.5** um insgesamt 25 Teilchen, die den Mikrokosmos ausmachen, wobei es sich bei dem neuerdings gefundenen Higgs-Teilchen um das 25. handelt. Hier begegnen wir der Wunderwelt der Schöpfung im ganz Kleinen! Die Quantenmechanik als Standardtheorie der Teilchenphysik behandelt das Zusammenwirken dieser 25 Elementarteilchen unter der Wirkung der drei nichtgravitativen Kräfte und Effekte (elektromagnetische, schwache und starke Kraft).

Mit anderen Worten: In der Welt des Makrokosmos kommen also die Gleichungen der Relativitätstheorie mit Erfolg zum Zuge. In der Welt des Mikrokosmos bewährt sich mit dem gleichen Erfolg die Mathematik der Quantenmechanik. Zum Kummer der Physiker verhält sich die Mathematik beider Systeme zueinander aber wie Feuer und Wasser. Das Merkwürdige daran ist, dass sowohl die Relativitätstheorie als auch die Quanten-Theorie, jeweils in ihrer Welt, gut funktionieren. Wir erleben unsere Welt aber nicht in zwei Lager aufgespalten, die miteinander nichts zu tun hätten. Der Makrokosmos ist ohne den Mikrokosmos nicht denkbar. Beide bilden eine untrennbare Einheit. **Umso verwunderlicher ist, dass die Theorien für die jeweilige Welt nicht miteinander harmonieren.** So ist aus diesem Grunde die Relativitätstheorie eine unvollständige Theorie. Das große Ziel der Physiker ist aber, beide Theorien miteinander zu einer Quantentheorie der Gravitation zu verbinden. Gesucht wird die Weltformel. Bisher passen die Dinge aber nicht zusammen!

5   Hans-Joachim Blome und Harald Zaun, „Der Urknall Anfang und die Zukunft des Universums", Verlag C.H.Beck, 3. aktualisierte Auflage, 2015, Seite 91

Probleme über Probleme, weil die Voraussetzungen falsch zu sein scheinen, und die Dinge wahrscheinlich eine ganz andere gemeinsame Basis besitzen.

Zu schaffen macht dem Urknallmodell auch das Phänomen der Entropie (Unordnung). Nach der Standardlehre der Evolution erfolgte der Start des Universums aus einem in sich geschlossenen Ursystem, das außerdem keine Umgebung besaß. Ein solches System befindet sich laut Definition dann im thermodynamischen Gleichgewicht (Entropiemaximum), ist dabei ohne Umgebung auf sich selbst gestellt und damit aber absolut bewegungsunfähig.

Anmerkung:

Die Entropie ist ein Maß für die Irreversibilität (Nichtumkehrbarkeit) in thermodynamischen Systemen, die stets mit einer Energieentwertung verbunden ist. Das heißt, dass diese Energie durch ihre Nichtumkehrbarkeit entwertet ist. Diese Entwertung äußert sich darin, dass z. B. eine Tasse Kaffee nach dem Abkühlen von allein niemals mehr wärmer oder kälter wird. Dazu müsste dem Kaffee, um wärmer zu werden, wieder Wärmeenergie zugeführt werden. Um den Kaffee dagegen kälter zu machen, müsste man für Abkühlung sorgen.

Im Stadium des thermodynamischen Gleichgewichts herrscht in einem geschlossenen System, nach dem zweiten Hauptsatz der Thermodynamik, totaler Temperaturausgleich, weil eine gleichmäßige Verteilung der Wärmeenergie auf alle Moleküle erfolgt ist. Dies bedeutet Wärmetod, **was bedeutet, dass die Temperaturdifferenz Δ t (Delta t) = 0 ist.**

Ein solches System ist wegen Fehlens jeglichen Wärmegefälles tot, da eine Verrichtung mechanischer Arbeit nicht mehr möglich ist. Das durch den Urknall gestartete System hätte aber im Gegenteil dazu schon ab der ersten Minute eine sehr geringe Entropie benötigt, d. h. ein hohes Maß an Ordnung, damit sich überhaupt etwas entwickeln konnte. Was aber hätte die notwendige geringe Entropie in einem System verursachen können, das sich ohne jede Umgebung im Entropiemaximum und damit in der völligen Bewegungs- und Entwicklungsunfähigkeit befand?

Jedes System, das sich zu etwas entwickeln soll, benötigt also eher ein Minimum an Entropie. Wie kommt es in einem System im Stadium des Entropiemaximums zu dem für jede weitere Entwicklung erforderlichen Minimum an Entropie? Das heißt: Wie hätte es also dazu kommen können, dass es überhaupt geknallt hat?

Alexander Unzicker hat wohl deshalb in diesem Zusammenhang den international bekannten Physiker Roger Penrose zitiert, der sagte, dass wenn alle Modelle für einen Urknall voraussetzen, der frühe Urzustand habe sich in einem thermodynamischen Gleichgewicht (also im Entropiemaximum) befunden, dies eine ganz falsche Vorstellung sein muss. [6]

Das System hätte sich bei seinem Start **im Gegensatz zu einem Entropiemaximum im Zustand sehr geringer Entropie** - also ausgestattet mit einem hohen Maß an Ordnung - befinden müssen, damit sich überhaupt etwas entwickeln konnte. Um aber die inzwischen in den Schulen, Medien und Institutionen zementierte Lehre vom Urknall nicht zu gefährden, verabschiedet man sich trotzdem nicht von diesen Mißverhälnissen und versucht im Gegenteil alles mit der Standardlehre zu vereinbaren. Andersdenkende werden dabei häufig einfach ausgegrenzt. Erst recht führt bei vielen Wissenschaftlern eine atheistische Grundeinstellung zur Ablehnung jeder Idee, die in Richtung eines Schöpfers geht. Trotzdem bleibt die Frage immer im Raum stehen:

Ist unser Universum nun mit oder ohne einen Schöpfer entstanden?

Vor dem Hintergrund dieser Fragestellung präsentieren sich tatsächlich nur zwei Lehrmeinungen, nämlich die der **Evolutionslehre** und die der **Schöpfungslehre**.

Grundsätzlich wird dazu nochmals festgehalten:

Verbindlich für Lehre und Forschung wird, als allgemeingültige Standardlehre, bis zur Stunde nur die **naturalistische Evolutionslehre** vertreten. Beide Lehren stehen sich naturgemäß

---

6   Alexander Unzicker, „Vom Urknall zum Durchknall", Springer Verlag, korrigierter Nachdruck 2010, Seite 137

diametral gegenüber. Die vorliegende Arbeit ist ein Versuch, die wesentliche Problematik ihrer Unterschiedlichkeit deutlich zu machen.

Auch wenn sie dabei leider bei der Denkweise der naturalistischen Evolutionslehre bleiben, machen die Physiker Harald Lesch und Jörn Müller in ihrem Buch „Kosmologie für Fußgänger" im Unterpunkt „Gab es den Urknall wirklich", doch die folgende beachtenswerte Aussage:

„Beweise gibt es nur in der Mathematik, die Physik kennt keine Beweise, nur Hinweise bzw. Indizien, und die sprechen eben für oder gegen eine Hypothese. Zur Beantwortung der Frage nach dem Urknall verwenden die Kosmologen folgende Indizienkette: Wenn sich das Universum ausdehnt, dann muss es vor einiger Zeit auch kleiner gewesen sein. Könnte man die Zeit zurückdrehen, dann müsste sich, wie in einem rückwärts laufenden Film, das Universum zurückentwickeln. Anstatt sich auszudehnen, würde es wieder schrumpfen.
Nach der klassischen Urknalltheorie ist das Universum am Ende dieser Rückwärtsentwicklung unendlich klein, unendlich heiß und von unendlicher Energiedichte. Man bezeichnet das auch als Singularität in der Raumzeit. Ein Zustand, den es nach den Gesetzen der Quantenmechanik nicht geben kann. Wie man sich diese Singularität vorzustellen hat bzw. ob es überhaupt eine Anfangssingularität gegeben hat, ist gegenwärtig ein unter Theoretikern heiß diskutiertes Thema." [7]

Man befindet sich also mit dem Urknall in einer Sackgasse, aber man dreht nicht um, sondern will mit dem Kopf durch die Wand. In diesem Sinne lässt sich die derzeitige Situation für die Lehre vom Urknall wie folgt auf den Punkt bringen:

Der klassische Urknall - als Singularität in der Raumzeit - ist der „Big Bang". Bei diesem kann aber physikalisch keine Aussage darüber gemacht werden, was eigentlich geknallt hat.

Deshalb versucht man - mit Hilfe anderer Modellvorstellungen - sich von der Singularitätsthese möglichst zu verabschieden. Trotzdem wird aber auch bei anderen Modellen grundsätzlich von einer Art von Urknall ausgegangen. Details dazu -wie man sich dies vorstellt - sind ausführlich in **Buch Teil 1, Punkt 1.1** zu finden.

Wie weiter aufgezeigt wird, führen die Betrachtungsweisen nicht zu anderen Schlussfolgerungen in Bezug auf die Evolutionslehre. Selbst wenn man jetzt in den Modellen bestrebt ist, möglichst Singularitäten wie den klassischen Urknall zu vermeiden, so wird auch bei solchen ohne Singularitäten ab einem Count-down stets die weitere Entwicklung gemäß den Vorstellungen der Evolutionslehre angenommen. Und auch, wenn für den Ausgangspunkt des Urknalls keine Singularität mehr vertreten wird, handelt es sich stets um eine winzige physikalische Ausgangsgröße, von der man ausgeht. Das Dilemma bleibt also bestehen! Alles wird dieser Lehre angepasst, und was nicht angepasst werden kann, verschwindet oder wird weg interpretiert. Auf diese Weise sorgen die „Etablierten" dafür, dass unangetastet bleibt, was unangetastet zu bleiben hat, und so wird unter Einsatz des gesamten wissenschaftlichen Apparates die Lehre immer weiter ausgebaut. Das treibt ungeahnte Scheinblüten. Nur wer unabhängig genug ist, wagt es, auf diese Verhältnisse hinzuweisen und sich darüber hinwegzusetzen.

Manche Wissenschaftler tun dies inzwischen. Sie hinterfragen längst die seit Generationen als Schulweisheiten mit wissenschaftlicher Gewissheit zementierten „Wahrheiten" der Evolutionslehre. Es gibt mit zunehmender Tendenz Forscher, die offensichtlich nicht nur objektive Forschung betreiben, sondern sich durch nichts davon abhalten lassen, die Ergebnisse ungefärbt zu präsentieren. **Für sie besitzt ihr eigener weltanschaulicher Hintergrund** (atheistisch oder christlich usw.) **nicht den Vorrang** bei der Publikation ihrer Forschungsergebnisse. Sie sind nicht bereit, sich einem ideologischen Druck oder Gruppenzwang im Denken zu beugen. Sie wünschen in ihrer Forschung unabhängig zu sein.

---

7   Harald Lesch und Jörn Müller, „Kosmologie für Fußgänger", Wilhelm Goldmann Verlag, München, 1. Auflage 2014, Seiten 193-194

Diese Einstellung erfordert nicht, dass jemand dabei seine Weltanschauung aufgeben muss. Im Gegenteil konnte in der vorliegenden Arbeit bei der kritischen Auseinandersetzung mit den Theorien und Hypothesen der verschiedensten Fachgebiete und ihrer Geschichte, die stets mit Weltanschauungen eng verknüpft sind, sowieso die weltanschauliche Komponente nicht außer Acht gelassen werden. Denn sowohl bei der Evolutionslehre als auch bei der Schöpfungslehre geht es um von der jeweiligen Weltanschauung geprägte Aussagen.

Schon an dieser Stelle soll aber auf zwei entscheidende Kriterien in der Entwicklungsgeschichte von Flora und Fauna und der des Menschen hingewiesen werden. **Während die Mikroevolution als eine Entwicklung innerhalb der im Schöpfungsprozess entstandenen Arten** verstanden wird, **handelt es sich bei der Makroevolution im Zuge des Urknalls um die Entstehung neuer Arten auf zufälligem Wege,** für die es keinen wissenschaftlichen Nachweis gibt. Auf Ihrer verzweifelten Suche blieb ihnen bisher jeder Erfolg versagt (siehe auch **Buch Teil 1, Punkt 1.2.6**, Unterpunkt „Artenentstehung über Makroevolution wissenschaftlich nicht nachweisbar".

Ein zusätzliches Riesenproblem stellt in diesem Sinne die so genannte „kambrische Explosion" dar, die in Form einer hochdifferenzierten Tierwelt aus allen bekannten Tierstämmen in Erscheinung getreten ist. Explosionsartig traten vielzellige Lebewesen mit den unterschiedlichsten Bauplänen auf. Die traditionelle historische Geologie steht hier vor einem Rätsel. Dies ist nämlich nicht vereinbar mit den evolutionären Vorstellungen, nach denen dieser Prozess sich hätte allmählich in Millionen von Jahren vollziehen müssen.

Der Geologe und Biologe Joachim Scheven hat in seinen Büchern eindrucksvoll belegt, dass das Vorhandensein der Fülle der Faunen des marinen Paläozoikums mit dem Ereignis der Sintflut zusammenhängt. Zur Sintflut gehörte nach dem biblischen Zeugnis die Entleerung der Brunnen der großen Tiefe. Mit dem Wasser wurde gleichzeitig die marine Fauna ausgeworfen. Als ich das in seinem Buch „Der Schatz im Acker" erstmals las, fiel es mir wie Schuppen von den Augen, dass das die Erklärung für das plötzliche Vorhandensein dieser Tierwelt ist. Gott hatte diese Tiere ebenso - wie die auf der Erde befindlichen - nach ihrer Art **fertig gestaltet in den Brunnen entstehen und existieren lassen.** Näheres auch dazu in **Buch Teil 1, Punkt 1.2.6**, Unterpunkt „Keine Beweise für kontinuierliche Entwicklung von der Urzelle".

Auch in **Kapitel 7** kann anhand von zahlreichen menschlichen Fossilien und Funden an Artefakte außerdem nachgewiesen werden, dass ebenso der Mensch über alle Zeitalter hinweg, von Anfang an, präsent war. Trotzdem wird in der Evolutionslehre unbeirrt die Makroevolution vertreten. Nicht nur in dieser Beziehung sollte die Öffentlichkeit nicht ständig hinters Licht geführt werden.

Erstaunlich verhalten sich die Dinge im Zusammenhang mit der Eiszeit. Ich schließe mich darin auch der Auffassung an, dass diese erst im Anschluss an die Sintflut stattfand und dass deren eigentliche Ursache die Plattenverschiebung und alpine Gebirgsauffaltung gewesen ist. Auf der Basis der Heiligen Schrift ist es durchaus möglich, an solche und andere Geschehnisse zu glauben und sie so zu verstehen, wie sie besonders in den **Punkten 6.2** „Die Erde im Umbruch" und **6.3** „Die >>Eiszeit<< (Schneezeit) - Ergebnis einer globalen Katastrophe?" näher beschrieben werden.

Für einfach nicht Beweisbares - auch von der Vernunft her - den Glauben an einen Schöpfer einzubeziehen, dazu äußert sich der ehemalige Direktor des Heisenberg-Instituts, Hans-Peter Dürr, als einer der Großen in der Physik, in seinem Buch „Geist, Kosmos und Physik

Gedanken über die Einheit des Lebens", wenn er schreibt:
„Das Wissbare erfährt in einer neuen Weltsicht eine prinzipielle Einschränkung. Dadurch erhält der Glaube wieder seine volle Bedeutung und eigenständige Wertigkeit zurück." [8]
*Es gibt nichts, was durchgängig bewiesen werden kann, sondern alles mündet am Ende in unmittelbarer Erfahrung, die ich durch Identifizierung außerhalb allem Dualismus als schlicht wahr erlebe. **Unsere Vorstellung von der Wahrheit ist durch die Polarität der Außenansicht deformiert:** Wahr oder nicht wahr? Wahrheit ist allgemeiner, sie braucht nicht unbedingt diese lebensdienliche Zweiwertigkeit. Wahrheit kann offener sein, sich auch in einem So-wohl/Als-auch verdeutlichen."*

Dies äußerte sich, wie er auch sagt, vor dem Aufkommen des Rationalismus und später der Aufklärung **in den beiden Grundhaltungen, der Außenansicht und der Innenansicht,** der Spaltung von Wissen und Glaube. Inzwischen **wird in der Wissenschaft weithin nur die Außenansicht** als eine der Struktur der Wirklichkeit angemessene Ansicht **vertreten,** wenn er weiter betont:

„Sie ist die Basis unserer triumphierenden Wissenschaft.** Die Ausschließlichkeit unseres Denkens: **Wenn das eine richtig ist, kann nicht das andere auch richtig sein, also muss es falsch sein.** Die moderne Physik hat uns gelehrt, dass die Struktur der Wirklichkeit im Grunde eine ganz andere ist, als es die an unserem Handeln und Wissen entwickelte dominante zweiwertige Struktur, der uns direkt zugänglichen Lebenswelt uns suggeriert. **Es ist grob unzulässig und falsch, unsere Wahrnehmung der Wirklichkeit mit der Wirklichkeit schlechthin gleichzusetzen." [9]

Weg vom klassisch-atomistischen hin zum modern-holistischen (ganzheitlichen) Weltbild ist dagegen Dürrs Devise. Nach ihm ist moderne Auffassung, dass die Welt im Allerkleinsten eben nicht die Struktur einer Matryoschka-Puppe hat, deren Puppen im Inneren immer kleiner werden:

*„Wenn wir Materie immer weiter auseinandernehmen, bleibt am Ende nichts übrig, das uns noch an Materie erinnert. **Am Schluss ist kein Stoff mehr, nur noch Form, Gestalt, Symmetrie, Beziehung.** Materie ist nicht aus Materie zusammengesetzt. Stoff ist geronnene Form."* **So ist die Entstehung von Materie echte Kreation: Verwandlung von Potenzialität in Realität.** [10]

Dürr sagt, dass es hier um eine Grundbeziehung geht:
„Alles wurzelt in einer Potenzialität, die Züge eines holistischen Geistes trägt," [11] was seine Entsprechung findet in dem „untrennbar Einem" und formuliert dies so:
*„Das untrennbare Eine meint aber Prozesshaftes, **Potenzialität, nicht nur die Möglichkeit, sondern auch das Vermögen zur Schaffung von Realität, von greifbar Seiendem."*** [12]

So eröffnet uns schließlich der Glaube die Augen des Verständnisses dafür, dass der allmächtige Gott die gesamte Materie aus Potenzialität zu dem was sie heute ist erstarren ließ. In der Bibel heißt es in der Interlinearübersetzung im griechischen Grundtext in Hebr. 11,3 dazu:
*„Aufgrund von Glauben erkennen wir, dass bereitet worden sind die Welten **durch das Wort Gottes,** so dass **aus nicht sichtbar Seiendem das gesehen Werdende (das Seiende) geworden ist.** "*

Potenz ist das Vermögen etwas zu schaffen. Potenzialität ist darüber hinaus die Möglichkeit Gottes aus noch nicht sichtbar Seiendem das Seiende, den Stoff, die Materie durch

8   Hans-Peter Dürr, „Geist, Kosmos und Physik Gedanken über die Einheit des Lebens",
     6. Auflage 2012, Crotana Verlag GmbH, Seite 17
9   Hans-Peter Dürr, „Geist, Kosmos und Physik…", Seiten 20+23
10   Hans-Peter Dürr, „Geist, Kosmos und Physik…", Seiten 33-34
11   Hans-Peter Dürr, „Geist, Kosmos und Physik…", Seite 37
12   Hans-Peter Dürr, „Geist, Kosmos und Physik…", Seite 37

Geistwirkung entstehen zu lassen.

Leider **überetzt Luther** in Hebr 11,3 **das nicht Wahrnehmbare mit nichts**, was so nicht im Grundtext steht, der nicht von einem „Nichts" redet, sondern vom **Nichtseienden.**
Wenn auf der Basis des oben Vorgenannten - im Sinne des Verbindens von Innenansicht und Außenansicht - ein Umdenken erfolgte, hätte man es in der Naturwissenschaft einfacher. Würde man nämlich das Wunder der Erschaffung unserer Welt durch einen Schöpfer akzeptieren, hätte man für viele Phänomene Lösungen, die naturwissenschaftlich ein ganzheitliches Erscheinungsbild ermöglichen würden.

Von Wissenschaftlern wird häufig das so genannte Anthropische Prinzip mit dem Satz auf den Punkt gebracht: **Unser Universum ist wie es ist, weil es anders nicht sein kann.** Dies bedeutet für mich wieder, dass man - im Sinne von Innen- und Außenansicht - das eine - den Glauben an Gott - mit dem anderen - der naturwissenschaftlichen Erkenntnis - zu einem einheitlichen Ganzen verbinden sollte.
Eine Brücke zum Umdenken in dieser Hinsicht bauen die Autoren Hans Joachim Blome und Harald Zaun in ihrem Buch „Der Urknall Anfang und Zukunft des Universums", wenn sie für das Anthropische Prinzip drei Varianten definieren:
    1. „Das schwache Anthropische Prinzip (Dicke 1957):
Die Ausage des schwachen Anthropischen Prinzips basiert auf einem logisch selbstverständlichen Zusammenhang: **Weil es in diesem Universum Beobachter gibt, muss die Entwicklung des Universums die Existenz dieser Beobachter zulassen.** *"*
Anmerkung:
Hier wird dem Universum Zulassungs- bzw. Entscheidungskompetenz zugestanden, was ich nicht für möglich halte! Dazu später noch mehr.
„Die beobachteten Werte der Naturkonstanten und die aus ihren Wirkungen erschließbaren kosmischen Anfangsbedingungen „unseres" Universums **entsprechen gerade den Erfordernissen, welche für die Vorbedingungen biologischer Evolution intelligenten Lebens notwendig sind.** *"*
Anmerkung:
Wenn die aufs Feinste abgestimmten Naturkonstanten und die vier Fundamentalkräfte mit ihren Wechselwirkungen als kosmische Anfangsbedingungen die Vorbedingungen für intelligentes Leben sind, dann kann dies nicht auf unintelligente Weise zustandegekommen sein. Das Universum halte ich als den Verursacher für Intelligenz restlos für überfordert!
    2. „Das starke Anthropische Prinzip (Carter 1974):
„Wesentlich spekulativer ist die Formulierung des starken Anthropischen Prinzips, das dem Universum einen **Zielmechanismus** *zuschreibt:* **Das Universum muss die Eigenschaften haben, die es ermöglichen, dass sich im Laufe der kosmischen Evolution Leben entwickeln kann.** *Das Universum musste zu einem bestimmten Zeitpunkt seiner Geschichte Bedingungen* **hervorbringen, welche die Entwicklung von Leben gestatten.**
Anmerkung:
Zielmechanismus setzt intelligente Planung voraus. Das gilt auch für eine Entwicklung des Lebens und die Bedingungen dafür. Es handelt sich dabei um einen geistigen Prozess, der nur von einer Person als Instanz und nicht von einer Substanz (Materie oder Energie) ausgehen kann. Es ist unmöglich, dass Substanz dies zu tun vermag. Dies wird in der nun folgenden 3. Variante jetzt noch deutlicher.
    3. „Eine dritte Variante ist das finale Anthropische Prinzip (Dirac 1961):
Dieses „Postulat des ewigen Lebens" ist an eine spezielle kosmologische Entwicklung geknüpft, die von Barrow und Tipler (1996) näher untersucht wurde. "
Es besagt, dass intelligente Informationsverarbeitung, *auf die in dieser Variante das Leben reduziert wird, irgendwann im Universum in Erscheinung treten muss und danach* **niemals**

wieder aussterben kann." [13]

Anmerkung:

Intelligente Informationsverarbeitung setzt einen seinerseits unsterblichen und intelligenten Designer wie Gott voraus, der allein der Garant für das Postulat des ewigen Lebens ist.

Darauf kommt in seinem Buch „Die Physik der Unsterblichkeit Moderne Kosmologie, Gott und die Auferstehung" der Physiker und Kosmologe Frank J. Tipler zu sprechen. Er hat das Ergebnis seiner diesbezüglichen Untersuchungen veröffentlicht. Er hält jüdisch christliche Glaubensvorstellungen zum Postulat des ewigen Lebens für wahr und scheut sich nicht, in der deutschsprachigen Auflage seines Buches dazu eindeutig Position zu beziehen. An dieser Stelle wird für zweckmäßig gehalten nachstehend zu wiederholen, was in **Buch Teil 1, Punkt 1.2.8** „Epilog" bereits Gegenstand der Betrachtung ist:

Tipler sagt, dass er zu Beginn seiner Laufbahn als Kosmologe nicht in diese Denkweise eingebunden und ganz im Gegenteil ein überzeugter Atheist war und formuliert dies so:

„Nicht einmal in meinen kühnsten Träumen wäre mir eingefallen, eines Tages ein Buch zu schreiben, in dem ich darlegen will, dass die wesentlichen Glaubensvorstellungen der jüdisch-christlichen Theologie in der Tat wahr, dass diese Behauptungen direkte Ableitungen aus den Gesetzen der Physik, wie wir sie heute verstehen, sind. Die unerbittliche Logik meines Spezialgebietes in der Physik hat mich zu dieser Schlussfolgerung gezwungen. " [14]

Und im Hinblick auf das Postulat des ewigen Lebens sagt er:

„Die grundlegende Botschaft des Christentums liegt in seiner Eschatologie, in der Erforschung der letzten Zukunft. " [15]

Sein Manifest hat der Verlag auf den Einband seines Buches geschrieben. Dort heißt es:

*„**Die Auferstehung der Toten, die Existenz von Himmel und Hölle und Gott sind physikalisch belegbar.** Mit der analytischen Schärfe eines Naturwissenschaftlers und mit physikalischen Argumenten rekonstruiert er fundamentale Glaubenssätze der Religion und beweist, **dass Gott existiert und dass das ewige Leben des Menschen nicht reiner Glaubensgegenstand, sondern Tatsache ist.** Ein Manifest zur Versöhnung von Wissenschaft und Religion, von Verstand und Gefühl"*

Wie anfangs bereits gesagt, entspricht diese Betrachtungsweise nicht der Denkhaltung der naturalistischen Evolutionslehre. Für diese ist das All vor ca. 14 Milliarden Jahren durch den Urknall rein mechanistisch entstanden. Von daher wird behauptet, dass sich über diesen Zeitraum das Leben in Selbstorganisation entwickeln konnte. Die Determiniertheit als kausales Geschehen würde jede andere Art für die Entstehung des Lebens ausschließen, dann auch das Vorhandensein einer unsterblichen Seele und ihre Auferstehung zum ewigen Leben. **Welche Probleme die naturalistische Evolutionslehre damit und besonders mit der Langzeitinterpretation - das heißt mit dem postulierten langen Zeitraum für die Entstehung unseres Universums - hat, ist nun schwerpunktmäßig das Thema des Buches.**

13   Hans Joachim Blome und Harald Zaun, „Der Urknall Anfang und Zukunft des Universums", Verlag C. H. Beck, München, 3. aktualisierte Auflage 2015, Seiten 79-80

14   Frank J. Tipler, „Die Physik der Unsterblichkeit", Piper Verlag GmbH München, 3. Auflage 2004, Seiten 13-14

15   Frank J. Tipler, „Die Physik der Unsterblichkeit", Seite 27

Kapitel 3
Die Problematik mit der Altersbestimmung

3.1 Die allgemeine Problematik

Zuerst geht es um die Problematik, die bei der Anwendung der verschiedenen Verfahren zur Alterszeitermittlung auftritt, zu denen vor allem die radiometrische Altersbestimmung gehört. Für diese ist die Voraussetzung eine ungestörte Ablagerung der geologischen Schichten, d.h.man erwartet, dass die obere stets die jüngere ist. Von **absoluter Altersbestimmung** spricht man eigentlich nur, wenn möglichst genau angegeben werden kann, wie viele Jahre seit dem Ereignis verstrichen sind. Als geeignete Methode dafür wird die Dendrochronologie als Baumringchronologie, bis neuntausend Jahre (nach off. Zeitrechnung, abgekürzt tJnoZ) angesehen. Bei der Pollenanalyse (Bestimmung aus Pollenkörnern, bis 12 tJnoZ) und bei der Auszählung von Warven (Jahresschichten bis 20 tJnoZ) dürfte der Anwendungsbereich bereits schon überschritten sein. Bei der Warvenchronologie handelt es sich um die Auszählung schichtweiser Sedimente.

Weitere schon wesentlich unsicherere Bestimmungsmöglichkeiten eröffnen sich mit dem Paläomagnetismus, der Methode der Sedimentationsremanenz (Restmagnetismus-Messungen, bis 50 tJnoZ). Das Erdmagnetfeld soll in fast allen Epochen der Erdgeschichte immer wieder seine Richtung geändert haben. In Verbindung mit radiometrischen Verfahren der Altersbestimmung der Gesteine (z. B. Kalium-Argon-Methode) wurde die Rekonstruktion des erdmagnetischen Feldes zu einem Mittel der Geochronologie, die sich als Teilgebiet der Geologie mit relativer und absoluter Altersbestimmung befasst.

Zu einer häufig angewandten Methode zählt die als C-14-Methode bezeichnete Radiokarbonmethode (bis max. 70 tJnoZ). Dazu später mehr. Es gibt in diesem Zusammenhang noch weitere Altersbestimmungsmethoden. Vorstehend wurden nur die wichtigsten genannt. [1]

Schon Methoden, die ein Alter größer 10000 Jahre ermitteln, müssten eigentlich als relative eingestuft werden.

Physikalische Altersbestimmung wird jene genannt, die durch den Einsatz physikalischer Methoden erreicht wird und dann allgemein die Bezeichnung **radiometrische Altersbestimmung** erhalten hat. Die so errechneten Alter sind relative, also nicht genaue, weil es mit ihnen nur gelingt, die Verhältnismäßigkeit der Gesteins- und Sedimentschichten zueinander darzustellen. Methodisch ist die radiometrische Altersbestimmung inzwischen das am häufigsten verwendete Verfahren. Es nutzt den Zerfall von in dem zu datierenden Material enthaltenen radioaktiven Nukliden aus. Radioaktiv sind nur Nuklide in Form von Isotopen. Unter **Nukliden** versteht man Atomkerne und jedes System von **Nukleonen**. Diese Bezeichnung ist allgemein gebräuchlich für die Neutronen und Protonen als den Bausteinen des Atomkerns. Nuklide als Isotope reagieren nach dem Zerfallsgesetz, wonach die Konzentration der radioaktiven Mutternuklide exponentiell mit der Zeit abnimmt. Dabei spielt bei der Altersbestimmung ihre Halbwertzeit eine Rolle.

Isotope sind bestimmte Nuklide (Atomkerne) desselben chemischen Elements, die sich in der Zahl ihrer Neutronen unterscheiden, d. h. sie besitzen zwar die gleiche Protonenzahl (Kernladungszahl, Ordnungszahl), aber eine unterschiedliche Neutronenzahl (Massenzahl).

Es geht um die Zeit, in der von einer bestimmten Menge eines radioaktiven Elements die Hälfte der radioaktiven Isotope in Tochterisotope zerfällt Diese sind nur in bestimmten chemischen Elementen enthalten, die trotz unterschiedlicher Atomgewichte die gleichen chemischen Eigenschaften haben. Außer den Reinelementen (anitope Elemente) bilden

---

[1]   Brockh. Enzykl., Band 1, 1986, Seite 435, Band 8, 1989, Seite 316, Band 16, 1991, Seite 442

alle Elemente natürliche Isotopengemische. Aus dem Verhältnis, in welchem Mutter- und Tochterisotopen in der Gesteinsprobe auftreten, errechnet man das Alter. Wobei Mutterisotope Stoffe sind, die seit der Entstehung des Gesteins in diesen vorhanden sein müssen. Bei Tochterisotopen handelt es sich um Stoffe, die durch den radioaktiven Zerfall der Mutterisotope entstehen.

Je nach dem Verhältnis der Mutter- und Tochterisotopen in den radioaktiven Mutternukliden der Probe reicht die Messung des Isotopengehaltes zur Datierung aus. Mit Hilfe bestimmter Messverfahren - beispielsweise durch Isotopenverdünnungsanalyse, Aktivierungsanalyse, Massenspektrographie oder Low-Level-Messtechnik - kann die **Konzentration der Mutter- und Tochternuklide** ermittelt werden. Als geläufigste Verfahren werden vom Brockhaus die beiden zuletzt genannten Messverfahren benannt.

Erforderlich sind folgende Voraussetzungen, die erfüllt sein müssen, um ein aussagefähiges Rechenergebnis zu erhalten. Diese benennt die Brockhaus Enzyklopädie wie folgt:

- **Die Ablagerung von geologischen Schichten muss ungestört erfolgt sein (d. h. ein geschlossenes System muss vorliegen).** Dann ist die jeweils obere Schicht die jüngere.
- Die Konzentration der radioaktiven Substanz muss allein durch den Zerfall verändert worden sein.
- **Die Muttersubstanz und alle gebildeten Zerfallsprodukte dürfen die Probe nicht verlassen haben.** Die durch Massenspektrographie oder Aktivitätsmessung Low-Level-Messtechnik) bestimmten Konzentrationen der Mutter- und Tochternuklide ergeben zusammen die benötigte Anfangskonzentration des radioaktiven Mutternuklids. Dies macht auch die **exakte Messung der Anfangs-Konzentration der Tochtersubstanz erforderlich**. Bei Anwendung z. B. der Low-Level-Messtechnik sind für den Nachweis geringer Aktivitäten in großen Zusatzmengen großflächige Detektoren notwendig. Selbst wenn an der Messmethode selbst nichts auszusetzen ist, bleibt die Frage bestehen: Wie exakt können die Messergebnisse angesichts der vielen Einflussgrößen überhaupt sein? Bei ungenauen Messresultaten **hätten wir es ansonsten** bezüglich der Werte für die Anfangs-Konzentration der Mutter- und Tochtersubstanz **mit mehreren Unbekannten in den Rechnungen zu tun.**
- Eine weitere Voraussetzung ist, dass die **Halbwertzeiten der instabilen Zwischenprodukte** um einige Größenordnungen **kleiner sein müssen (gemäß Zerfallsreihe), als die Muttersubstanz es ist.** [2]

Ohne jeden Zweifel haben sich aber im Laufe der Erdgeschichte **weltweit gewaltige kataklysmische Schichtungen ereignet.** Die Gesteinsformationen und Sedimentschichten bildeten sich häufig nur unter Wassereinwirkung sehr schnell und nicht wie angenommen Körnchen für Körnchen im Laufe von Jahrmillionen. Das kataklysmische Zustandekommen der Schichten hat also nichts mit ungestörter Ablagerung zu tun. Dies erschwert in der Praxis ungemein zunächst die exakte Messung der Anfangs-Konzentration des radioaktiven Mutternuklids in der Probe, besonders auch die der Tochtersubstanz. **Rechenergebnisse werden** aber trotzdem **akzeptiert, aber nur dann, wenn sie erwartungsgemäß mit dem von Arthur** Holmes 1913 in der „absoluten" Zeitskala (Zeittafel) festgelegten geschätzten Altern für die geologischen Formationen übereinstimmen. Das bedeutet, dass die in den Geologischen Zeitstafeln festgelegten und geschätzten Werte gegenüber dem metrisch ermittelten absoluten Vorrang **besitzen**. Näheres siehe **Punkt 3.3**, Unterpunkt „Exkurs zur Geschichte der Altersermittlung".

Zunehmend häufen sich die Argumente, die Resultate der radiometrisch ermittelter Alter in Frage zu stellen, was allerdings nicht auf ihre mathematischen Grundlagen und die

____

2   Brockh. Enzykl., Band 1, 1986, Seiten 435-436 und Band 13, 1990, Seite 560

Messmethoden zutrifft. Der Ingenieur Hansruedi Stutz weist in einem factum-Artikel, „Wie jung ist die Erde?", darauf wie folgt hin:

„Eine Gruppe von sieben amerikanischen Geologen und Geophysikern, die den Ursprung des Universums und der Erde auf einen Schöpfungsakt Gottes zurückführen, fand sich zusammen, um mit mehreren Forschungsprojekten wissenschaftliche Argumente zu sammeln, welche die Datierungen der Radiometrie in Frage stellen. Als Grundlage zu diesen Arbeiten wurde bereits im Jahr 2000 ein Buch herausgegeben, das eine Bestandsaufnahme aktuellen Wissens enthält. Diesem Buch ist zu entnehmen, dass es bereits heute gute Argumente dafür gibt, um viele Resultate der radiometrischen Datierungen ernsthaft in Frage zu stellen." [3]

Schon gleich im nächsten Punkt geht es darum.

3 Hansruedi Stutz, „Wie jung ist die Erde?", factum-Magazin 2/2002, Schwengeler Verlag AG CH Berneck, Seite 42, auf der Grundlage des Buches von Larry Vardiman, "Radioisotopes and the Age of the Earth", 2000, Institute for Creation Research, PO Box 2667, EL Cajon, CA 92021, USA.

3.2 Die Problematik mit den Methoden der radioaktiven Altersbestimmung

In der Praxis werden für diese Art der Altersbestimmung eine ganze Reihe von Methoden angewendet, die nach den ihnen zugrunde liegenden Isotopen benannt werden. Es stellt sich dabei heraus, dass man, selbst bei einer Entnahme von Proben aus der gleichen Gesteinsschicht, mit keiner Methode zu übereinstimmenden Alterswerten gelangt. Dies hängt mit der unterschiedlichen Beschaffenheit der Proben zusammen, die man im Gestein vorfindet.

Stutz sagt, dass bei der häufig angewandten **Kalium-Argon-Methode** es keine Möglichkeit gibt festzustellen, **ob das jeweilige Gestein Argon**, das beim radioaktiven Zerfall des Kalium-40-Isotop entsteht und durch positiven Beta-Zerfall (radioaktiver Zerfall instabiler Atomkerne) die stabile Isotope ^{40}Ar liefert, **verloren oder gewonnen hat.** Als natürliche stabile Isotope kann dieses Argon sich durch Poren oder Risse im Gestein bewegen und deshalb entwichen sein. Wie man feststellte, kann das Gas auch aus der Tiefe des Erdinneren kommen und hinzugetreten sein. So ist es möglich, dass Argon im Gestein auf ganz unterschiedliche Weise auftritt. Solches, das vom radioaktiven Zerfall von Kalium und anderes, das aus dem Erdinnern stammt. **Da eine Unterscheidung nicht möglich ist, berechnet man am Ende oft ein zu hohes Alter** Man erklärt die Abweichung der Werte z. B. bei Argon-Zugewinn dann mit so genanntem überschüssigen „radiogenen Argon", das aus der Umgebung in die Proben eingedrungen sei (Vardiman, Radioisotopes and the Age of the Earth, 2000, Seite 152).

Gleichzeitig mit der Kalium-Argon-Methode wird die **Argon-Argon-Methode** angewendet und ermöglicht deren Überprüfung sowie ein Umgehen der schwierigen Kaliumbestimmung im Mikrobereich (der Gehalt am Kaliumisotop ^{40}K wird über das radioaktive ^{39}Ar bestimmt). Bei allen Methoden werden die Messungen der Häufigkeits- und Mengenverhältnisse in den aufbereiteten Stoffproben mit der Hilfe von Massenspektrometern und Neutronenaktivierung (Isotopenverdünnungsverfahren oder -analyse) durchgeführt. Die mit dem unbestimmbaren Verlust von Argon oder dessen Zugewinn auftretenden Probleme bleiben aber bestehen. [2]

Die **Kalium-Calcium-Methode** ist auch ein radiometrisches Verfahren der Altersbestimmung von Mineralien aufgrund des Verhältnisses der Nuklide ^{40}K und ^{40}Ca. Dabei geht ^{40}K durch Beta-Zerfall in ^{40}Ca über. Da in vielen Gesteinen auch ^{40}Ca enthalten ist, das nicht aus ^{40}K-Zerfall stammt, reicht die Genauigkeit der Methode ebenfalls nicht aus. [3]

Die **Uran-Thorium-Blei-Methode** beruht auf dem radioaktiven Zerfall von Uran und Thorium zu Blei. Uran, Thorium und Blei **sind in ihren chemischen Verbindungen jedoch mobil.** Diese Stoffe können sich z.B. durch Grundwasserströme anreichern oder verdünnen. So sind Isotopenwanderungen und Mischungen im Uran-Thorium-Blei-System ein sehr vordergründiges chronisches Problem. Sie lassen vermuten, dass zeitunabhängige Prozesse so stark einwirken, dass alle davon abgeleiteten Zeitberechnungen als unsicher bezeichnet werden können (Vardiman, Seite 186). [4]

Die **Rubidium-Strontium-Methode** beruht auf dem Beta-Zerfall des Rubidiumisotops ^{87}Rb in das stabile Strontiumisotop ^{87}Sr. Rubidium ist ein Leichtmetall, das auf Wasser explosionsartig reagiert. Strontium ist ein unedles Metall aus der Gruppe der Erdalkalimetalle, das sehr reaktionsfähig ist und auch mit Wasser reagiert. Als Bezugsisotop wird ^{86}Sr gewählt, weil sein Gehalt in einer gegen Strontiumtransport geschlossenen Probe konstant bleibt. [5]

1   Hansruedi Stutz, „Wie jung ist die Erde", Seite 42
2   Brockh. Enzykl., Band 2, 1987, Seite
3   Brockh. Enzykl., Band 11, 1990, Seite 355
4   Hansruedi Stutz, „Wie jung ist die Erde", Seite 42
5   Brockh. Enzykl., Band 18, 1992 Seite 610 und Band 21, 1993, Seite 346

Das Rubidium-Strontium-System leidet aber ebenfalls unter der Beweglichkeit von Rubidium und Strontium. Anreicherungen, Verunreinigungen, Mischungen und Effekte der Verwitterung verunmöglichen oft eine zuverlässige Datierung (Vardiman, Seite 211). [6]

Eine weitere Methode ist das **Samarium-Neodym-System**. Doch auch diese Isotopen sind genau so anfällig für Veränderungen durch hydrothermale Flüssigkeiten wie Kalium-Argon und Rubidium-Strontium (Vardiman, Seite 221).

So ist die radioaktive Altersbestimmung als fragwürdig anzusehen, was auch in **Kapitel 4** nachgewiesen wird. Aus der Fachliteratur sind viele Fälle bekannt, in denen radioaktive Alter weit über dem von den Fachleuten erwarteten liegen.

Am Schluss seiner Ausführungen formuliert Stutz:

„Für die nächsten fünf Jahre wurden 13 verschiedene Forschungsobjekte vorgeschlagen, die in Bezug auf die radiometrischen Methoden mehr wissenschaftliche Erkenntnisse liefern sollen. Man rechnet damit, dass durch diese Forschungsobjekte ***zusätzliche Argumente für das Versagen der Radiometrie gefunden werden.****"* [7]

Merkwürdigerweise rechnet man diese Methoden trotz der Bestimmungsschwierigkeiten inzwischen zu den Verfahren der absoluten Altersbestimmung, was schon deshalb fragwürdig ist, weil die **Hauptbedingung** für die Richtigkeit radiometrischer Berechnungen nicht gegeben ist. Die nämlich, dass es sich bei den Gesteins- und Sedimentvorkommen um **geschlossene Systeme** handeln muss, in denen **keine wesentlichen Veränderungen, auch keine Wanderungen**, stattgefunden haben dürfen. Dazu später mehr. Außerdem ist eine weitere Bedingung nicht einzuhalten, dass in den Proben jegliche Änderung in der Konzentration des Isotops allein durch den radioaktiven Zerfall bewirkt ist. Näheres dazu unter **Punkt 3.3**.

Für die Geologischen Zeittafeln, die noch Thema sein werden, spielen die radiometrisch ermittelte Altersbestimmungen sowieso nur eine Rolle, wenn sie, wie bereits gesagt, zu der von Arthur Holmes 1913 für die geologischen Schichten geschätzten und festgelegten „absoluten" Zeitskala passen. So bleibt das Postulat einer Milliarden von Jahren alten Erde unangetastet - trotz mahnender Stimmen.

Hierzu sagt der Physiker Hermann Schneider:

„Das zurzeit allgemein propagierte Erdalter von 4,5 Milliarden Jahren geht zurück auf eine Arbeit von Patterson, Tilton und Ingram aus dem Jahre 1955. Zur Datierung wurden die Bleiisotopenverhältnisse von irdischen Gesteinen und von Meteoriten verwendet."

Schneider fand seinerzeit heraus, **dass die Autoren damals über 60 Annahmen machen mussten, die richtig sein müssen**, wenn das Ergebnis stimmen soll. An dem allgemein unbekümmerten Glauben an den 4,5 Milliarden Jahren hat dies trotzdem nichts geändert. [8]

Schneider:

„Wenn im Folgenden kritische Aussagen zur Radiometrie gemacht werden, so muss auf das Entschiedenste das Missverständnis abgewehrt werden, die Isotopenchronologien mäßen nicht genau. Die massenspektroskopische und radiometrische Bestimmung von Isotopenkonzentrationen ist reproduzierbar und somit exakte Wissenschaft. Die Problematik setzt ein, wenn von der Isotopenspektroskopie zur Isotopenchronologie (im Sinne von Altersbestimmung) übergegangen wird. Dabei hören Reproduzierbarkeit und Nachprüfbarkeit weitgehend auf. Millionen und Milliarden Jahre sind uns experimentell nicht zugänglich.

Es gibt hier nur noch Modellvorstellungen und Plausibilitätsargumente und genau in diesen Sinne spielen weltanschauliche Denkweisen eine so entscheidende Rolle, dass sie die

---

6   Hansruedi Stutz, „Wie jung ist die Erde", Seite 42

7   Hansruedi Stutz, „Wie jung ist die Erde", Seite 43

8   Hermann Schneider, „Der Urknall und die absoluten Datierungen", 1982, Hänssler-Verlag, Seite 76

Wahrheitsfindung zu vereiteln drohen."[9]

Auch der Autor Andrew A. Snelling kritisiert in einer factum-Veröffentlichung unter dem Titel: „Versagen der radiometrischen Datierungen in Koongarra" nicht die Messmethoden oder die Mathematik, sondern nur die Voraussetzungen, unter denen die Alter zustande kommen. Er benennt von den vielen möglichen nur die nachstehenden drei, die er für die Ausschlaggebenden hält:

1. *Kein Mutter- oder Tochterelement, kein Zerfallsprodukt innerhalb des Systems (d. h. des radioaktiven Minerals) durfte je entfernt oder von außen zugesetzt werden. **Das System musste immer geschlossen sein.***

2. ***Das System durfte am Anfang keines der Tochterelemente oder Zerfallsprodukte enthalten,** es sei denn, man würde den genauen Zustand des Systems (Anfangskonzentration der Muttersubstanz) kennen.*

3. *Die **Zerfallgeschwindigkeit,** d. h. die Halbwertzeit der beteiligten Isotope **musste in** der Vergangenheit **konstant bleiben.** "*

Der Beweis dafür fehlt, was außer Snelling auch die Autoren Vardiman und Chaffin in ihrer Veröffentlichung unter dem Titel „Radioisotope und das Alter der Erde", dazu gleich noch mehr, darstellen.

Snellings Schlussfolgerung:

*„Keine dieser drei Voraussetzungen ist sicher erfüllt oder überprüfbar. Man sieht daran, **welch hohen spekulativen Charakter diese radiometrischen Altersbestimmungen haben.** Keine der drei Voraussetzungen konnte in der Vergangenheit dauernd beobachtet werden, um sicher zu stellen, dass sie während den angenommenen Millionen Jahren immer erfüllt waren."* [10]

Snelling hält **die exakte Messung** der Anfangs-Konzentration der Muttersubstanz, was besonders aber für die Tochtersubstanz zutrifft, mangels geeigneter Voraussetzungen sogar **nicht für möglich.**

Im Folgenden äußert sich Snelling schließlich näher dazu, warum auch aus seiner Sicht ein geschlossenes System, nicht nur allein wegen der stattgefundenen kataklysmischen Vorgänge, nicht möglich ist:

*„Bei der Kalium-Argon Altersbestimmung misst man im Mineral das Verhältnis von ^{40}Kalium zu ^{40}Argon. Das radioaktive ^{40}Kalium zerfällt langsam zu ^{40}Argon. **Argon** ist ein Edelgas, das aus dem Mineral austreten oder auch von außen in das Mineral hineindiffundieren kann. Diese Diffusionsvorgänge werden vom Druck, der Temperatur, von der Gravitation und der Durchlässigkeit des Minerals beeinflusst.*
***Von außen eindringende Neutronen können den radioaktiven Zerfall außerdem beschleunigen.** Druck, Gravitation, Temperatur und Neutronen wirken auch bei hermetischem Abschluss ins Innere des Systems hinein. **Durch Diffusion können die Isotope ins Innere des Systems wandern oder auch austreten.** Es ist daher nicht möglich, das System abzuschließen. Bei einer Diffusionsrate von 1/1000000 pro Stunde **entweichen 50% des Kaliums in nur 58 Jahren.** Weniger Kalium ergibt ein zu hohes Alter. Bei einer Diffusionsrate von 1/100000000 pro Stunde **kommt in 5000 Jahren 50% Argon hinzu.** Zusätzliches Argon ergibt ein zu hohes Alter".* [11]

Kein Wunder also, dass man mit der radiometrischen Altersbestimmung an Grenzen gelangt. Im Vorwort zur deutschen Übersetzung des Buches der Autoren Larry Vardiman, Andrew A.

9   Hermann Schneider, „Der Urknall und die absoluten Datierungen.", Seite 48

10   Andrew A. Snelling, „Versagen die radiometrischen Datierungen in Koongarra", factum Mai 1997, Seite 24

11   Andrew A. Snelling, „Versagen die radiometrischen Datierungen in Koongarra", S. 25

Snelling und Eugene F. Chaffin zum Thema „Radioisotope und das Alter der Erde", heißt es unter anderem:

„So blieb es jahrzehntelang bei der unbefriedigenden Situation, dass die Schöpfungslehre den radiometrisch vorgegebenen, allgemein akzeptierten Zeitvorstellungen von Milliarden von Jahren kein alternatives wissenschaftliches Konzept entgegenstellen konnte. Folgerichtig wurde den Kreationisten vorgeworfen, dass sie gar keine eigenständige Forschungsarbeit leisten und nicht zur Gewinnung neuer wissenschaftlicher Daten beitragen würden.
*Das vorliegende Buch ist die Antwort auf diese Vorhaltungen. In einem nie zuvor praktizierten Aufwand wurde eine Initiative gestartet, die eine gründliche Auseinandersetzung mit diesen Fragen anstrebt - auch und gerade durch eigenständige und teils kostspielige Forschungsvorhaben. Die Projekte erfordern Finanzmittel von rund einer viertel Million Dollar, **Gelder, die im Wesentlichen durch Spenden aufgebracht werden müssen.**"* [12]

In dem Artikel „Lebten Dinosaurier und Menschen zur selben Zeit" wird vom Autor H. Stutz darauf hingewiesen, dass Ivanov, Kouznetsov und Miller eine *„ Theorie der Biofraktionierung stabiler Isotope"* zum Zwecke der Altersbestimmung alternativ zur **C-14-Methode** entwickelt haben. Dem Arbeiten mit Radioisotopen (an Fossilien) sind enge Grenzen gesetzt, weil *„ die mineralisierten organischen Bestandteile der Lebewesen im Gegensatz zu den Mineralien fast keine radioaktiven Isotope, wie zum Beispiel Strontium, Rubidium, Argon und Uran enthalten."* [13]

Die neue Methode beruht auf dem gemessenen Verhältnis der beiden stabilen Kohlenstoffisotope C-12 und C-13, die aus verschiedenen Fossilien isoliert wurden und die man mit Hilfe eines Laser-Massenspektrometers messen kann. Und weiter wird ausgeführt:
„Im frühen 20. Jahrhundert hat der russische Akademiker Vernadsky zuerst die Vermutung ausgesprochen und diese später bestätigt, dass die lebenden Organismen die Fähigkeit besitzen, schwere und leichte Isotopen voneinander zu trennen. Eine wichtige Konsequenz daraus ist die Beobachtung, dass sich das leichtere Isotop C-12 in den lebenden Organismen gegenüber den anorganischen Quellen anreichert (so genannte Karbonat-Kohle). Die Tatsache, dass die Isotopenverteilung im biologischen Material eine ganz bestimmte Ordnung besitzt, bedeutet, dass biogenetisches Material ein einzigartiges nichtradioaktives Kennzeichen enthält, nämlich die charakteristische Verteilung der Kohlenstoffisotope."
Auch mit dieser Methode ist es bisher nur möglich, relative Alter zu bestimmen. Wie sich aber herausstellte, waren die so ermittelten Alter der Fossilien von Dinosauriern tausendmal jünger als die 100-145 Millionen Jahre alten Formationen, in denen sie gefunden wurden.
Die **14-C-Methode** ist von größter Bedeutung unter den so genannten „Kurzzeituhren".
Nur das Isotop Karbon-14 ist radioaktiv und kommt in der Natur selten vor. Es besitzt eine Halbwertzeit von 5730 Jahren. Das heißt, dass von einem Gramm Karbon-14 nach 5730 Jahren nur noch 0,5 Gramm übrig bleiben usw. Deshalb sind die Restwerte in einer Probe kaum noch messbar. [14]

Das Holle-Geschichtswerk vermerkt die Einschränkung:
„Auch die Radiokarbon-Datierung (C14-Methode), die in der Geologie und Urgeschichte zur absoluten Altersbestimmung von organischen Funden angewendet wird, und als eine der genauesten Methoden zur Zeitbestimmung angesehen ist, erlaubt maximal einen Rückgriff für einen Zeitraum von 50000 Jahren. Allerdings ist dieses Verfahren noch mit so vielen

12   Larry Vardiman, Andrew A. Snelling und Eugene F. Chaffin, „Radioisotope und das Alter der Erde", 2004 Hänssler Verlag, Holzgerlingen, Seite 7
13   Hansruedi Stutz, „Lebten Dinosaurier und Menschen zur selben Zeit", factum Magazin Februar 1993, Seite 44
14   Hansruedi Stutz, „Lebten Dinosaurier und Menschen zur selben Zeit", Seite 46

Fehlerquellen behaftet, dass es nur mit größten Vorbehalten zur Datierung urgeschichtlicher Funde angewendet werden kann. " [15]

Die möglichen Fehlerursachen nennt Stutz in einem weiteren Artikel in der factum-Zeitschrift:

a) Der Gehalt von Kohlendioxid in der Atmosphäre hat sich in der Vergangenheit verändert.

b) Der Anteil der Höhenstrahlung, der zur Bildung von C-14 führt, war nicht immer gleich hoch wie heute. Dies hat den Gehalt von radioaktivem Kohlenstoff in der Atmosphäre verändert.

c) Es müsste ein Gleichgewicht bestehen von C-14 und dessen Verfall. Infolge der unstabilen Verhältnisse konnte dies kaum eintreten.

d) In der gemessenen Probe durfte der Kohlenstoff nach dem Tod des Lebewesens weder angereichert noch vermindert worden sein.

Es zeigt sich, dass der Gehalt von C-14 in den Fossilien abhängig ist von radiochemischen Reaktionen, die die produzierte Menge dieses Isotops bestimmen. Die Wissenschaft kann nur vermuten, dass der prozentuale Anteil an C-14 in der Atmosphäre insgesamt über viele tausend Jahre hinweg gleichgeblieben ist. [16]

Die Autoren Michael A. Cremo und Richard L. Thompson nennen auch drei Fehlerquellen in ihrem Buch „Verbotene Archäologie" und zwar:

1. *„Die ältesten, durch die C-14 Mthode bestimmten Objekte sind nur ca. 40000 Jahre alt. Zu diesemZeitpunkt, da das C-14 in einem Knochen sieben oder acht Reduktionen in der Halbwertzeit durchlaufen hat, ist die verbleibende Menge kaum meßbar. Man kann lediglich sagen, dass das Objekt 40000 Jahre alt ist.*

2. *Die Wissenschaft kann nur vermuten, dass der prozentuale Anteil an C-14 über viele tausend Jahre hinweg konstant geblieben ist.*

3. *Noch wichtiger: Die Wissenschaft muss sicherstellen, dass keine Karbonbestandteile aus dem Umfeld die zu datierende Probe verunreinigen. Eine solche Verunreinigung kann auftreten, wenn die Probe im Boden vergraben ist, wenn sie geborgen wird, wenn sie vor der Datierung gelagert wird und auch während des Datierungsverfahrens selbst."*

Einige Wissenschaftler hegen die Hoffnung, dass diese Methode der Radiokarbondatierung mit der Beschleunigungs-Massenspektrometrie (BMS) für bis zu 100000 Jahre geeignet ist, **wenn Probleme,** darunter auch die chemische Verarbeitung geringer Mengen an restlichem Radiocarbon **überwunden werden können.** [17]

15   Gerad Du Ry van Best Holle, „Welt- und Kulturgeschichte", Holle Verlag Baden-Baden, Seite 458

16   Hansruedi Stutz, „Die radiometrischen Uhren", factum Juli/August 1996, Seite 28

17   Michael A. Cremo und Richard L. Thompson, „Verbotene Archäologie" – Kopp Verlag, 2. Auflage 2007, Seite 897

3.3 Das mathematische Handwerkszeug und seine spezielle Problematik

Dieses entspricht mathematisch den gängigen Rechenmethoden für radiometrische Altersermittlungen. Leider kann auf eine Darstellung dieser Beziehungen nicht verzichtet werden, weil dadurch erst die Einblicke in die ganze Problematik besonders deutlich ermöglicht werden. Man kann davon ausgehen, dass bei der Schöpfung nicht nur beispielsweise 238-Uran entstanden ist, sondern die ganze Zerfallsreihe von 238-Uran zu 206 Blei. Das heißt eindeutig, dass das heute vorhandene Blei wahrscheinlich eben gerade nicht auf die allererste Stufe zurückzuführen ist, sondern auch aus den dazwischen liegenden Isotopen entstand. Zur näheren Erklärung noch folgendes:

Exkurs zur Halbwertzeit:

T ist die **Halbwertzeit** (Zeit, während der die Hälfte des vorhandenen radioaktiven Stoffs zerfällt), die in einer Zerfallsreihe ganz unterschiedlich ist und beispielsweise bei 238-Uran angefangen bis zum Blei immer kürzer wird, wobei Blei in mehreren Zwischenstufen entsteht. 214 Blei z. B. entsteht in der Zerfallsreihe von 238-Uran mit einer Halbwertzeit von 27 Minuten aus Polonium. Bei 222-Uran dauert der Zerfall zu 206 Blei nur ein paar Stunden usw. Zur Altersbestimmung von Gesteinen wird eine Halbwertzeit der allerersten Zwischenstufe von 238-Uran zu 234-Thorium, die 4,46 Milliarden Jahre beträgt, herangezogen. Mit dieser Vorstellung wird interpretiert, dass unsere Erde etwa 4,5 Milliarden Jahre alt sei. Nähere Angaben zu dieser Zerfallsreihe auf der Basis von neueren Forschungsergebnissen unter **Punkt 4.1** „Langzeitinterpretation von Gesteinsaltern nicht mehr zwingend".

Exkurs zur Geschichte der Altersermittlung

Junker und Scherer machen die Aussage, dass schon Ende des 17. Jahrhunderts damit begonnen wurde, die zeitliche Aufeinanderfolge der Systeme der Gesteins- und Sedimentsschichten in Geologischen Zeittafeln gemäß ihren unterschiedlichen Fossilien nach und nach zu ermitteln. Mit der Zeit wurden die einzelnen Systeme immer weiter untergliedert. Leider wird bis heute angenommen, dass die max. Ablagegeschwindigkeit für alle Formationen (Erdzeitalter) beständig und lückenlos dieselbe gewesen sei. Da die Sedimentdicken besonders durch das Absinken des Untergrundes bestimmt werden, ist dies wenig überzeugend.
Außerdem sind auch aus anderen Gründen gewaltige Materialtransporte erfolgt, die sich z. T. unter Wassereinwirkung und -bedeckung vollzogen haben. Die Sedimentgeschwindigkeiten können um viele Größenordnungen schwanken und zwar um mehrere Meter in wenigen Augenblicken (etwa bei Schichtfluten). Benötigt werden aber absolute Zahlen. Deshalb wurde noch vor der Entdeckung des radioaktiven Zerfalls von M. Riede aus Beobachtungen und Messgrößen für die Untergrenze des Kambriums ein Alter von 600 Millionen Jahre errechnet. Leider wird wider besseres Wissen unverrückt daran festgehalten.
Wörtlich:
„Eine absolute Zahl lieferte M. Riede im Jahr 1879 - 17 Jahre vor der Entdeckung des radioaktiven Zerfalls. Aus einigen Beobachtungen und Messgrößen wie z. B. Sedimentationsgeschwindigkeiten und Sedimentdicken errechnete er ein Alter von 600 Millionen Jahren für die Untergrenze des Kambriums.
Im Jahre 1896 wurde von M. H. Becquerel der radioaktive Zerfall entdeckt. 1905 wurde von E. Rutherford erstmals vorgeschlagen, diesen zur geologischen Datierung zu verwenden. Hinreichend genaue Messungen der relativen Häufigkeit der Isotope, z. B. Blei, Argon oder Strontium, wurden erst vom Jahre 1937 an möglich.

Arthur Holmes, der Vater der Geologischen Zeitskala (Zeittafel) veröffentlichte im Jahre 1913 das Buch „Das Alter der Erde". Darin legte er bereits die „absolute" Zeitskala fest und
Arthur Holmes, der Vater der Geologischen Zeitskala (Zeittafel) veröffentlichte im Jahre 1913 das Buch „Das Alter der Erde". Darin legte er bereits die „absolute" Zeitskala fest und den Rahmen, in dem sich alle zukünftig akzeptierten Datierungsergebnisse bewegten. In einem zweiten Buch mit dem gleichen Titel aus dem Jahre 1927 bestätigte er seine Zahlenangaben, u. a. 600 Millionen Jahre für die Untergrenze des Kambriums - zehn Jahre bevor annehmbare Messungen von Nuklidkonzentrationen (Atomkernkonzentrationen) möglich waren." [1]

Seitdem wird der Stratigraphie (Schichtenkunde) in Verbindung mit der Geologischen Zeitskala absoluter Vorrang gegenüber der Radiometrie eingeräumt. Werden deshalb vielleicht so viele radiometrisch ermittelte Alter weginterpretiert oder einfach unter den Tisch fallen gelassen, wenn sie nicht zur Geologischen Zeitskala passen? Junker/Scherer führen aus: *„Solange die Geologische Zeitskala aber über die Gültigkeit einer Datierung entscheidet, kann die Radiometrie nicht über die Richtigkeit der Geologischen Zeitskala befinden."* [2]
Hier beißt sich die Katze selbst in den Schwanz!

Rechenansatz für radiometrisch ermittelte Langzeituhren als Modellalter

Der Rechenansatz nach Junker und Scherer, der für den radioaktiven Zerfall bei allen radiometrischen Datierungsmethoden herangezogen wird, gehorcht stets dem einfachen Zerfallsgesetz.

$$N(t) = N_0 \cdot (1/2)^{t/T} = N_0 \cdot e^{-\lambda t} \quad (1)$$

Dabei ist N(t) die zur Zeit t (heute) vorhandene Anzahl bzw. Konzentration radioaktiver Atome (Muteratome). Diese ist anfangs, zur Zeit t = 0, N_0 = N(0). T ist die Halbwertzeit, die Zeit, in der die Hälfte der Mutteratome zerfällt.

N_0 = Anfangskonzentration der Muttersubstanz (z.B. Uran)

$$T = \ln 2/\lambda = \tau \cdot \ln 2$$

τ = Mittlere Lebensdauer (τ (Tau) = T/ln2)

e = 2,71828… ist die Basis des natürlichen Logarithmus (ln; ln e =1)

λ (Lambda) = Zerfallskonstante (λ = ln 2/T), als das Maß für die Geschwindigkeit bzw. Wahrscheinlichkeit eines Zerfalls, d. h. mit der im Mittel ein Atom im Zeitintervall zerfällt. Der Brockhaus formuliert zum Zerfallsgesetz und Aktivität:
„In einer radioaktiven Substanz laufen die Kernzerfälle in statistisch unabhängiger Folge ab. Man kann nicht sagen, welches Atom sich in der nächsten Sekunde verwandeln wird, sondern nur eine für jedes Radionuklid charakteristische Übergangswahrscheinlichkeit (Zerfallskonstante) λ angeben, mit der im Mittel ein Atom zerfällt" (Brockh. Enzykl., Band 18, 1992, Seite 16).
Aus jedem Mutteratom wird beim Zerfall ein Tochteratom. Daher ergibt sich die Anzahl bzw.

1   Reinhard Junker und Siegfried Scherer, „Entstehung und Geschichte der Lebewesen", 2. Auflage 1988, Weyel Lehrmittel-Verlag, Gießen, ab Seite 156-157
2   Reinhard Junker und Siegfried Scherer, „Entstehung und Geschichte der Lebewesen", Seite 159

Konzentration der Tochteratome D_t heute:

D_t = D_0+(N_0–$N(t)$) = D_0+$N(t)\cdot(e^{\lambda t}-1)$ (2)
D_0 = Anfangskonzentration der Tochtersubstanz

Unabdingbare Voraussetzung ist, dass die Muttersubstanz N_0 oder die Tochtersubstanz D_0 in der entnommenen Probe einer geologischen Formation so zur Verfügung stehen und mit den wissenschaftlichen Messmethoden exakte Werte ermittelt werden können.

Mit Ausführungen von Junker und Scherer werden nachstehend die mathematischen Zusammenhänge weiter fortgesetzt und zu Ende geführt.

Wären D_0 als die Anfangskonzentration der Tochtersubstanz und N_0, als die Anfangskonzentration der Muttersubstanz nicht exakt messbar, hätte man es in den Rechnungen mit zwei Unbekannten zu tun.

Da aus jedem Mutteratom beim Zerfall ein Tochteratom entsteht, ergibt sich neben der Gleichung (1) für die Konzentration der Muttersubstanz also $N(t)$, als zweite die bedeutende Gleichung (2) zur Errechnung der Anzahl bzw. Konzentration der Tochteratome $D(t)$. So erhalten wir also die Anzahl der Tochteratome in einer Zerfallsreihe.

Eine weitere Voraussetzung ist dabei, dass jegliche Änderung der Konzentration eines Isotops lediglich durch den radioaktiven Zerfall bewirkt wird und nicht durch Wanderung, d. h. **dass ein geschlossenes System vorliegen muss.** Dies bedeutet, dass bei der Entstehung der Gesteine weder Mutter- noch Tochteratome entwichen oder eingedrungen sein durften. Das setzt nämlich voraus, dass der Prozess der Bildung von Sedimenten und Steinen einer war, der sich über die Zeit wirklich geordnet und langsam vollzogen hat.

Worauf vorstehend schon hingewiesen wurde, hat es so etwas in der Natur bis hinein in die jüngste Zeit unserer Vergangenheit nicht gegeben. Die Alter der geologischen Formationen werden trotzdem durchweg mit Hilfe langlebiger Isotope bestimmt, weil es der gängigen Verfahrensweise entspricht.

Kein Wunder also, dass die ermittelten Alterswerte einen Anachronismus im Sinne einer zeitlich falschen Einordnung darstellen.

Da man zur Altersermittlung die Zeit t benötigt, löst man zunächst die Gleichung vom einfachen Zerfallsgesetz (1) nach dem gesuchten Alter t auf:

$t = T/\ln 2 \cdot \ln (N_0 / N(t))$ (3)

Die Zeit t lässt sich auch aus Gleichung (2), bezogen auf die Konzentration der Tochtersubstanz durch Auflösung nach t ermitteln, wenn D, N, $N(t)$ und ein passender Wert für D_0 eingesetzt werden. Dann ergibt sich:

$t = T/\ln 2 \cdot \ln (1+D(t)-D_0 / N(t))$ (4)

Das T ist bekannt. $N(t)$ und $D(t)$ sind also bestimmbar. Aber zur eindeutigen Bestimmung von t muss mindestens einer der beiden von den Anfangswerten N_0 und D_0 bekannt sein. Beide Anfangswerte sind aber grundsätzlich nicht messbar, da man nur zum gegenwärtigen, nicht zum verflossenen Zeitpunkt messen kann. Es bleibt als Altersbestimmung eine Unbekannte zu viel.

Es gibt auch andere Auswertungsmethoden, welche N_0 und D_0 nicht direkt benötigen, wie z. B. die Isochronen-Methode, wenn also die Bestimmung der beiden Werte messtechnisch wegen unsicherer Einflussfaktoren problematisch ist.[3]

3   Reinhard Junker und Siegfried Scherer, „Entstehung und Geschichte der Lebewesen", Seiten 157-158

Unter einer Isochrone versteht man eine Gerade, die sich aus mehreren Punkten ergibt, die das Alter der Gesteinsformation ausweist. Aber Probleme treten auch bei dieser Methode auf.

Rechenansatz für radiometrisch ermittelte Langzeituhren als Isochronenalter

Auch sie kommen nicht ohne Modellvorstellungen aus, wobei eine Isochrone eine Linie gleicher Zeit in einem Isotopenkorrelationsdiagramm ist.

In dem factum-Artikel mit dem Titel „Altersbestimmung mit radioaktiven Isotopen im Grand Canyon", beschreibt der Autor Austin Publikationen von Rb-Sr-Messungen von der Lava des Western Grand Canyon und welche falschen Ergebnisse, selbst bei korrekten mathematisch graphischen Ansätzen, herauskommen können.

Man hat beispielsweise sechs Pleistozän-Laven gemäß **Abbildung 3.1**, **Figur 2**, deren sechs Punkte auf einer Geraden liegen, aufgezeichnet und als eine gute Isochrone bezeichnet. Sie zeigt ein Alter von 1500 Millionen Jahre nach offizieller Zeitrechnung. Die Korrelation dieser sechs Punkte ist annähernd so gut wie die der Isochrone von **Figur 1** der tiefliegenden Cardenas Lava im östlichen Grand Canyon. Diese Isochronen liegen ebenfalls mit sechs Punkten auf einer Geraden, aber bei einem Alter von hier „nur" 1090 Millionen Jahren nach offizieller Zeitrechnung. Enorme Abweichungen machen diese Altersbestimmungen ungültig. Austin kommt zu dem Schluss, dass es sich sowieso um Alter handelt, die größer sind als die, die jemals für die ältesten Formationen dieses Erosionstals ermittelt wurden.

Abbildung 3.1 Pleistozän-Laven [4]

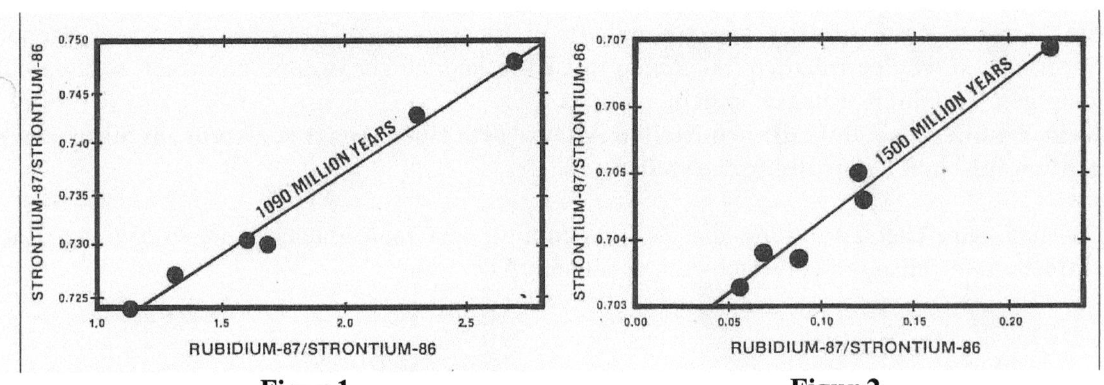

Figur 1   Figur 2

Anmerkung;
Nachstehend die Gleichung, die der Graphik der eingezeichneten Geraden zu Grunde liegt:
y = mx + b darin ist
$m = e^{-\lambda} - 1$ λ(Lambda)
Die Steigung der Geraden m ergibt das Gesteinsalter und
$t = 1/\lambda \ln (m + 1)$
b = Schnittpunkt der Geraden auf der horizontalen Achse x
Auf der vertikalen Achse y wurden die Verhältnisse der Tochterisotope STRONTIUM-87 zu dem nicht durch radioaktiven Zerfall (nichtradiogen) entstandenem STRONTIUM-86 und auf der horizontalen Achse x die Verhältnisse der Mutterisotope RUBIDIUM-87zu dem nicht durch radioaktiven Zerfall entstandenem STRONTIUM-86 abgetragen
Nun die Erklärung der Gleichung y = mx + b für die Figuren 1 und 2
Die Steigung der Geraden mit dem Alter der Probe. Die gerade Linie gilt zugleich als Beweis

---

4   Austin, „Altersbestimmung mit radioaktiven Isotopen im Grand Canyon", factum-Magazin Juni 1988, Seite 241

für die Richtigkeit der Annahme. Das resultierende Alter wird auch „Gesamtgesteins"-Isochronenalter genannt. Das Wort Isochrone bezieht sich auf die gezeichnete Linie und bedeutet „gleiches Alter".

Der Schnittpunkt b der Isochronengeraden auf der horizontalen Achse gibt den ursprünglichen Gehalt der Muttersubstanz in den Mischproben wieder. Die genaue Steigung m und der Schnittpunkt der Geraden b werden gewöhnlich mittels einer gründlichen statistischen Analyse ermittelt (York 1969; Jones 1979). Wenn einige Messpunkte nicht auf die Gerade fallen, wird das einer Kontamination (Verschmelzung, Verunreinigung) zugeschrieben. [5]

Austin:

„Kein Geologe könnte das Erosionstal des Grand Canyon als 1500 Millionen Jahre alt betrachten."

Austin benennt, welche Ursachen zu derart unglaubwürdigen Isochronenalter geführt haben.

„Die Isochronenmethode setzt voraus, dass die gemessene Lava von einem solchen geschmolzenen Gestein abgekühlt ist, das zwar unterschiedliche Rb/Sr-Verhältnisse hatte, aber in dem die Mischung der Isotopen gleichmäßig war, also alle Proben ursprünglich dasselbe Sr/Sr-Verhältnis hatten. Was geschieht, wenn das Strontium in der Lava vor der Abkühlung nicht isotopenmäßig gleichmäßig verteilt gewesen ist? Die Antwort auf diese Frage wurde von Faure zusammengefasst. Gemäß Faure ergibt die unvollständige Mischung zweier Laven mit unterschiedlichen Strontium-Isotopenverhältnissen ein Diagramm, in dem alle Mischungen auf einer Geraden liegen, wobei aber die Steigung der Geraden nicht vom Alter der Proben abhängig ist!

Ein weiterer geologischer Grund für fiktive Geraden wird von Brooks, James und Hart angegeben. Sie dokumentieren 22 Beispiele von falschen Rubidium-Strontium Isochronen und schlagen vor, **dass deren Eigenschaften mit der Herkunft des Materials aus der Großen Tiefe erklärt werden sollen. Die Gerade kommt demzufolge durch geologische Prozesse zustande und nicht durch den Zerfall der radioaktiven Isotope** *im Lauf der Zeit. Weil niemand sagen kann, ob die geologische Vorgeschichte oder der radioaktive Zerfall im Lauf der Zeit die Steigung der Geraden bestimmt,* **müssen auch die Isochronenalter als unzuverlässig eingestuft werden."** [6]

Die Messmethode scheint auf den ersten Blick abgesichert zu sein, weil Arbeiten mit Isochronenaltern aufgrund mehrerer Proben entstehen. Hansruedi Stutz äußert sich dazu in dem factum-Magazin:

„Wenn diese Messungen im Zusammenhang übereinstimmen, wird das Alter berechnet. Es ist aber möglich, dass trotzdem nicht das erwartete Alter herauskommt. Wenn das berechnete Alter nicht den erwarteten Wert aufweist, wird es nicht berücksichtigt. Man erwartet, **dass das Alter der geologischen Formationen gleich dem radiometrischen Alter ist,** *und* **wenn** *das radiometrische* **nicht** *mit dem geologischen übereinstimmt,* **wird es als ungültig betrachtet.** *Das ist ein Zirkelschluss".* [7]

In Kapitel 7 wird gezeigt, dass wir es nicht nur mit Zirkelschlüssen allein zu tun haben, sondern auch eine Unzahl von archäologischen Funden unterdrückt wurden, die zu einer Fehleinschätzung bezüglich des Auftretens des Menschen in den geologischen Formationen

5   Larry Vardiman, Andrew A. Snelling und Eugene F. Chaffin, „Radioisotope und das Alter der Erde", Seite 31

6   Austin, „Altersbestimmung mit radioaktiven Isotopen im Grand Canyon", Seiten 241-242

7   Hansruedi Stutz, „Die radiometrischen Uhren", factum Juli-Magazin, August 1996, Seite 27

geführt haben und die angegeben Alter nur als relative aufgefasst werden können.

Hansruedi Stutz schreibt in einem Artikel im factum-Magazin etwas, was von grundsätzlicher Bedeutung für viele radiometrische Verfahren ist:
„Will man radiometrische Uhren überprüfen, so muss man ihre Resultate mit den nichtradioaktiven Methoden vergleichen. Macht man das in Bezug auf das Alter der Erde, so fällt auf, dass viele der nichtradioaktiven Methoden ein wesentlich geringeres Erdalter ergeben.
Das bedeutet, dass die radiometrischen Uhren wahrscheinlich einen systematischen Fehler enthalten, denn unter sich stimmen sie teilweise überein. *Weil sie aber um mehrere Größenordnungen von den Resultaten von nichtradiometrischen Bestimmungsmethoden abweichen, **muss man sie als nicht richtig betrachten.**“* [8]
Das heißt, dass die auf radiometrischem Wege ermittelten Alter das wirkliche Alter nur vortäuschen.

---

8   Hansruedi Stutz, „Die radiometrischen Uhren factum“, Seite 26

3.4 Die Problematik mit den physikalisch-chemischen Effekten

Mischungseffekte

Nun wird, wie weiter oben schon angekündigt, das Problem der Mischung behandelt, die durch physikalisch-chemische Effekte hervorgerufen wird, d. h. Einwirkungen und Beziehungen, wodurch radioaktive Alter vorgetäuscht werden können.

Vom Urknall her wird angenommen, dass der Erdmantel und die Krustengesteine über lange Zeiträume durch gravitationsbedingte Massenzunahme von Material (Akkretion) aus einer interstellaren Wolke durch allmählichen Zuwachs entstanden sind. Besonders aus **Kapitel 6** geht aber hervor, dass die Erde topographisch nachhaltig durch Plattentektonik, vulkanische Tätigkeit (Extrusion) und andere Ereignisse umgestaltet wurde und es dadurch zu gravierenden Vermischungen kam. Aus vielen geschilderten Fakten kann deshalb alternativ zum gängigen Konzept eines ungestörten Aufbaus des Erdmantels und seiner Gesteine auch das für eine junge Erde entwickelt werden. Neben Extrusions- fanden auch Intrusionsvorgänge statt, bei dem Magma in Gesteine der festen Erdkruste eindrang und durch Wärme eine Verdichtung oder Homogenisierung stattfand.

Bei allen radiometrischen Langzeituhren entstehen in Bezug auf die Altersbestimmung erheblich Probleme. Beispielweise bei der Kalium-Argon-Methode wegen des überschüssigen Argons in den Proben, wie in es **Punkt 3.2** schon eingehend geschildert wurde.

Wie gravierend bei der Kalium-Argon Uhr sich überschüssiges Ar auf die Altersbestimmung auswirkt, zeigt nachstehende Tabelle.

Tabelle 1 Beispiele aus der Literatur für rezente oder junge vulkanische Gesteine, die wegen der Anwesenheit von überschüssigem ^{40}Ar extrem hohe K-Ar-Gesamtgesteins-"Modellalter" aufweisen (nach Snelling 1998) [1]

Lavastrom und Lokalität	bekanntes Alter	K-Ar-"Alter"	Literatur
Akka Wasserfall Basaltstrom, Hawai	Pleistozän	32.3 +/- 7.2 Ma	Krummbacher 1970
Kilauea Iki Basalt, Hawaii	1959	8,5+/- 6.8 Ma	Krummbacher 1970
Stromboli, Italien, vulkanische Bombe	23.09.1963	2.4 +/- 2 Ma	Krummbacher 1970
Ätna, Basalt, Sizilien	Mai 1964	0,7 +/- 0,01 Ma	Krummbacher 1970
Obsidian der Medicine Lake High Lands			
Glass Mountains, Kalifornien	<500 Jahre alt	12,6 +/- 4,5 Ma	Krummbacher 1970
Rangitoto-Basalt, Auckland, Neuseeland	<800 Jahre alt	0,15-0,47 Ma	McDougall. Et al.1969
Alkalibasallt-Pfropf, Benue, Nigeria	<30 Ma	95 Ma	Fisher 1971
Olivinbasalt, Nathan Hills			
Viktorialand, Antarktis	<0,3 Ma	18,0 +/- 0,7 Ma	Armstrong 1978
Anorthoklas in vulkanischer Bombe			
Mt. Erebus, Anarktis	1984	0,64 +/- 0,03 Ma	Esser et. al. 1997
Kilauea-Basalt,Hawaii	<200 Jahre alt	21 +/- 8 Ma	Nobble & Nauhhton 1968
Kilauea-Basalt,Hawaii	<1000 Jahre alt	42,9 +/- 4,2Ma	Dalrymple & Moore 1968
		30,3 +/- 3,3 Ma	Dalrymple & Moore 1968
Basalt vom ostpazifischen Rücken	< 1 Ma	690 +/- 7 Ma	Funkhouser et. al. 1968
Basalt eines Seamounts nahe des			
ostpazifischen Rückens	<2.5 Ma	580 +/- 10 Ma	Funkhouser et. al. 1968
		700 +/- 150 Ma	Fisher 1972
Basalt vom ostpazifischen Rücken	< 0,6 Ma	24,2 +/-1,0 Ma	Dymond 1970

Die Angabe Ma = Mega annum bedeutet Millionen Jahre.

1   Larry Vardiman, Andrew A. Snelling und Eugene F. Chaffin, „Radioisotope und das Alter der Erde", Seite 71

Wie die Autoren feststellen, sind bei diesen Prozessen im Erdmantel *„Effekte zweiter, dritter oder gar vierter Ordnung überlagert, die einen wie immer gearteten primären Trend, der auf radioaktivem Zerfall beruht, aufgelagert sind.“*
Für den „Junge Erde Rahmen“ ist es bedeutsam, diese „Effekte zweiter und weiterer Ordnungen zu charakterisieren, um sie von den Daten abziehen zu können, wenn die Natur des zugrundliegenden Trends erster Ordnung entschlüsselt werden soll. Nur auf diese Weise wird es möglich sein, ein alternatives Modell aufzustellen, das die radioisotopischen Daten innerhalb eines kreationistischen Junge-Erde-Rahmens erklärt, und das den vorherrschenden „Altern“ von vielen Milliarden Jahren des uniformistischen Systems entgegengestellt werden kann. [2]

Isotopenfraktionierung durch Auswaschung

Bei der Fraktionierung geht es um eine stufenweise Trennung eines Stoffgemisches in mehrere Teilgemische (Fraktionen), z.B. durch Destillation, Extraktion oder Kristallisation. *Auf der Suche nach einer Erklärung der Diskrepanzen, die bei den U-Th-Pb-Uhren auftreten, zerrieb Tilton Gesteinsproben und wusch sie mit schwachen Säuren aus.* ***Dabei fand er, dass die Isotopenverhältnisse um erhebliche Faktoren anders waren als im ursprünglichen Gestein.***
Zum Beispiel war das Verhältnis 206Pb/204Pb bei einem Zirkon (Mineral, das Hauptträger der Radioaktivität in Gesteinen ist) im Mineral 64mal so groß wie in der Waschflüssigkeit, bei einem Monazit (Mineral, mit Bezug auf Seltenheit, mit einem hohen Anteil an Thorium) dagegen 0,13mal so groß. Hier handelt es sich nicht um chemische Fraktionierung, die auch auftritt, sondern um unterschiedliches Verhalten der Isotope desselben Elements, die offenbar mineralabhängige differierende Bindungsstärken haben. ***Die Wirkungen des einfachen Wasch- bzw. Verwitterungsvorgangs sind viel stärker als die vom radioaktiven Zerfall zu Erwartenden.****“* [3]

Isotopenfraktionierung durch Erhitzen

Schneider beschreibt hier einen weiteren Effekt der Isotopenfraktionierung:
„Starik u. a. haben nachgewiesen, in dem sie feststellten, dass beim Erhitzen von Gestein und bei der Sublimation (Übergang eines festen Stoffes in den Gaszustand und umgekehrt) *von Blei die Bleiisotope unterschiedlich mobilisiert werden. Nach dem bisher Gesagten ist auch damit zu rechnen, dass beim sehr langsamen Auskristallisieren von Mineralien aus der Schmelze Isotopenfraktionierung auftritt.“* [4]
D. h., dass durch besondere Hitzeeinwirkung auch eine erhebliche Veränderung des Mischungsverhältnisses gegenüber dem im ursprünglichen Gestein eintritt. Den Nachweis darüber, dass sich solche Vorgänge in den Gesteinsformationen bei ihrer Bildung nicht abgespielt hätten, wird angesichts ihres teilweise kataklystischen Zustandekommens kaum jemand bezweifeln können.

Inhomogenitäten (in sich verschieden, nicht gleichmäßig aufgebaut)

Verschieden, also nicht gleichmäßig aufgebaute Gesteinsbrocken wurden häufig *„zum Zwecke der Datierung homogenisiert (gemahlen, aufgelöst), wodurch man den Einfluss der*

2   Larry Vardiman, Andrew A. Snelling und Eugene F. Chaffin, „Radioisotope und das Alter der Erde“, Seiten 69-70
3   Hermann Schneider, „Der Urknall und die absoluten DatierungenSeite 59
4   Hermann Schneider, „Der Urknall und die absoluten Datierungen“, Seiten 59-60

Wanderung von Isotopen bzw. Elementen eliminieren will. "
Im anderen Fall *„sind jedoch die verschiedenen Elemente und z. Teil sogar Isotope an verschiedenen Stellen in einem Gestein konzentriert. Erst bei Homogenisierung kann man z.B. ein hohes Verhältnis 206Pb/238U finden und damit auf ein hohes Alter schließen. Bei Massenspektrometrie mittels einer Mikrosonde wiederum, die 1μm große Bereiche zu analysieren vermag, kann man u. U. feststellen, dass die U-haltigen und die Pb-haltigen Bezirke getrennt sind, das Blei also nicht radiogen sein kann und das Mineral nicht alt. So verändert sich die Gegebenheit je nach Verfahrensweise und macht die Aussage unsicher. "* [5]
Immer aber geht man trotz der Beeinträchtigungen von einer ungestörten Lagerung von Sedimenten aus. So führt dies zu relativen Altern.

Die in diesem Abschnitt behandelten Probleme mit radiometrischen Uhren und deren Unsicherheiten im Rechenansatz erheben nicht den Anspruch auf Vollständigkeit.
Die obigen Ausführungen illustrieren aber, wie entscheidend die radiometrischen Alter von Modellvorstellungen und Annahmen abhängen. **Leider wird diesen trotzdem von der Schulwissenschaft zunehmend Beweischarakter zugebilligt.**
Die genannten physikalisch-chemischen Effekte sind nicht die einzigen, die einen radioaktiven Zerfall überdecken und zu fiktiven Altern führen können. Da es sich aber um fiktive Altersangaben handelt, ist ihre Verwendung auch in der Geologischen Zeitskala in **Kapitel 7** nur von relativer Bedeutung. Weil wir es hier mit Langzeituhren zu tun haben, **wird das in der Skala den Zeitetappen zugeordnete Alter** von vielen Millionen bis Milliarden Jahren **als tatsächliches Alter missdeutet.**
Alle so errechneten Alter sind also, wie bereits geagt, Relativalter, was noch deutlicher wird im nächsten Kapitel. In diesem wird näher beschrieben, warum das Vorhandensein so genannter "kurzlebiger Isotope" inzwischen ein völliges Umdenken in der Altersbestimmung von Gesteinen erlaubt. **Danach ist die Langzeitinterpretation von Gesteinen nicht mehr zwingend.**

5   Hermann Schneider, „Der Urknall und die absoluten Datierungen", Seite 60

Kapitel 4
Die Problematik unpassender Alter

4.1 Langzeitinterpretation von Gesteinsaltern nicht mehr zwingend

Neue Forschungsergebnisse auf dem Gebiet so genannter "kurzlebiger Isotope" sind von so grundsätzlicher Bedeutung, dass sie ein völliges Umdenken in der Altersbestimmung von Gesteinen erlauben.

Hansruedi Stutz bezieht in seinem Artikel „Radioisotope und das Erdalter" aufgrund seiner Recherchen in factum-Magazin 8/2005 Stellung zu dieser Alternativsicht.

"Werden die neuen Forschungsergebnisse akzeptiert, dann ist die Langzeitinterpretation von Gesteinen nicht mehr zwingend. " Und führt weiter aus:

Neue Messresultate und Berechnungen ergeben bei kurzlebigen radioaktiven Materialien eine Kurzzeitinterpretation in der Radiometrie. Was kurzlebige Isotope sind, erklärt Stutz so:

*"Die Elemente enthalten sowohl stabile als auch radioaktive, also instabile Isotope. Die radioaktiven zerfallen im Lauf der Zeit zu stabilen Isotopen. Beim Zerfall wird Energie frei, die in der Form von radioaktiver Strahlung und Wärme abgegeben wird. Die Geschwindigkeit des Zerfalls ist messbar. Sie nimmt ständig ab. Nach dem Ablauf der Halbwertzeit ist sie noch halb so groß wie vorher. Es gibt Isotope, deren Halbwertzeit sehr hoch ist, nämlich mehrere Milliarden Jahre, aber auch solche, bei denen sie nur Bruchteile von Sekunden dauert. **Von daher lässt sich zwischen kurzlebigen und langlebigen Isotopen unterscheiden.** Zu den kurzlebigen können wir diejenigen zählen, die eine Halbwertzeit von weniger als 1000 Jahren haben, zu den langlebigen diejenigen oberhalb von 1000 Jahren. "* [1]

Die Alter der geologischen Formationen werden durchweg mit Hilfe langlebiger Isotope bestimmt. Dies setzt allerdings voraus, dass die Formationen überhaupt solche Isotope enthalten. Zur Berechnung der Alter wird das **Verhältnis von Mutterisotope zu Tochterisotope gemessen.** Dazu muss die **Annahme** gemacht werden, dass die **Halbwertzeit** in der Vergangenheit **konstant geblieben** ist. Es gibt **Hinweise** dahingehend, **dass diese vorübergehend viel kürzer war.** Noch andere Gegebenheiten erfordern ein Umdenken. Nachstehend wird der komplizierte Zerfallsprozess der wichtigsten langlebigen Isotope 238-Uran zu stabilem 206-Blei mit ihren Halbwertzeiten in **Tabelle 1** dargestellt.

Tabelle 1 Die Isotopen der Zerfallsreihe 238-Uran zu 206-Blei [2]

Isotop	Halbwertzeit
238-Uran	4,46 Milliarden Jahre
234-Thorium	24,1 Tage
234-Protactinium	6,69 Stunden
234-Uran	245000 Jahre
230-Thorium	75400 Jahre
226-Radium	1599 Jahre
222-Radion	3,82 Tage
218-Polonium	3,04 Minuten
214-Blei	27 Minuten
214-Bismut	19,9 Minuten
214-Polonium	0,16 Millisekunden.
210-Blei	22,6 Jahre
210-Bismut	5,01 Tage
210-Polonium	138,38 Tage
206-Blei	stabil

1   Hansruedi Stutz, „Radio-isotope und das Erdalter", factum-Magazin, 8/2005, Seite 42
2   Hansruedi Stutz, „Radio-isotope und das Erdalter", Seite 42

In **Tabelle 2** ist die Zerfallsreihe 238-Uran zu 206-Blei der **Tabelle1** in der ersten Spalte zu sehen. Um die Tabelle gerafft zu gestalten, wurde diese sehr lange Zerfallsreihe in der untersten Zeile nach rechts bis zum stabilen 206-Blei fortgesetzt. Wie aus dieser Tabelle ersichtlich ist, verläuft dieser Prozess insgesamt über viele Zwischenstufen, in denen an den verschiedensten Stellen ebenfalls 206-Blei (rot gekennzeichnet) entsteht.

Tabelle 2 der Zerfallsreihe von 238-Uran zu 206-Blei und weitere Mutterisotope von 206-Blei [3]

238-Uran	234-Plutonium	230-Neptun.	230-Plutonium	226-Neptunium	222-Uran	218-Protactinium	218-Uran	214-Protactinium
234-Thorium	230-Uran	226-Protactinium	226-Uran	222-Protactinium	218-Thorium	214-Actinium	214-Thorium	210-Actinium
234-Protactinium	222-Radium	222-Actinium	222-Thorium	218-Actinium	214-Radium	210-Francium	210-Radium	206-Francium
234-Uran	222-Radium	218-Francium	218-Radium	214-Francium	210-Radon	206-Astat	206-Radon	206-Blei
230-Thorium	218-Radon	214-Astat	214-Radon	210-Astat	206-Polonium	206-Blei	206-Blei	
226-Radium				206-Blei	206-Blei			
222-Radon								

218-Polonium ⟹	214-Blei	214-Bismut	214-Polonium	210-Blei	210-Bismut	210-Polonium	206-Blei

Kommentar von Stutz zu obiger Tabelle:

*„Jedes dieser Isotope konnte kurz nach seiner Entstehung gleich viel 206-Blei erzeugen, wie 238-Uran nach mehreren Milliarden Jahren hervorbringt. Die Wahrscheinlichkeit, dass das 206-Blei von einem oder mehreren kurzlebigen Isotopen stammt, ist daher sehr groß. **Fett hervorgehoben ist die allgemein bekannte Zerfallsreihe von 238-Uran zu 206-Blei.**“*

Man kann davon ausgehen, dass bei der Schöpfung nicht nur 238-Uran erschaffen wurde, sondern die ganze Zerfallsreihe. Das heißt eindeutig, dass das heute vorhandene Blei wahrscheinlich eben gerade nicht auf die allererste Stufe zurückzuführen ist, weil Blei anstatt vom Uran auch von den dazwischen liegenden Isotopen stammen kann. Deshalb lautet eine weitere Aussage im Artikel auch:

"Wie viel Blei von welchen Isotopen stammt, ist nicht bekannt. *Fazit: Die radiometrische Altersbestimmung mit 238-Uran ist nicht gesichert, denn sie beruht auf der Annahme, dass das 206-Blei immer und ausschließlich vom 238-Uran stammt. Dasselbe gilt sinngemäß für alle radiometrischen Methoden.“*

Anders formuliert heißt das, dass in der Zerfallsreihe 238-Uran beispielsweise jedes nachfolgende kurzlebige Isotop in der Lage war, zu Blei zu zerfallen. Also kann das uns heute zur Verfügung stehende Blei anstatt vom Uran auch von den dazwischen liegenden Isotopen stammen.

Berechnungen dazu ergeben, dass mehr radiogenes Blei entstanden ist, als die Mutterisotope 238 U je hervorgebracht haben könnte. [4]

Auch ist die Annahme, dass das 206-Blei ausschließlich aus beispielsweise dem 238-Uran stammt, noch aus einem anderen Grunde nicht berechtigt. **Beobachtungen zur Folge wurden kurzlebige Isotope direkt im Gestein geschaffen**, so dass sie nicht von langlebigen stammen können.

---

3   Hansruedi Stutz, „Radioisotope und das Erdalter", factum-Magazin, 8/2005, Seite 45
4   Hansruedi Stutz, „Radioisotope und das Erdalter", Seite 44

Auch von daher ist also mehr als wahrscheinlich, dass wegen der hohen Halbwertzeiten der langlebigen Isotope **das Bleivorkommen vor allem auf die Zerfallsreihen kurzlebiger Isotopen zurückzuführen ist.** Dies, weil die Mutterisotope 238 U eine viel zu lange Halbwertzeit für ihren Zerfall in Blei benötigen würde. Dieses Blei könnte außerdem durch einen **vorübergehend beschleunigten radioaktiven Zerfall** entstanden sein. Als starker Hinweis dafür wird der hohe Heliumgehalt in Zirkonkristallen betrachtet.

Wörtlich heißt es im Artikel:

„Aufgrund der bisher üblichen Altersbestimmungen (Uran-Blei-Methode) glaubte man, die Zirkone seien 1,5 Milliarden Jahre alt. ***Die neuen Messresultate und Berechnungen zeigen auf der Basis des Heliumgehaltes nur 6000 Jahre.*** *Die meisten Proben lassen beides zu, eine Langzeit- und eine Kurzzeitinterpretation. Wenn es keine Kurzzeitisotope gäbe, wäre nur eine Langzeitisotope möglich. Weil es aber bei jeder Methode kurzlebige Isotrope gibt, welche dieselben Tochterisotope erzeugen wie die langlebigen,* ***ist eine Langzeitinterpretation nicht mehr zwingend.*** *“* [5]

Als starkes Argument dagegen wird angeführt, dass die Richtigkeit der hohen radiometrischen Alter auch damit begründet werden kann, dass Gesteinsproben von Meteoriten gegenüber irdischen dieselben hohen Alter ergeben hätten. Diese Proben seien insofern besonders von Bedeutung, weil man annehmen kann, dass diese Gesteine seit ihrer Entstehung kaum eine Veränderung erfahren haben. **Es handele sich bei ihnen um die erwünschten geschlossenen Systeme**, bei denen man davon ausgeht, dass die Berechnungen stimmen.

Was bringt es, wenn man bei Meteoriten von geschlossenen Systemen ausgeht und bei Erdgesteinen diese Voraussetzung nicht erfüllt ist?

Aus diesem Grunde hinkt der Vergleich. Es ist deshalb **trotzdem möglich, beim Universum selbst von einer langen Geschichte auszugehen**, was vor allem auch auf Meteoriten zutreffen mag **und parallel dazu eine junge Erdgeschichte zu vertreten**, die dem Schöpfungsmodell entspricht.

Bei den Zerfallsreihen 235-Uran zu 207-Blei und 232-Thorium zu 208-Blei sind die gleichen Erscheinungen zu beobachten. Man kann deshalb auch aus diesem Grunde eine junge Erde annehmen, weil ja nachgewiesen ist, dass nicht alles Blei von den langlebigen Isotopen stammt, sagt Stutz.

Das Schöpfungsmodell wird außerdem durch eine weitere Aussage unterstützt. Es stellt sich heraus, dass bei der Messung vieler Proben desselben Gesteins die Messwerte zunehmend stark streuen. Stutz zitiert dazu Dickin, der in seinem Buch "Radiogenetic Isotope Geology“ beschreibt, was sich dabei abspielt:

>>Je mehr Proben analysiert wurden, umso mehr streuen sie sich im Pb/Pb Isochronen Diagramm (Dickin, Fig. 5.30). Einige der berechneten Alter, welche Außenseiter waren, ergaben oft ein Alter, das geologisch unmöglich war. Bleiglanzproben, die im Widerspruch zu dem bestehenden Modell sind, nannte man >>abnormales Blei<<. Immerhin besteht das eigentliche Problem darin, dass es keinen unabhängigen Test gibt, der ohne andere Hinweise auf das Alter zeigt, welche Bleiglanzprobe abnormal ist und welche nicht<<.

„Wenn man diejenigen Messresultate, die nicht in das vorgesehene Konzept passen, als >>abnormales Blei<< bezeichnet, entspricht dies einem Zirkelschluss. Bleiglanz enthält zudem kein Uran. Also entspricht das berechnete Alter der Zeit zwischen der Entstehung des Urans und des Bleiglanzes. Wann der Bleiglanz entstanden ist, weiß man jedoch nicht oder nur aufgrund der stratigraphischen Position, in der der Bleiglanz gefunden wurde.“ [6]

In **Kapitel 3** schon wurde bei der Beschreibung der radiometrischen Langzeituhren auf deren

5   Hansruedi Stutz, „Radioisotope und das Erdalter", Seite 43-44
6   Hansruedi Stutz, „Radioisotope und das Erdalter", Seite 46

Unsicherheiten hingewiesen. Unter anderem vor allem auf die Grundtatsache, dass bei Gesteinsformationen kaum geschlossene Systeme angetroffen werden, also Isotopenwanderungen, Mischungen, Anreicherungen, Verunreinigungen usw. stattgefunden haben können.

4.2 Schulwissenschaften gegen Kurzzeitinterpretation

In factum äußert sich Egli-Arm in einem Leserbrief dazu wie folgt:
„Natürlich wird ein solches Modell von der Schulwissenschaft abgelehnt. Und sie zieht solche Heterogenitäten (Ungleichmäßigkeiten, Ungleichartigkeiten, Uneinheitliches in den Gesteinen) für Altersbestimmungen schon gar nicht in Erwägung. Dabei wird von ihr gar nicht bestritten, dass kurzlebige Radioisotope zur heute in Mineralien messbaren Menge an Tochterprodukten beigetragen haben. Nach allgemein akzeptiertem Modell nimmt die Schulwissenschaft aber an, dass die ganz >>kurzlebigen Isotope (kleiner 100000 Jahre Halbwertzeit) schon vor der Erdentstehung nicht mehr in messbaren Mengen vorhanden waren<<. So hätte >>die im so genannten Nebel bei der Bildung unseres Sonnensystems herrschende Dynamik, die mindestens einige Millionen Jahre angehalten haben soll, die Tochterisotope nach dem Zerfall der kurzlebigen Kerne homogenisiert. Das heißt, dass der innere Aufbau der Stoffe nach ihrer Verfestigung durch und durch gleichartig geworden ist. Somit rechnet man auch nicht damit, dass es eine ursprüngliche Heterogenität (Ungleichartigkeit) in den Isotopenverhältnissen der Tochterprodukte aufgrund solcher kurzlebigen Isotope gegeben habe<<. [7]
Für solche Behauptungen fehlt es aber an den Beweisen. Somit handelt es sich dabei um reine Unterstellungen. Begründet wird dies nämlich damit, dass es Homogenität zur Zeit der Erdentstehung zwar nicht gegeben hätte, dass sich diese aber später bei der Gesteinsbildung eingestellt habe. Dagegen steht, dass die Gesteins-und Sedimentbildung sich auch später nicht homogen vollzog, sondern weitestgehend durch katastrophale Umstände erfolgte.

Die richtige Sicht für die Dinge ergibt sich so aus der berechtigten Annahme, dass die Erde von ihrem Schöpfer von Anfang an mit dem erforderlichenn Gerüst an Mineralien ausgestattet gewesen ist, kurzlebige Isotopen inbegriffen. Im Falle einer jungen Erde würde es dann zwangsläufig Unterschiede in der Konzentration des Mutterproduktes und nach dessen Zerfall auch des Tochterprodukts gegeben haben, wie sich dies auch bei Zerfallsreihen von 238-Uran, 235-Uran und 232-Thorium zu stabilem Blei eindeutig zeigt.
Gerade die Zerfallsreihen beweisen nämlich, dass es viele kurzlebige Isotope unter 100000 Jahren in messbaren Mengen gibt, von denen auch stabile Bleie stammen. **Deshalb führt ein Nichtberücksichtigen von kurzlebigen Isotopen zu hohen Altern.**

4.3 Überraschende Speerfunde aus der Altsteinzeit

Ziemlich am Anfang der vorausgesetzten evolutionären Stammreihe zum Menschen hin steht der Homo erectus, der "Aufrechte". Er gilt je nachdem als Menschenaffe oder primitiver Affenmensch.
Doch 1995 fand der Archäologe Hartmut Thieme in einer Braunkohlengrube bei Schöningen u.a. komplette Holzspeere. Auch das war eine Sensation. Immerhin gelten die perfekt austarierten Jagdwaffen aufgrund der Gesteinsschicht als 400000-jährig nach offizieller Zeitrechnung. Das ist die Zeit des Homo erectus, dem man das einfach nicht zutraut.
In factum-Magazin Mai 1997 wird von diesen überraschenden Speerfunden aus der Altsteinzeit berichtet. Entdeckt wurde zunächst ein knapp meterlanger, spitzer Stock. Dabei

[7]   Egli-Arm, factum-Magazin 9/2005, Leserbrief

handelt es sich eindeutig um ein Wurfgeschoß, einen Speer, wobei inzwischen weitere gut erhaltene Speere gefunden wurden. Daneben fand man Schaber und Splitter aus Feuerstein, hölzerne Werkzeuggriffe, Knochen und vier Feuerstellen. Die Speere wurden in einer Erdschicht gefunden, die man auf 400000 Jahre (mittleres Pleistozän) datiert hatte. Vor 400000 Jahren soll der Urmensch Homo erectus gelebt haben. Aufgrund seines kleinen Gehirns wurde diesem Vorstufenmensch keine selbstständige, zielgerichtete Jagd zugetraut. Erst dem Homo sapiens wurde diese Fähigkeit zugestanden.

Dieser aber soll erst seit rund 40000 Jahren dazu in der Lage gewesen sein. Diese Speere sind keineswegs plumpe Gegenstände gewesen, sondern sind kunstvoll aus Fichtenstämmen herausgeschnitzt und mit dem richtigen Schwerpunkt versehen worden, der im vorderen Drittel austariert ist. Am Schluss der Zeitungsnotiz stellt der Autor deshalb die Frage:

„Sollte jemand, der modernen Sportspeeren ähnliche Wurfgeschosse schnitzen konnte und damit Tiere jagte, nicht auch in der Lage gewesen sein zu sprechen? Da passt nichts zusammen!" [8]

4.4 Schädelfunde erschweren Beurteilung, sind Unterschiede vorgetäuscht?

Eine weitere Betrachtung ist höchst ominös. Die Entwicklung des Menschen aus den ältesten Vorfahren des Menschen dem Australopithecus über Homo habilis, Homo erectus, Neandertaler und schließlich zu dem Homo sapiens wird gern am Hirnvolumen der gefundenen fossilen Reste festgemacht.

In factum-Magazin 2003 übt der Paläoanthropologe Tim White Kritik an den eigenen Reihen. Im Wissenschaftsmagazin „Science" fragt er:

„Wie kann man aus einem Bruchstück auf die Art schließen? Da wird ein Schädelstück aus dem Tschad (z. B.) enthusiastisch als Gipfel des Eisberges für die Artenvielfalt von 5-7 Ma vorgeführt, obwohl überhaupt nicht bewiesen werden kann, dass das Schädelbruchstück etwas Besonderes ist." Weiter heißt es:

*„Tatsächlich werden aus Fragmenten wie aus Kieferteilen ganze Menschen geformt. Jeder neue Fund verbreitert die Reihe unserer angeblichen Vorfahren. **Über zwanzig solcher Köpfe stehen inzwischen nebeneinander und jeder muss älter sein als der andere.** Dabei ist offensichtlich, dass schon Schädelformen innerhalb einer Großfamilie sehr unterschiedlich sein können. Würde man die Schädel der aktuell lebenden ca. sechs Milliarden Menschen miteinander vergleichen, fände man keinen einzigen, der genau gleich wie der andere wäre."*

White zieht einen kritischen Vergleich:

*„Niemand käme auf die Idee, die zunehmende Körperlänge, die sich bei Europäern in den vergangenen Jahrhunderten in Nord und Süd sowie in Nordamerika unterschiedlich schnell durchgesetzt hat, als Beweis für mehrere Menschrassen heranzuziehen. Zudem wird bei der Rekonstruktion von Fragmenten zu ganzen Schädeln der Abrieb an den Bruchstücken nicht abgeschätzt, weil der Ausgangszustand unbekannt ist. **Es ist durchaus möglich, dass die Unterschiede vorgetäuscht sind."***

White fordert deshalb die Abkehr vom typologischen Denken und die Hinwendung zur modernen Biologie, die auf Gemeinsamkeiten blickt:

Warum sollten sich unsere Ur-Urahnen so viel anders verhalten haben als die Menschen aus der Zeit der Völkerwanderung?" [9]

Der Neandertaler aus der israelischen Amud-Grotte hat ein Schädelvolumen von 1740 cm^3. Die Biologen Reinhard Junker und Siegfried Scherer schreiben in ihrem Buch „Evolution Ein kritisches Lehrbuch", dass hinsichtlich der Gehirngrößen für die Unterscheidung zwischen

8   Hartmut Thieme, factum-Magazin Mai 1997, Seite 29
9   Tim White, factum-Magazin 3/2003, Seite 39

Menschenaffen und dem Menschen ein großer Graben zu überbrücken ist, siehe nächste Abbildung.

Abbildung 4.1: Gehirngrößenverhältnisse

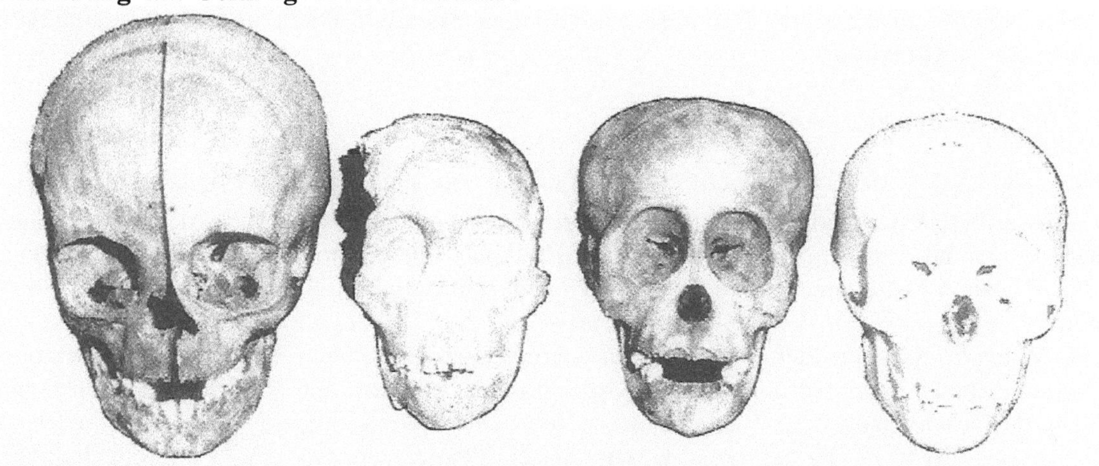

Bildbegleittext:
„Vergleich der Gehirngrößen von Menschen, Taung-Kind (Australophitecus africanus), Orang Utan und Gorilla bei ungefähr gleichem Zahnalter. "[10]
„Der nichtphatologische Variationsbereich der Gehirngröße ist relativ groß (bei den afrikanischen Menschenaffen von 280 bis 750 cm³, beim Menschen von 800 cm³ bis weit über 2000 cm³. Die Schädelkapazitäten der Australomorphen schwanken zwischen ca. 380 bis 750 cm³, liegen somit im Bereich der afrikanischen Menschenaffen. Da die Australomorphen eher etwas kleiner als Schimpansen waren, liegt der Encephalisationskoeffizient (= EQ, Maß für relative Gehirngröße unter Berücksichtigung des Körpergewichts) etwas über dem afrikanischen Menschenaffen, jedoch immer noch deutlich unter dem Homo. "[11]

Der Zusammenhang zwischen Schädelvolumen und Intelligenz lässt sich also so nicht machen, und auch die Unterscheidung zwischen dem Gorilla und beispielsweise dem so genannten "Frühmenschen" nach den Schädelformen.
Die Homo erectus Gruppe ist in der ganzen alten Welt vorzufinden. In Afrika, dem Nahen Osten, Eurasien, Ostasien, Südostasien, Nordchina, wahrscheinlich Europa und sogar in Sibirien. Manche Forscher mutmaßen sogar Vorkommen in Australien. Als eigene Art gilt der **Homo ergaster**. Man kennt ihn auch von Afrika, Südostasien und inzwischen vom Nahen Osten. Spätere Formen, die in Afrika auftauchten, weisen typische Erectus-Merkmale auf, was auf eine Vermischung schließen lässt, sagen Junker und Scherer wie folgt:
„Auch wenn sich die Schädelmorphologie mit den ausgeprägten Überaugenwülsten, dem niedrigen und lang gezogenen Gehirnschädel und der massiven Kieferkonstruktion stark von der des heutigen Menschen unterscheidet, trifft dies nicht auf die grundlegende Konstruktion des Schädels zu. Denn dieser besitzt eine in der heutigen Variationsbreite liegende Gehirngröße (zwischen 900 und 1100 cm³), eine menschliche Gehirnstruktur (aus Schädelabgüssen ableitbar), eine menschliche Schädelbasisknickung und eine typische Menschliche Nasenkonstruktion. Der Kochenbau des Rumpf- und Extremitätenskeletts ist in

10   Reinhard Junker und Siegfried Scherer, „Evolution Ein kritisches Lehrbuch", 5. Auflage 2001, Weyel Lehrmittelverlag Gießen Seite 253
11   Reinhard Junker und Siegfried Scherer, „Evolution Ein kritisches Lehrbuch", Seite 252

seinen Proportionen dem heutigen Menschen ähnlich und zeichnet sich nur durch Robustizität aus. Mehrere Teilskelette aus Afrika zeigen, dass diese Form menschlich aufrecht ging. " [12]
Im Übrigen bestätigen die Unterschiede, wie oben bereits ausgeführt, dass man wahrscheinlich Variationen dieser Art auch unter den heute weltweit lebenden Menschen finden könnte, **so dass aus den unterschiedlichen Schädelformen keine Altersstruktur abgeleitet werden kann.**

4.5 Der Neandertaler wird Mensch

Im factum-Magazin 5/2000, wird in dem Artikel "Neandertaler wird Mensch" von den Verfassern Höneisen und Lubenow beschrieben, dass in einem Grab in Israel der Neandertaler Schädel Amud I gefunden wurde, dessen Radiokarbondatierung 5710 Jahre ergab. Die Uran/Thorium Datierung von Amud I ergab 27000 Jahre und die Spaltspurenmethode 28000 Jahre.

Die Wurzeln des Neandertalers sind im stammesgeschichtlichen Entwurf der Evolution überaus nebulös. Ihr Ursprung wird in Afrika gesehen und von den Autoren mit 100000 bis 2000000 Jahren angegeben. Während dieser Zeit keine Spuren. Selbst ab 100000 Jahre klafft ein großes Loch in der weiteren Geschichtsschreibung von ca. 60000 Jahren. Jegliche Hinweise auf weitere Verbreitung und Entwicklung fehlen danach. Plötzlich finden sich an vielen Orten Waffen, Zeichnungen und Schmuckgegenstände **bei anvisierten** 40000 v. Chr. *„**Da muss eine kulturelle Explosion stattgefunden haben, ein „geistiger Big Bang",** wie der Amerikaner Randall White formulierte. Ein Knall, für den jegliche Erklärung fehlt.* " [13]
Reine Phantasiegebilde hielten Einzug, siehe **Abbildung 4.2.**

Abbildung 4.2: Rekonstruktion Affe und Mensch nach Boule [14]

Marcellin Boule kritzelte Anfang des 20. Jahrhunderts eine Mischung von Affe und Mensch aufs Papier. Seine Rekonstruktion ging um die ganze Welt und wurde begeistert aufgenommen. Man findet sie bis heute noch immer in vielen Museen und Zeitschriften. Die Darstellung ist konstruiert und täuscht eine Entwicklung vor, die es beweisbar nie gegeben hat.
Der Neandertaler, das war ein Affenmensch. Davon war man fest überzeugt. Heute ist klar, dass der Neandertaler Tote beerdigte und auch Waffen anfertigte, um sich verteidigen. Er besaß soziale Strukturen und konnte wahrscheinlich sehr wohl sprechen.

12   Junker und Scherer, „Evolution Ein kritisches Lehrbuch", Seite 259
13   R. Höneisen und M. L. Lubenow, "Neandertaler wird Mensch",
      factum -magazin, 5/2000, S. 25
14   R. Höneisen und M. L. Lubenow, "Neandertaler wird Mensch", S. 27

Der Neandertaler war kultiviert. Leben Homo sapiens und Homo sapiens neanderthalensis unter Umständen heute noch nebeneinander? fragen die beiden Autoren. Sie weisen dabei auf eine bemerkenswerte Überlegung der "Frankfurter Rundschau" hin, nach der heute, frisch rasiert, mit flottem Haarschnitt und im Designeranzug, ein Neandertaler unbemerkt das kalte Buffet abräumen könnte.

Genau in diese Richtung geht auch ein Artikel von Ulrike Strauß im Bonner Generalanzeiger mit dem Untertitel „Forschung" in dem es heißt:
Das Rheinische Landesmuseum stellt eine neue Büste des Neandertalers vor. Die Büste von „Aka", - so wird der dargestellte Neandertaler genannt - „entstand auf der Grundlage einer Steriolithografie, die wiederum auf Knochenfunden der Archäologen Schmitz und Thissen aus dem Jahr 1997 beruht."
Im Artikel heißt es weiter:
„So wurden z.B. die Schädeldecke, das Jochbein und Teile des Kinns virtuell zusammengesetzt und zum Teil auch gespiegelt." Von dem *„zotteligen Urvieh möchte sich das Rheinische Landesmuseum distanzieren und dem ein neues wissenschaftlich fundiertes Bild entgegensetzen".*
Man blickt jetzt *„ in das freundliche, durchaus attraktive Gesicht eines Mannes Anfang der 30 unter schulterlangem braun-grau meliertem Haar."*
Scherzhaft sagt die Direktorin des Rheinischen Landesmuseums: *„Er hätte keine Probleme eine Freundin zu finden",* hätten doch die in den vergangenen Jahrzehnten modellierten Vorgänger allesamt *„überreiche Behaarung und allzu Urwüchsiges und mitunter Monströses"* an sich gehabt. Man ist gezwungen, sich aufgrund von neuen archäologischen Forschungsergebnissen von lieb gewonnenen Vorstellungen und Phantasiegebilden zu verabschieden. [15]

4.6 Befindet sich die Evolutionslehre in einer Sackgasse?

In dem Artikel „Mir fehlt der wirkliche Glaube" in factum-Magazin interviewt der Chefredakteur Höneisen den Ingenieur und Forscher Hans-Joachim Zillmer, der die Aussagen der Evolutionstheorie bezüglich ihrer Altersangaben aufgrund der Ergebnisse und Recherchen seiner langjährigen Forschungen absolut für überzogen hält.
Und sagt, **dass die geistigen Gegenströmungen deshalb zunehmend aufkommen, weil allgemein die Sackgasse erkannt wird,** in welche die derzeit propagierten wissenschaftlichen Thesen führen. Und dass sich eklatante Widersprüche ganz einfach dadurch aufheben, wenn man eine erhebliche Zeitreduktion vollzieht. Bei jüngeren Untersuchungsergebnissen stellt er fest, dass sich auf dem von ihm vorgestellten Weg grundsätzlich fast täglich seine Hypothesen bestätigen.

Stellvertretend für die vielen in seinen beiden Büchern „Darwins Irrtum" und „Irrtümer der Erdgeschichte" vorgestellten Forschungsergebnisse werden nun einige der im oben genannten Artikel beschriebenen Artefakte vorgestellt, beginnend mit folgendem Beitrag:
„Ein Privatsammler in Bogota besitzt einen bisher nicht veröffentlichten Fund, der in „Irrtümer der Erdgeschichte" dokumentiert ist; versteinerte, menschlich aussehende Hände in angeblich über 100 Millionen Jahre altem Gestein." [16]
Er kommentiert, Menschenspuren und Menschenhände neben solchen von Dinosauriern zu finden, würde eine Weltsensation bedeuten! Die Reihe der Beispiele könnte noch beliebig

15   Ulrike Strauß, Bonner Generalanzeiger vom Mittwoch, 14. Juni 2006, Seite 44
16   Hans-Joachim Zillmer, „Mir fehlt der wirkliche Glaube", factum-Magazin 7/8 2001, Schwengeler Verlag AG CH Berneck, Seite 25

fortgesetzt werden, **weil es genügend menschliche Funde in zu alten geologischen Schichten gibt.** Auch in den Schichten des Erdmittelalters oder sogar des Erdaltertums wurden Funde von menschlichen Knochen gemacht, die die Koexistenz von Menschen und Dinosauriern bestätigen.

Zillmer berichtet, dass menschliche Fußspuren neben solchen von Dinosauriern in den letzten 200 Jahren mehrfach dokumentiert worden sind. Versteinerte menschliche Fußspuren wurden in Amerika in verschiedenen US-Bundesstaaten wissenschaftlich nachgewiesen, deren Alter zwischen 150 und 600 Millionen Jahre angegeben werden, die somit aus dem Erdaltertum vor der Dinosaurier-Ära stammen. Weiter fährt er fort, dass man entsprechende fossile Funde 1938 in Kentucky entdeckte und ebenfalls dokumentiert hat („Science News Letter", 10. Dezember 1938, Seite 372). Zillmer nennt noch eine Reihe anderer Dokumentationen dieser Art, die hier nicht mehr näher benannt werden sollen. Obwohl in mehreren Staaten derartige Funde räumlich und zeitlich unabhängig voneinander gemacht wurden, gehen Kritiker dabei häufig von Fälschungen aus.

Zillmer weist zudem auf gefundene Felsbilder hin, die Dinosaurier zusammen mit Menschen darstellen. So wurde beispielsweise im Oktober und November 1924 im Havasupai Canyon im nördlichen Arizona ein solcher Fund gemacht. Man fand das Bild eines knapp 28 cm großen Dinosauriers. Ungefähr knapp 5 Meter von dem Dinosaurier entfernt, wurde ein weiteres Felsbild - ein Mammut zusammen mit einem Menschen dargestellt - gefunden. Auch dieses Bild liegt unter einer nach geologischer Ansicht alten Oxidationsschicht.

Zillmer kommt zu dem Schluss, dass fast alles, was wir heute sehen, relativ jung und nicht alt ist, vielleicht 10000 höchstens 30000 Jahre alt. Außerdem gibt es andere Übereinstimmungen zu ähnlichem Denken, wenn er sagt:

*„Das kreationistische Schöpfungsmodell und mein Junge-Erde-Modell stimmen in der Anerkenntnis einer weltweiten Sintflut überein **und eben, dass es keine (Makro-)Evolution gibt.** Die Beschreibungen der Genesis in Bezug auf erdgeschichtliche Geschehnisse stimmen prinzipiell auch mit dem von mir skizzierten katastrophalen Geschehen nach der ersten Erdkatastrophe überein. **In „Darwins Irrtum" wurde von mir die Nichtigkeit der Evolution (Makroevolution) nachgewiesen,** wie mir auch ein promovierter Geologe und ehemaliger Professor brieflich bestätigte. **Daraus ergibt sich die Notwendigkeit des Wirkens eines Schöpfers."** Damit habe ich allerdings als nüchtern denkender Ingenieur ganz persönlich ein Problem. Ich betrachte es auch nicht als mein Anliegen, dem Leser eine - nicht beweisbare - Schöpfungstheorie nahe zu bringen. Ich habe **nur die zwei theoretischen Schöpfer-Modelle** (Schöpfungslehre oder Evolutionslehre) als Lösungsmodelle **diskutiert und vorgestellt, nachdem das Evolutionsmodell als schönes Wundermärchen erkannt wurde."* [17]

Aber schon Fünf Jahre später kommt Zillmer in seinem Buch „Darwins Irrtum" auf den Erzbischof James Ussher von Armagh zu sprechen, der das Datum der Erschaffung der Erde mit 4004 v. Chr. (nach der Septuaginta 5285 v. Chr.) berechnete und sagt dazu:

Stellt diese *„Rechung nur eine utopische Spekulation dar? Vielleicht doch nicht,* *denn praktisch alle von mir diskutierten Fakten bestätigen ein junges Erdalter"* (Hans Joachim Zillmer, „Darwins Irrtum", Verlag Langen Müller, 8. aktualisierte Auflage 2006, Seite 167).

4.7 Gab es Menschen vor den Menschen?

Im P.M. Magazin 7/2002 erhalten wir von dem Autor Michael Kneissler zum Thema - „Gab es Menschen vor den Menschen?" eine interessante Beschreibung darüber, dass Menschen und Saurier zusammenlebten.

Er sagt, dass nur im Groben Einvernehmen darüber besteht, der moderne Mensch sei zum ersten Mal vor etwa 500000 Jahren aufgetaucht, nachdem er sich fünf bis sieben Millionen

17   Hans-Joachim Zillmer, „Mir fehlt der wirkliche Glaube", Seite 26 -30

Jahre lang den aufrechten Gang und ein extra großes Gehirn antrainiert habe und so von einem schimpansenähnlichen Affenmenschen mutierte. **Allerdings gibt es dafür überhaupt keine Funde von Zwischengliedern, im Sinne der postulierten Makroevolution.** Von unseren ältesten Vorfahren sind nur ein paar versteinerte Knochen gefunden worden, außerdem einige kaputte Werkzeuge und auch Fußspuren, so dass diese wenigen Belege nahezu jede Interpretation zulassen.

Gesagt wird, dass man im Paluxy River, einem Flüsschen in der Nähe des Ortes Glen Rose, eine ganze Reihe kleinerer Fußspuren fand, die durchaus vom Menschen stammen könnten. Das Erstaunliche an diesen Funden ist, dass man im gleichen Flussbett auch Spuren von Saurierfüßen fand, die sich tief in die Kreideböden eingedrückt hatten. Nach der gängigen Einschätzung hätte dies Geschehen bereits vor Millionen von Jahren stattgefunden, weil es sich schließlich um den Brontosaurus und den Tyrannosaurus Rex gehandelt habe. Die erwähnten kleinen Fußspurenfährten können nach Expertenmeinung kaum nachgemacht worden sein, weil dies technisch unmöglich sei. Gegen ein zufälliges Auswaschen spricht, dass die Spuren ganze Schrittfolgen ergeben. Der Autor sagt:
„Deshalb muss man die Erklärung zumindest zulassen, dass Mensch und Saurier zur selben Zeit durch die Kreideformation des Paluxy River wanderten. Wenn die Saurier - wie die Forscher in ihrer überwältigenden Mehrheit annehmen - vor 65 bis 200 Millionen Jahren existierten, dann hieße das: Es gab schon viel früher Menschen auf der Erde, als wir bisher dachten."

Der Autor nennt eine ganze Reihe anderer Funde, die ebenfalls nahe legen, dass es Menschen vor den ersten Menschen gab:
„Im US-Staat Utah fanden Forscher den versteinerten Fußabdruck eines Kindes, das beim Gehen anscheinend einen lebenden Trilobiten, ein Urzeit-Wesen, zertreten hatte. Die Trilobiten sind nach der vorherrschenden Auffassung unter Wissenschaftlern jedoch vor 500 Millionen Jahren ausgestorben.
Am Ufer des Mississippi hatten die Forscher bereits im Jahr 1816 Fußspuren von 28 Zentimeter Länge und 10 Zentimeter Breite, in einer Kalkschicht, die vor etwa 270 Millionen Jahren versteinert ist, entdeckt.
„Im Süden der japanischen Insel Kyushu legte Professor Preuschoft von der Ruhruniversität im Jahr 1986 humanoid wirkende Fußspuren frei: Sie waren 44 Zentimeter lang, hatten vier sehr lange Zehen und eine weit abstehende Großzehe. Das Alter der Abdrücke: 15 Millionen Jahre."
Und formuliert dies weiter so:
„Da passt ins Bild, dass möglicherweise der moderne Homo Sapiens nicht erst vor 500000 Jahren, sondern ebenfalls viel früher auftauchte. In Laetoli (Tansania) fanden Paläoanthropologen in einer Vulkanascheschicht die Abdrücke von Füßen, die exakt den unseren entsprechen. Ihr Alter wird auf 3,6-3,8 Millionen Jahre geschätzt - nach gängiger Lehrmeinung kann es solche Fußformen zu dieser Zeit noch gar nicht gegeben haben.
In unserem heutigen Weltbild ist auch kaum Platz für die Idee, dass die Menschheit so alt ist wie die Saurier. Aber ausgeschlossen ist nicht, dass damals schon Zivilisationen existierten.
Auf den berühmten Steinen von Ica, einem Dorf in Peru sind Szenen zu sehen, in denen auch der Laie Menschen und Saurier erkennt. Auf diesen Steinen, angeblich Grabbeilagen aus uralten Zeiten, reiten menschenähnliche Wesen auf Sauriern; die Wesen nehmen Operationen selbst an Herz und Hirn vor und betrachten mit optischen Hilfsmitteln wie Lupe und Teleskop Sterne und verschiedene Pflanzen. Fälschungen? Wenn das zutreffen soll, hätte sich jemand eine geradezu übermenschliche Mühe damit gemacht: Um die 12000 bisher entdeckten Gravuren anzufertigen, hätte er bei täglich 12 Stunden Arbeit über 80 Jahre gebraucht. Wenn sie aber echt sind, ist dies ein weiteres Indiz für die Theorie, dass es schon zu

Dino-Zeiten Menschen gab. "[18]

Es wurde für zweckmäßig gehalten, die Ausführungen Kneisslers möglichst weitgehend wörtlich zu zitieren, um dem Vorwurf entgegen zu wirken, ich hätte mir derartig Revolutionäres selbst ausgedacht.

Im Übrigen werden Befunde über das Vorhandensein der menschlichen Spezies in allen Erdformationen mindestens seit dem Kambrium an mehr als zweihundert archäologisch nachweisbaren sensationellen Beispielen in **Kapitel 7** noch eindringlicher dokumentiert.
Eine Auszählung der Anzahl der in **Kapitel 7** nachgewiesenen Befunde ergibt bis 5 Millionen Jahre nach offizieller Zeitrechnung (Ma) 139, von 5 bis 25 Ma 55, von 55 bis 248 Ma 3, von 248 bis 408 Ma 21, dann ist eine Lücke zu verzeichnen und schließlich von 505 bis 4000 Ma noch 3, davon sogar ein vom Menschen geformter vorgeschichtlicher Gegenstand (Artefakt) aus dem Präkambrium.
Dort wird der Nachweis geführt, dass Menschen und menschliche Aktivitäten bis ins Präkambrium zwar von Archäologen nachgewiesen, aber deren Dokumentationen in Vergessenheit gerieten oder einfach, weil nicht passend, unterdrückt wurden.

4.8 Archäologische Funde bestätigen gleichzeitiges Zusammenleben von Mensch, Flora und Fauna in verschiedenen Erdzeitaltern

Rolf Höneisen und Hans-Joachim Zillmer kommen nun nochmals zum Zuge, weil sie in einem weiteren Artikel im factum-Magazin mit dem Titel „Gegenschlag" noch über interessante archäologische Fakten berichten.
„Zillmer weiß von einem Fingerhut, der in Kohle eingebettet war, einem Eisenkessel, einer Goldkette oder einer Glocke in Stein. "
Die Gegenstände wurden an Orten gefunden, wo sie niemals hätten gefunden werden dürfen. Einen Löffel fand man z. B. in Kohle eingebettet, der dann mindestens genauso alt gewesen sein müsste wie die ihn umgebende Kohleschicht. Nach der gängigen Schulweisheit liegen zwischen dem Zeitpunkt der Entstehung der Kohle und dem zur Herstellung der genannten Gegenstände erforderlichen menschlichen Fähigkeiten Millionen von Jahren. Noch mehr staunte Zillmer über Funde von *„Haifischzähnen, Korallenstücken, Trilobiten, Schädelfragmenten von Säugetieren, Knochen diverser Urtiere - alle diese Versteinerungen waren in gleichen geologischen Schichten entdeckt worden. **Das bedeutet allerdings, dass diese Tiere zusammen nicht in unterschiedlichen Zeitepochen gelebt hatten. "***

4.9 Der rätselhafte versteinerte Hammer in Sandstein

Einen versteinerten Hammer fand Zillmer im australischen „Creation Evidence Museum" von Baugh. Er ist eingebettet in Sandstein, der mindestens 140 Mio. Jahre alt sein soll, wobei andere Schätzungen ein Alter von 400 Mio. Jahren angeben. **Dann war der Hammer sogar älter als das Geschlecht der Dinosaurier.** Sein Aussehen wird wie folgt beschrieben:
„Sein Stiel ist versteinert, kristallin, hart, die Form intakt. Im Inneren ist er zum Teil porös umgewandelt in Kohle. Die Kombination von Versteinerung und Kohle ist ungewöhnlich. "
Der Hammer wurde von Mackay (australische „Creation Science Foundation") wissenschaftlich analysiert und dabei festgestellt, dass eine Fälschung von Hammerkopf und Stiel ausgeschlossen werden kann. Zillmer sagt:
„Wer das nicht glauben kann, der soll darlegen, wie man einen versteinerten Holzgriff mit poröser Kohle im Innenteil herstellen kann. "

18   Michael Kneissler, „Gab es Menschen vor den Menschen?", Peter Moosleitners Wissenschafts-Magazin P.M. 7/2002, Seite 28-29

Dann aber stellt sich die nächste Frage: Stimmt die Gesteinsdatierung nicht? Offenbar hängt alles von der Datierung des Gesteins ab. **Stimmt die Zeitdatierung nicht**, dann könnten der Hammer und damit auch das umschließende Gestein, in dem auch Dinosaurierspuren vorkommen, vielleicht nur um 10000 Jahre alt sein. Höneisen berichtet weiter:

*„Als Zillmer schließlich noch Ausgrabungen präsentiert wurden, wo in derselben geologischen Schicht möglicherweise Abdrücke von Menschen wie von dreizehigen Dinosauriern sind, kam es in seinen Gedanken zu einer Revolution. **Ein Umdenkprozess begann, weg von der von ihm bis dahin akzeptierten Evolutionstheorie".** „Querdenker Zillmer ist inzwischen überzeugt, dass die **Erdzeitalter im Sinne des Darwinismus und der geologischen Zeitskala frei erfunden werden mussten, um der vermuteten Entwicklung der Arten möglichst viel Zeit zu geben".* Er ist zudem davon überzeugt, dass vor höchstens 10000 Jahren eine weltweite Überschwemmung stattfand:

„Es könnte sein, dass der fossile Hammer bei dieser Flut abgelagert und eingeschlossen wurde. Für diese Vermutung würden das versteinerte Holz des Stiels und die mit dem Hammerkopf verschmolzene Kruste sprechen. Diese muss unter großem Druck- und Hitzeeinfluss entstanden sein." [19]

4.10 Versteinerte Baumstämme bestätigen rasche Entstehung geologischer Schichten

Ebenfalls im factum-Magazin 7/8 2001 erwähnt Rolf Höneisen unter dem Titel „Harte Zeiten" einen versteinerten Baumstamm, einen Dendrolithen. Es handelt sich dabei um einen Baum, der schnell und vollständig verschüttet wurde, so dass er nicht verrottete, sondern versteinerte. Baumstämme dieser Art werden oft in Steinkohleschichten gefunden.
Von vielen Karbonformationen ist bekannt, dass sie senkrecht durch mehrere Schichten hindurchgehende fossile Baumstämme enthalten. **Derartige Funde belegen die rasche Entstehung der geologischen Schichten**, nicht aber eine Ablagerung in Jahrmillionen. Dies, weil sich durch Naturkatastrophen geologische Prozesse ungemein rasch vollziehen. [20]
Berichtet wird in dem oben erwähnten Artikel noch über eine von in Kalk eingekrustete Leiter aus einem Bergwerk. Sie wurde vollständig, von 5 cm dickem Tropfstein eingekleidet, vorgefunden. Es handelte sich um eine Kalkschicht, die in nur gerade drei Jahren entstand (Original zu finden im Bergbaumuseum Bochum).
Die Schnelligkeit solcher Wachstumsprozesse sei schlecht einzuschätzen. Erwähnt wird, dass bei Altersberechnungen von Stalaktiten stets eine bestimmte Wachstumsgeschwindigkeit hochrechnet wird. Diese Berechnungen würden aber Geschwindigkeitsveränderungen durch unterschiedliche Druck- und Temperaturverhältnisse nicht enthalten. [21]

4.11 Unstimmige Alter bei Sandstein durch fossile Einschlüsse.

Im factum-Magazin Juli/August 1996, berichtet Hansruedi Stutz in einer Notiz unter dem Titel, „20 Millionen Jahre oder 36440 Jahre?", dass in Mägenwil (Aargau) in einem Sandstein fossile Meeresmuscheln gefunden wurden. Unmittelbar neben den Muscheln wurde im gleichen Sandstein eingeschlossene verkohlte Holzkohle entdeckt. Seine Schlussfolgerung:
„Die versteinerten Meeresmuscheln beweisen, dass in dieser Gegend einmal ein Meer gewesen sein muss. Das Holz konnte infolge eines großen Sturmes in dieses Meer hineingeraten sein, bevor es zusammen mit den Muscheln durch den kalkhaltigen Sand verschüttet wurde.

19   Rolf Höneisen und H. J. Zillmer, „Gegenschlag", factum-Magazin 7/8 2001, Seiten 19-21
20   Rolf Höneisen, „Harte Zeiten", factum-Magazin 7/8 2001, Seiten 22-23
21   Scherer/Junker, „Evolution-Ein kritisches Lehrbuch", 5. Auflage 2001, Seite 208

Aufgrund der geologischen Formation, in der dieser Fund liegt, geben die Geologen ein Alter von 20 Mill. Jahren an. Die Universität Bern hat Holzteile aus diesem Fund mit Hilfe der Radiokarbonmethode datiert. Auf der Basis dieser Messung wurde ein Alter von 36440 Jahren berechnet. Dieser Wert widerspricht dem hohen Alter von 20 Mill Jahren. Es stimmt aber auch nicht mit dem Alter überein, das im Schöpfungsmodell angegeben wird. " [22]

Stutz regt deshalb an, in einem solchen Fall, der nicht selten ist, das Alter eines solchen Fundes mit einer weiteren Altersbestimmungsmethode zu überprüfen, um die Chance zu haben, ein zuverlässigeres Ergebnis zu erhalten. Im gleichen Artikel schlägt er beispielsweise vor, nichtradioaktive Methoden anzuwenden, weil sie in der Regel ein wesentlich geringeres Erdalter ergeben.

In den **Punkten 3.1 bis 3.3** wurden die möglichen Fehlerursachen für überzogene Alter, die auch bei der Radiokarbonmethode auftreten, bereits benannt.

4.12 Erdölentstehung in weniger als 5000 Jahren

Auch in einem Artikel im factum-Magazin Juni 1990 weist Hansrudi Stutz nach, dass Erdöl zu seiner Entstehung nicht, wie es in Schulbüchern steht, Millionen Jahre alt sein muss, sondern sich in weniger als 5000 Jahren bilden kann.

So nennt er unter anderem eine Notiz im „Natur" vom 2.11.89, in der berichtet wird, dass im Guaymas-Becken (im Golf von Kalifornien) eine 500 Meter starke Ablagerung von Phytoplankton (freischwebende Meerespflanzen) besteht, aus der Erdöl entweicht. Klares heißes Wasser von 200 °C, das dort an die Oberfläche gelangt, führt Ölkugeln mit sich, die einen Durchmesser von ein bis zwei Zentimeter haben. Wie Untersuchungen ergaben, handelt es sich um gewöhnliches Erdöl. Mit Hilfe der Radiokarbonmethode wurde ein Alter von 4200-4900 Jahre ermittelt. Ähnliche Vorgänge werden auch aus anderen Regionen berichtet. **Es ist offenbar möglich, dass sich die Bildung von Erdöl in viel kürzeren Zeiträumen zu vollziehen vermag.** [23]

4.13 Gewichtige Gründe gegen ein hohes Erdalter

In www.nikodemus.net/2008 hat ein Autorenteam zum Thema „Wie alt ist die Erde?" in einem Exposé mit dem Untertitel „Weitere Anzeichen für eine junge Erde" dargelegt, welche gewichtigen Punkte gegen ein hohes Erdalter sprechen:

1) **Helium in der Atmosphäre** - bei der Umwandlung von Uranium oder Thorium werden Heliumatomkerne frei, die Heliumgas an die Atmosphäre abgeben, zur Zeit sind das ca. 300000 Tonnen/Jahr. Die heutige Atmosphäre enthält etwa 3,5 Mrd. Tonnen Helium. Wenn dieser Umwandlungsprozess zu allen Zeiten gleich abgelaufen ist, ergibt sich daraus ein Alter von etwas mehr als 10000 Jahren.
2) **Erosion** - die jährliche Erosion der Landfläche ist so, dass diese innerhalb der letzten 14 Millionen Jahre auf Meeresspiegelhöhe wegerodiert sein müsste. Da dies offensichtlich nicht der Fall ist, muss die Erde um vieles jünger sein als 14 Millionen Jahre.
3) **Populationsstatistik-Berechnungen** über die Wachstumsrate der Weltbevölkerung unter Zuhilfenahme der Verdoppelungszeit, der durchschnittlichen Familiengröße und der jährlichen Zuwachsrate deuten darauf hin, dass die Menschheit etwa 5000 bis

---

22   Hansruedi Stutz, „20 Millionen Jahre oder 36440 Jahre?", factum-Magazin 07/08, Seite 29

23   Hansruedi Stutz, „Bildung von Erdöl in weniger als 5000 Jahren", factum-Magazin Juni 1990, Seite 247

6000 Jahre alt ist. Das entspricht etwa der Zeitspanne von der Sintflut bis heute.

4) **Mondforschung:** Wenn der Mond 4,5 Milliarden Jahre alt wäre, müsste er seit langem erkaltet sein und deshalb auch kein magnetisches Feld mehr aufweisen, wohl aber eine dicke Schicht Meteoritenstaub, da es keine Erosion auf dem Mond gibt. Aus Angst vor einer Staubschicht von einigen Dutzend Metern Dicke wurde die erste Mondlandung lange Zeit hinausgeschoben. Mondforscher entdeckten jedoch, dass der Mond immer noch eine starke Wärmestrahlung an seiner Oberfläche aufweist, ein magnetisches Feld hat und seismographisch aktiv ist. Das bedeutet, er hat noch einen flüssigen Kern und nur eine dünne Schicht Meteoritenstaub. Das stimmt eher überein mit einigen 1000 bis 10000 Jahren, nicht aber mit Milliarden von Jahren.

5) **Messfehler:** Besonders krass traten diese zum Beispiel beim vulkanischen Gestein vom Kilauea-Vulkan auf Hawaii auf. Das ist etwa 200 Jahre alt, aber mit der angewandten Kalium-Methode kam man auf ein Alter von 22 Mio. Jahren.
Bei Hualalei entstanden im Jahre 1801 Felsen, deren Alter mit der Kalium-Methode auf 160 Millionen bis 3 Milliarden Jahre bestimmt wird. Die Erklärung dafür sind eben Variationen von Prozessparametern in der Vergangenheit. Als die Lava noch flüssig war, hatte sie Argon aus der Luft aufgenommen. Man wusste das zunächst nicht, ging davon aus, dass alles so wie immer eingeschätzt abgelaufen sei und es kam zu der drastischen Fehldatierung des Gesteins. [24]

Zur gängigen Altersbestimmung unpassender Alter ist zu sagen: Die Liste von Beispielen ließe sich noch wesentlich erweitern. Wie wir feststellen konnten, lässt die Vielzahl der oben aufgeführten Fakten die gängige Altersbestimmung mit radioaktiven Methoden, als so genannte Langzeituhren mit Millionen bis Milliarden von Jahren, in einem zweifelhaften Licht erscheinen (**Punkt 3.4** „Die Problematik mit den physikalisch-chemischen Effekten").

4.14 Funde von Saurierfossilien mit deutlich organischem Geruch

Die inzwischen weltbekannte Paläontologin und Molekularbiologin Mary Schweitzer fand in Saurierfossilien Proteine und Aminosäuren, die, obwohl sie sehr vergänglich sind, mehr als 65 Millionen Jahre nach offizieller Zeitrechnung hätten überdauern müssen.
Im factum-Magazin 6/2009 wird berichtet, dass es eine wissenschaftliche Sensation ersten Ranges war, dass die Wissenschaftlerin von der Universität North Carolina im Jahr 2005 in versteinerten Knochen eines **Tyranosauriers Rex Abbauprodukte von Blut entdeckte.**

Auch konnte sie später aus einem Oberschenkelknochen des Sauriers sogar weiches Gewebe entnehmen. In Knochensplittern, die sie in einer schwachen Säure eingeweicht hatte, fand sie nach der Entmineralisierung der Probe **geschmeidige Knochenzellen in der Lösung, deren Gewebe sich sogar als dehnbar erwies.** Im Jahr 2007 folgten weitere Aufsehen erregende Studienergebnisse. Mary Schweitzer hatte aus Knochen des Tyranosauriers Rex, deren Alter mit 80 Millionen Jahren angenommen wird, **Fragmente von Proteinen extrahiert.** Es ist sehr schwer vorstellbar, dass sie über so lange Zeiträume erhalten bleiben konnten.
Gemäß jetzt vorliegenden neuen Forschungsergebnissen von ihr fand man in dem Fossil eines Brachylophosaurus canadensis, eines Entenschnabelsauriers, Bindegewebsproteine und Aminosäuren. Weitere Studien ermöglichten die Identifikation von acht Peptiden (aus Aminosäuren aufgebaute Moleküle) mit insgesamt 149 Aminosäuren. Es handelt sich dabei um Eiweiße, die auch Bausteine des Lebens genannt werden, die sich mit dem Eintritt des Todes direkt zu zersetzen beginnen.

24   Autorenteam, „Wie alt ist die Erde?", Untertitel „Weitere Anzeichen für eine junge Erde", www.nikodemus.net /2008

Die Aussage:

„Warum sich diese sehr vergänglichen Materialien 80 Millionen Jahre lang erhalten haben, ist den Wissenschaftlern ein Rätsel." Mary wunderte sich darüber, dass ihr *„bei einem eben ans Tageslicht beförderten Knochen eines T Rex ein >>**deutlicher organischer Geruch**<< auffiel, >>wie die Leichname von Verstorbenen im Labor, die vor ihrem Tod mit einer Chemotherapie behandelt worden waren.<< Schließlich handelte es sich bei den Saurierfunden, so die Lehrmeinung, ja nur noch um mineralisches Material, also versteinerte Materie.*

Ein Pathologe sah eine Folie mit einem Bild eines fossilen Querschnitts, der von einem T Rex stammte. >>Ist Ihnen klar, dass Sie hier rote Blutkörperchen in dem Knochen haben?<< Sie habe eine Gänsehaut bekommen, weil jeder weiß, dass so etwas keine 65 Millionen Jahre überdauern kann.

Ihr Professor hatte sie daraufhin beauftragt, die Sache zu klären und zu beweisen, was nicht sein kann: >>Beweisen Sie mir, dass das keine roten Blutkörperchen sind.<< In der Folge hatte sie dann das Gegenteil dokumentieren können, nämlich, dass es sich tatsächlich umsolche gehandelt hatte." [25]

Auch Hans Joachim Zillmer äußert sich in der Auflage 2011 seines Buches - „Die Erde im Umbruch" - zu Funden nicht versteinerter Knochen von Dinosauriern. Er sagt, dass dies inzwischen keinen Einzelfall mehr darstellt, und solche Funde lange Zeit als Hirngespinste deklariert wurden. Solche Knochen können eben nicht 65 oder noch mehr Millionen Jahre unversteinert überstehen.

Ebenfalls unversteinerte Funde dieser Art fand man im Nordwesten von Alaska. Zillmer weist nachstehend außerdem detailliert auf noch weitere Funde hin:
- Wie Mary Schweitzer erwähnt er auch einen Entenschnabel-Dinosaurier. Von diesem einen Unterkiefer, der im östlichen Teil Kanadas an der Baffin Bay gefunden wurde.
- Ebenfalls Entenschnabel-Dinosaurier-Knochen in Montana, man entdeckte noch erhaltene Biomoleküle (DNS) unter der Oberfläche eines Kohleflözes in Price (Utah), Triceratops-Knochen aus Nord-Dakota.
- Fossile Dinosaurier- Knochen in Nordwestsibirien und Texas.
- Ein Tyrannosaurus-Fossil aus den Rocky Mountains in Montana enthielt zur Überraschung der Paläontologen noch etliche offenbar intakte Zellen sowie gut erhaltenes Weichgewebe und elastische sowie dehnbare Blutgefäße.

Bei dem zuletzt genannten Fund handelt es sich um einen von Mary Schweitzer bereits untersuchten. Ihre vorstehenden Aussagen ergänzt Zillmer nachstehend noch um eine weitere, wodurch noch deutlicher wird, was da eigentlich herausgefunden wurde:
>>Es war ein absoluter Schock. Ich habe meinen Augen nicht getraut, bis der Test 17-mal gelaufen war.<< „Ihr Kollege Lawrence Witmer von der Ohio-Universität stimmt ihr zu:
>>Wenn wir Gewebe finden, das nicht versteinert ist, müssen wir eigentlich auch DNA (Erbbausteine) entziehen können.<< [26]

In Zillmers Buch, „Die Erde im Umbruch", werden weitere Beweise für falsche Altersbestimmungen an Gesteinen und Fossilien genannt und in den nachfolgenden **Punkten 4.15 und 4.16** dokumentiert.

25   Mary Schweitzer, „Funde von Saurierfossilien mit deutlich organischem Geruch", factum-Magazin 6/2009

26   Hans Joachim Zillmer, „Die Erde im Umbruch", 2011 F. A. Herbig Verlagsbuchhandlung GmbH, München, Seiten 104-107

4.15 Fehldatierungen von Vulkanausbrüchen in geschichtlicher Zeit

So ergaben Untersuchungen verschiedener Mineralien der Lava vom Ausbruch des Mount St. Helens vom Jahr 1980 ein unterschiedliches Alter im Spektrum von 350000 bis 2800000 Jahren. Hans-Joachim Zillmer hat das Zustandekommen dieser Alter ausführlich beschrieben in seinem Buch >>Die Evolutions-Lüge<<, 2005, Seiten 128f. Weitere Fehldatierungen nach ihm in nachstehender Abbildung.

Abbildung 4.3 [27]

Vulkanausbruch	Jahr	jüngste Datierung	Fehler in Jahren
Hualalai Basalt, Hawaii	1800-1801 n. Chr.	1330000	1329800
Ätna Basalt, Sizilien	122 v. Chr.	170000	168000
Ätna Basalt, Sizilien	1792 n. Chr.	210000	209800
Sunsez Crater Basalt	1064-1065 n. Chr.	100000	99000
MT. Lassen Plagioklase	1915 n. Chr.	80000	79900

Kalium-Argon-Datierungen der Lava von bekannten Vulkanausbrüchen in geschichtlicher Zeit ergaben ein viel zu hohes Alter (nach Dalrymple, 1996).
In allen Fällen stimmen die radiometrisch errechneten Alter nicht annähernd mit den wirklichen überein.

4.16 Ergebnisse neuer Radiokarbon-Datierungen an Skelettresten

Hans- Joachim Zillmer schreibt:
„Am 8. Juli 2004 erschien im Fachblatt >>Nature<< (Bd. 430, Seiten 198-201) ein Bericht, in dem Nicolas Conard, ein Nachfolger Rieks auf dem Lehrstuhl für Ur- und Frühgeschichte in Tübingen, die Ergebnisse neuer Radiokarbon-Datierungen der Skelettreste vom Vogelherd vorstellte. Die wissenschaftliche Sensation: Die sechs untersuchten Knochenfragmente sind nicht ungefähr 32000 Jahre alt, sondern gerade einmal 5000 bis 3900 Jahre (ebd. Seite 198). Aus dem altsteinzeitlichen Aurignacien-Schädel wurde ein gerade noch jungsteinzeitlich zu nennender moderner Mensch. Natürlich erscheint es direkt logisch, auch die angebliche>>Eiszeitkunst<<, die zusammen mit den menschlichen Knochen in derselben geologischen Schicht lag, auf das neu ermittelte Alter des Schädels zu reduzieren, also um vielleicht 30000 Jahre zu verjüngen und damit in eine Warmzeit zu platzieren, in der es die dargestellten Wärme liebenden Tiere auch wirklich gab." [28]
Die geschilderten Forschungsergebnisse beweisen erneut, dass es sich auch bei den in den Geologischen Zeittafeln in **Kapitel 7** ausgewiesenen Fossilienaltern, abgeleitet von den Gesteinsformationen, nicht um absolute Alter handelt. So sind diese Altersangaben ebenso wie die radiomertrisch errechneten als Relativalter anzusehen.

---

27   Hans Joachim Zillmer, „Die Erde im Umbruch", Seite 93
28   Hans Joachim Zillmer, „Die Erde im Umbruch", Seite 150

Kapitel 5
Mikro- und makrokosmische Betrachtungsweisen und ihre Problematik

5.1.1 Mikro- und makroskopische Erscheinungsformen des Lichts

Was ist Licht?

Licht gehört zu der von der Sonne und anderen Gestirnen ausgehenden Skala eines elektromagnetischen Spektrums, das von den Radiowellen über Infrarotlicht, sichtbares Licht, Ultraviolett-Strahlen, Röntgenstrahlen bis hin zu den Gammastrahlen reicht.
Alles Licht hat Wellencharakter und Teilchencharakter. Die Wellenlänge wird in einigen Metern bis zu einigen Nanometern angegeben. Die Wellen besitzen eine Frequenz. So unterscheiden sich andere elektromagnetische Wellen, die auch Licht sind, vom sichtbaren Licht nur durch ihre andere Frequenz. Das sichtbare Licht hat Wellenlängen zwischen etwa 380 und 780 nm. **Wenn man dieses Licht zur Altersbestimmung heranzieht, dann wird es zum Problem.** Wie sich erweisen wird, hat das Licht nichts mit dem Alter des Universums zu tun, es sei denn man benutzt es dazu. Dazu weiter unten mehr.

Das **Photon** ist der Träger des Lichts. Als Licht- oder **Strahlungsquanten (Energiequanten)** vermitteln die Photonen **die elektromagnetische Wechselwirkung** des elektromagnetischen Strahlungsfeldes, die eine der vier Elementarkräfte ist.[1]

Das **Quant** ist nach gängiger Annahme als Energiepaket die **kleinste, unteilbare Einheit. Anzumerken ist, dass es in der Quantenphysik aber keine unteilbaren Einheiten gibt.**
Um die **korpuskularen** Eigenschaften des Lichts (die Konstanz der Lichtgeschwindigkeit lässt auf Erstarrtes wie ein Korpuskel schließen) zu erfassen, steht die Bezeichnung Quant sowohl für die Strahlungsenergie elektromagnetischer Wellen des Lichts, als auch für die elektrische Ladung (Elementarladung) des quantenmechanischen Drehimpulses (Spin).[2]

Spins stellen sich bei Photonen als Elementarteilchen und als elektr. Dipoldrehmomente ein.[3]
Dieser quantenmechanische Drehimpuls (dessen Eigendrehung auch Spin genannt wird), wird im Zusammenhang mit der Verschränkung von Zwillings-Lichtteilchen und ihrer **überlichtschnellen Teleportation** (unmittelbar erfolgende Fernübertragung) am Schluss unseres Abschnittes noch eine Rolle spielen. Dabei handelt es sich um **ein Phänomen, das Einstein bis zu seinem Tode nicht wahrhaben wollte, weil eine nach oben unbegrenzte Lichtgeschwindigkeit mit der Relativitätstheorie nicht vereinbar erscheint.**
Zu bedenken ist dabei, dass die Relativitätstheorie zwar für den Makrokosmos zutrifft, nicht aber für die Verhaltensweise der Elementarteilchen und Quanten im Mikrokosmos gilt. So sind die für den Makrokosmos diesbezüglich zutreffenden Gleichungen der Relativitätstheorie nicht vereinbar mit denen des Mikrokosmos, was, wie schon gesagt, ein Riesenproblem in der Physik darstellt.

Mit Licht sehr eng verbunden ist die **Feinstrukturkonstante** α. Diese bestimmt als Kopplungskonstante der elektromagnetischen Wechselwirkung (Licht) die Größe der Kräfte zwischen elektrischen Ladungen und Feldern.[4] Elementarer Bestandteil dieser Konstanten ist die **Elementarladung e**, bei der es sich um eine Naturkonstante handelt. Sie ist die kleinste

1   Brockh. Enzykl., Band 17, 1994, Seite 139
2   Brockh. Enzykl., Band 17, 1994, Seite 664
3   Brockh. Enzykl., Band 17, 1994, Seite 280
4   Brockh. Enzykl., Band 7, 1988, Seite 169

bisher nachgewiesene positive oder negative elektrische Ladung. [5]

In der Feinstrukturkonstante α ist die Lichtgeschwindigkeit c als ausschlaggebende Komponente enthalten. Dass sich diese Konstante mit der Zeit verändert haben könnte, beunruhigt die Forscher. Wenn sie nämlich nicht immer konstant war, könnte unter dieser Voraussetzung die Lichtgeschwindigkeit in früherer Zeit einen anderen Wert gehabt haben als heute, und damit auch aus diesem Grunde für die Altersbestimmumg des Universums nicht geeignet sein. Dazu unter Unterpunkt „Licht wird zum Maßstab für die Altersbestimmung" mehr.

Die relativistische Massenzunahme des Lichts

Diese ist ein relativistischer Effekt und ebenfalls eine Folgerung aus der Lorentz-Transformation. Nach der Theorie gibt es einen Zusammenhang zwischen Energie und Masse, die so genannte Masse-Energie-Äquivalenz, nach der jede Form von Energie masseäquivalent und jede Form von Masse energieäquivalent ist. [6]

Die träge Masse eines Körpers mit der Ruhemasse m_0 nimmt, nach der Theorie, mit seiner Geschwindigkeit v gemäß $m = m_0/\sqrt{1-v^2/c^2}$ zu. Der Nenner $\sqrt{1-v^2/c^2}$ wird bei Annäherung von v an die Lichtgeschwindigkeit c zu Null. Bei $m = m_0/0$ wird die Masse m unendlich groß, und somit wächst die Masse über alle Grenzen, so dass es nicht möglich ist, einen Körper darüber hinaus zu beschleunigen. Daraus leitet sich die Folgerung ab, dass ein Körper nicht über die Lichtgeschwindigkeit hinaus beschleunigt werden kann.

Zwar wird das Photon als masselos angesehen, stellt aber nach der Theorie mindestens noch ein Energiequäntchen als Korpuskel dar. **Die Theorie besagt, dass das Photon als „Energieteilchen" relativ Masse (relativistische Masse) annimmt,** weil Energie masseäquivalent ist. [7]

Es gibt aber der Konstanz der Lichtgeschwindigkeit zuwiderlaufende Phänomene. Licht scheint aus reiner masse- und dimensionsloser Potenzialität entstammend erst zu dem Energiequäntchen erstarrt zu sein, was es heute darstellt. Der Mathematiker und Physiker Peter Ripota schreibt in seinem Artikel in P.M. Perspektive unter dem Titel „Albert Einstein auf dem Prüfstand" nämlich darüber, dass ungeachtet des großen Erfolgs der Theorien Einsteins der folgende Einwand der Quantenphysiker schwer wiegt:

„Zwei gleichzeitig geborene Teilchen (etwa Lichtteilchen = Photonen) sind für immer durch ein unsichtbares Band beinahe telepathisch miteinander verbunden. Ändert sich bei einem Teilchen eine Eigenschaft, ändert sie sich augenblicklich auch beim anderen, wie weit die beiden auch voneinander entfernt sind. ***Die „spukhafte Fernwirkung" erfolgt auf jeden Fall mit Überlichtgeschwindigkeit*** *und in einigen Sonderfällen sogar in Richtung Vergangenheit, aber wie ist das möglich?"* [8]

Bei Peter Ripota deshalb nachgefragt lautet seine Antwort:

„Die Verschränkung von „Zwillingsteilchen" und ihre überlichtschnelle Verbindung ***ist wesentlicher Bestandteil der Quantenphysik.*** *Warum das so ist, darüber streiten die Gelehrten."* Auch deshalb ist die Relativitätstheorie eine unvollkommenne Theorie. Näheres dazu siehe Unterpunkt „Verschränkung von Zwillinggteilchen und ihre überlichtschnelle Verbindung.

Besonders diese Problematik beschäftigte in einem Dauerstreit Einstein und Schrödinger auf der einen Seite und Bohr, Heisenberg und Pauli (als den Vertretern der Quantenphysik) auf

5   Brockh. Enzykl., Band 7, 1988, Seite 297
6   Brockh. Enzykl., Band 14, 1991, Seite 285
7   Brockh. Enzykl., Band 18, 1992, Seite 261
8   Peter Ripota, „Albert Einstein auf dem Prüfstand" P.M. Perspektive, 3/2009
        Druck- und Verlagshaus Gruner + Jahr, München, Seite 79

der anderen Seite. Wie sich inzwischen abzeichnet, scheint der Siegeslauf der Quantenphysik nicht mehr aufzuhalten zu sein. Die in der Welt des Mikrokosmos auftretenden physikalischen Phänomene wie die Heisenberg'sche Unschärferelation, die Überlichtgeschwindigkeit bei verschränkten Zwillingsteilchen und andere merkwürdige Erscheinungen im atomaren Bereich, wollen überhaupt nicht zur Welt des Makrokosmos passen, die vor allem unsere Welt ist. So ist die Relativitätstheorie, wie schon gesagt, für unsere ganze Welt nicht zuständig. Dies, weil sie in der Welt des Mikrokosmos nicht zum Zuge kommt. Wenn aber die Konstanz der Lichtgeschwindigkeit nur für den Makrokosmos gilt, ist die Relativitätstheorie tatsächlich eine unvollständige. Dies hat Einstein bis zu seinem Tod nicht für wahr halten wollen. Details hierzu ausführlicher noch unter **Punkt 5.1.3** „Kosmische Verhaltensweisen von Licht".

Die Methoden zur Entfernungsmessung

Die methodische Vorgehensweise dafür wird vereinfacht dem Buch der Astrophysiker Norbert Pailer und Alfred Krabbe entnommen. Die Entfernungsmessung im Weltraum geschieht mittels der Trigonometrie auf der Basis der so genannten „Astronomischen Einheit", graphisch dargestellt in der **Abbildung 5.1.**

Abbildung 5.1: Astronomische Einheit

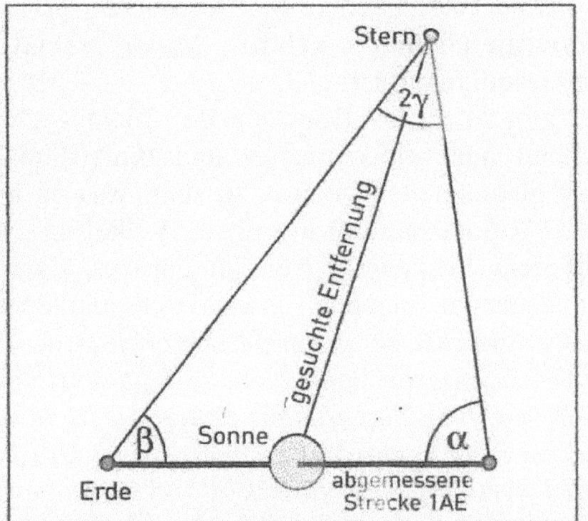

1 AE = Strecke Sonne bis zur Erde

Die Strecke Sonne bis Erde stellt **als Astronomische Einheit das Basislängenmaß** für die Astronomen **dar.** Die beiden Autoren äußern sich dahingehend, dass zur Winkelmessung der Winkel α und β heute spezielle Satelliten eingesetzt sind, die ebenfalls den Parallaxenwinkel γ zu messen in der Lage sind. Der halbe Winkel γ wird als die „trigonometrische Parallaxe" bezeichnet. **Aber problematischer wird die Messung dieses Winkels mit zunehmender Entfernung zum jeweiligen Stern.**
Neben der Einbeziehung der trigonometrischen Parallaxe spielt die Ermittlung der Lichtleistung von Cepheiden (im Sternbild Kepheus benannte Klasse von pulsierenden Sternen mit veränderlicher Leuchtkraft) und Supernovae als kosmische Leuchtfeuer eine besondere Rolle. Dabei wird die Lichtleistung aus dem Spektrum der Sternfarben bestimmt. [9]

9   Norbert Pailer und Alfred Krabbe, „Der vermessene Kosmos", Hänssler Verlag 2006, Seite 35

Pailer und Krabbe führen dazu noch aus:

„Wenn man also die Farben eines Sterns, sein Spektrum, bestimmt hat, kennt man sofort die von der Sternoberfläche abgegebene Lichtleistung. Die auf der Erde empfangene Leistung wird dagegen mit Hilfe eines Teleskops und eines geeichten Detektors bestimmt. Aus beiden Zahlen kann man dann nach dem quadratischen Entfernungsgesetz aus dem vorherigen Abschnitt die Entfernung aller Sterne berechnen, zumindest der Sterne, die einzeln beobachtbar sind. Diese Methode heißt in der Astronomie „spektroskopische Parallaxe“, weil man aus dem Spektrum die Entfernung und daraus wieder die Parallaxe bestimmen kann.“ [10]

Als problematisch wird angesehen, ob in großen Entfernungen tatsächlich noch das Gesetz des Lichtabfalls mit dem Quadrat der Entfernung gilt.

Licht wird zum Maßstab für die Altersbestimmung

Auch wenn das Thema Licht bereits Gegenstand besonders in **Buch Teil 1, Punkt 1.2.1 und 1.2.4** war, wird jetzt seine Sonderstellung bezüglich Altersbestimmung verdeutlicht. Deswegen werden schon bereits bekannte Fakten um weitere Überlegungen ergänzt.

Beim **Lichtjahr** haben wir es in erster Linie mit einem **Entfernungsmaß** zu tun. Gemäß dem Brockhaus ist das Lichtjahr (Lj) die astronomische Längenangabe für Entfernungsmessungen bei Sternen. Ein Lichtjahr ist die Strecke, die das Licht in Lichtgeschwindigkeit im Vakuum mit c = ca. 300000 km/sec zurückzulegen vermag. Diese Strecke errechnet sich für ein Lichtjahr mit 1 Lj = $9{,}460528 \cdot 10^{12}$ km. [11]

Astronomen errechnen über die Lichtgeschwindigkeit, in welcher Entfernung zu uns sich die anderen Himmelskörper befinden. Dazu sind Distanzmessungen erforderlich. Auf welche Weise diese vorgenommen werden, wurde bereits in vorstehendem Punkt vermittelt.

Da inzwischen Entfernungen von Milliarden von Lichtjahren ermittelt werden, wird angenommen, dass das All mindestens so alt ist, wie die auf diesem Wege größte errechnete Entfernung. Die Distanzmessungen sind relativ genau, aufgrund der zur Verfügung stehenden Messeinrichtungen und -methoden. Man kann daher auf Basis der Entfernungsermittlung mit **Hilfe der Lichtgeschwindigkeit** zwar rein rechnerisch **ermitteln, wie alt das Universum sein könnte, aber nicht wie alt es wirklich ist,** aus verschiedenen Gründen, die noch zur Sprache kommen werden.

Neue Fernrohre werden immer weitersehen und vielleicht noch größere Entfernungen ausmachen können. Bei den Distanzmessungen geht es eben zunächst einmal nur um Entfernungen und nicht um Alter.

Die riesigen Lichtjahralter als starkes Argument gegen eine junge Erde zu verwenden ist fragwürdig. Diese Fragwürdigkeit tritt besonders zu Tage bei geschätzten und radiometrisch ermittelten Altern. Die auf der Basis der zur Verfügung stehenden Messtechnologie errechneten Alter können nur Relativalter sein, worauf bereits besonders in **Kapitel 3** hingewiesen wurde. In diesem **Kapitel** wird gezeigt, welche Probleme besonders radiometrisch ermittelte Alter haben. Erst recht passen die in **Kapitel 4** dokumentierten Vorkommnisse nicht zu den über die Lichtgeschwindigkeit errechneten Altern für das Universum und unsere Erde. Die Lichtgeschwindigkeit zur Alterbestimmung zu verwenden wird auch noch aus anderen Gründen als sehr fragwürdig angesehen.

Die Konstanz der Lichtgeschwindigkeit, die für den dreidimensionalen Raum also auf der Allgemeinen Relativitätstheorie basiert, trifft auf den Makro- aber nicht auf den Mikrokosmos zu. Stephen Hawking sagt in seinem Buch „Eine kurze Geschichte der Zeit“:

10   Norbert Pailer und Alfred Krabbe,"Seiten 35-36
11   Brockh. Enzykl., Band 13, 1990, Seite 369

„Zusätzliche Raumdimensionen bieten eine ideale Möglichkeit, die gewohnte Einschränkung der Allgemeinen Relativitätstheorie zu überwinden - dass nämlich nichts schneller als Licht sein kann. **Warum bemerken wir diese zusätzlichen Dimensionen nicht, wenn es sie wirklich gibt?** *Warum nehmen wir nur drei Dimensionen und eine der Zeit wahr? Man nimmt an, dass die anderen Dimensionen in einem Raum von sehr geringer Ausdehnung gekrümmt sind - etwa in der Größenordnung von einem Millionen-Millionen-Miliionen-Millionen-Millionstel Zentimeter.* **Die Dimensionen sind also einfach zu klein, um von uns bemerkt zu werden.** *Für uns sind nur vier Dimensionen erkennbar, in denen die Raumzeit ziemlich flach ist.* **Vermutlich waren im früheren Universum alle Dimensionen stark gekrümmt.**" [12]
Dann aber können ganz andere Bedingungen z. B. für die Geschwindigkeit des Lichts vorgelegen haben. Mindestens unsere Erde und das Sonnensystem könnten am Anfang unter der Wirkung zusätzlicher Dimensionen sehr schnell, nämlich in sechs Tagen zustandegekommen sein, weil sich die Vorgänge nicht im vierdimensionalen Makrokosmos, sondern sich für Gott im Mikrokosmos unter zeitlosen Bedingungen vollzogen haben.

Der Physiker Burghard Heim hat diese Möglichkeit mit seiner Theorie mathematisch beschrieben und aufgezeigt, die zeitlichen Abläufe der Milliarden Jahre, die wir heute im Weltall auf der Basis der konstanten Lichtgeschwindigkeit durchmessen, als Projektion aus einer höheren Dimension zu sehen, deren eigene Länge wesentlich geringer sein könnte. Um dies auch an dieser Stelle zu dokumentieren, wird dem Buch Teil 1, Punkt 1.2.1 „Das Phänomen des ersten Schöpfungstages" wie folgt entnommen, was Pailer und Krabbe auch in der erweiterten Auflage 2016 ihres Buches „Der vermessene Kosmos, dazu beschreiben:
„Demnach enthält die physikalische Feldtheorie, die Burghard Heim, Physiker aus Göttingen, Mitte der 80er Jahre des vergangenen Jahrhunderts entwickelte, Ansätze in genau diese Richtung. Die Theorie ist äußerst anschaulich. Sie geht von in Planck-Elementarlängen gequantelten Raumstrukturen aus, die in sechs Dimensionen statt der üblichen vier (drei räumliche, eine zeitliche) eingebettet sind. Die Zahl der Dimensionen wurde später auf Schwindel erregende 12 Dimensionen erweitert (Dröscher & Heim 1996). Die Planck'sche Elementarlänge von 1,6 · 10^{-35} m ist dabei die kürzest mögliche physikalisch sinnvoll bezeichenbare Distanz, das heißt, auf der die physikalischen Gesetze unterscheidbare Ergebnisse liefern. Wird eine solche gequantelte Menge als Teil der Raumstruktur aufgefasst, so ergeben sich aus ihrer Einbettung in weitere Dimensionen im Rahmen der Heim'schen Feldtheorie ganz neue Aspekte.
Die Welt, die wir mit unseren Sinnen wahrnehmen, erscheint als Projektion von Vorgängen in höheren Dimensionen. Den zeitlichen Abläufen ergeht es ebenso. **Die 15 Milliarden Jahre, die wir heute im Weltall durchmessen, könnte man in diesem Sinne als Projektion aus einer höheren Dimension ansehen, deren eigene Länge wesentlich geringer sein könnte, zum Beispiel nur sechs Tage.** *Diesem Gedanken haftet ohne Zweifel Spekulation an, aber sie scheinen auf nachvollziehbaren Berechnungen zu basieren"*. [13]
Natürlich überfordern uns mehr als drei Dimensionen. Wie Heim aber gezeigt hat, ist ihr Nachweis mathematisch möglich.
Die bekannte Physikerin und Expertin für Teilchenphysik Lisa Randall stellt mit der Anahme von zusätzlichen Dimensionen auch längst keinen Einzelfall mehr dar. Auf der Basis obiger Überlegungen spielt der Faktor Zeit dann praktisch keine Rolle mehr. Auf Gott trifft dies sowieso zu. So ist denkbar, dass er für die Schöpfung unserer Erde nicht einmal sechs Tage benötigt hätte, denn er spricht und es steht da.

12   Stephen Hawking, „Eine kurze Geschichte der Zeit", Rowohlt Taschenbuch-Verlag, 13. Auflage Mai 2017, Seiten 222-224

13   Norbert Pailer und Alfred Krabbe, „Der vermessene Kosmos", 2. überarbeitete und erweiterte Auflage 2016, Hänssler Verlag, Seiten 232-233

5.1.2 Die Relativität von Zeit und Raum

Die Zeitdilatation (Relativität der Zeitmessung)

Noch etwas Anderes, wenn auch durchaus realitätsnah, ist für unsere Vorstellung schwer nachzuvollziehen. Es handelt sich um physikalische Erscheinungen, die mit der Relativität von Zeit und Raum zusammenhängen. Es geht dabei um die sich aus der Relativitätstheorie ergebende Relativität der Zeitmessung (Zeitdilatation, Zeitverkürzung) und Relativität der Längenmessung (Längenkontraktion, Verkürzung einer Strecke) und die Zeitverzögerung in Gravitationsschwerpunkten und bei Lichtgeschwindigkeit.
Trotzdem lassen sich die vorgenannten Phänomene an den Relativbewegungen von Körpern zueinander demonstrieren. Am deutlichsten würden beide Phänomene zu Tage treten, wenn es möglich wäre, an einen Körper, der sich gegenüber einem ruhenden Körper im leeren Raum fast mit Lichtgeschwindigkeit bewegt, Messungen durchführen zu können. Die Zeitverkürzung stellt bei diesem Phänomen eine Paradoxie dar.
Gemäß dem Brockhaus ist Zeitdilatation die aus der speziellen Relativitätstheorie folgende Tatsache, dass das Zeitmaß (die Eigenzeit) einer Uhr, die sich gegen die eines Beobachters in einem anderen Bezugssystem bewegt, verändert. Die Zeitdilatation macht sich als Zeitverkürzung, aber nur bei hinreichend hohen Geschwindigkeiten bemerkbar. Die Voraussetzung dafür wäre also bei einem sich im Weltraum außerordentlich schnell bewegenden Raumschiff gegeben. Das heißt, dass eine synchron laufende Uhr in diesem Gefährt dann erheblich nachgeht, gegenüber der Uhr eines auf der Erde befindlichen Beobachters. [1]

Eine typische Erscheinung von Zeitdilatation ist das so genannte „Uhrenparadoxon". Es ist ein aus dieser Erscheinung sich ergebender Widerspruch, weil bei solchen Uhren, die in unterschiedlichen Bezugssystemen bewegt werden, sich zwangsläufig ganz unterschiedliche Zeiten einstellen.
Dies soll nachstehend **am** so genannten **„Zwillingsparadoxon" beschrieben werden.** Maiuzzo beschreibt im factum-Magazin in einem Artikel mit dem Thema „Ticken die Uhren im Weltraum schneller" diese inzwischen als klassisch bezeichnete interessante **Paradoxie**, die der Relativitätstheorie entspricht.

In seinem Artikel wird eine Betrachtung vorgenommen, nach der von zwei Zwillingsbrüdern (A und B), die im gleichen Alter sind, der eine von beiden (nämlich die Person B) zu einem weit entfernten Stern reist. Weil er fast mit Lichtgeschwindigkeit gereist ist, altert er nur wenige Jahre (Zeitverkürzung). Wie er aber wieder auf der Erde landet, stellt er fest, dass der andere, nämlich sein Bruder, inzwischen sehr viel älter geworden ist als er selbst. Der Sekundentakt seiner Uhr reduziert sich gegenüber der Uhr des A um den Lorenzfaktor Fc.

$$Fc = \sqrt{1-\beta^2}; \quad \beta = v^2/c^2$$

wobei v die Reisegeschwindigkeit ist.
Dass es sich um Tatsachen handelt, unterstreicht die folgende Aussage im Artikel:
*„Dass dieser Zeitunterschied, der nach der speziellen Relativitätstheorie vorhergesagt auch tatsächlich eintritt, kann man fast nicht glauben. **Aber es gibt Beweise dafür, welche diese Theorie bestätigen** (siehe Mc-Graw Hill Lexikon von 1987).*
*Man hat auch **Uhren** auf Umlaufbahnen um die Erde mitgenommen und konnte feststellen, dass diese **während der Reise langsamer tickten**.*

1   Brockh. Enzykl., Band 24, 1994, Seite 476

Nachdem sie auf die Erde zurückkamen, liefen sie wieder normal. Man hat diese Uhren vor dem Flug mit solchen synchronisiert, die auf der Erde zurückgeblieben sind, und hat nach dem Flug beim Vergleich eine fehlende Zeit festgestellt, wie das vorhergesagt wurde." [2]
Auf Umlaufbahnen um die Erde mitgenommene Uhren gehen also gegenüber dem auf der Erde verbliebenen Beobachter eindeutig nach.

Wilhelm H. Westphal drückt das in seinem Buch „Die Relativitätstheorie" wie folgt aus:
„Je länger ein Beobachter die jeweils an ihm vorbei streichenden Uhren beobachtet, umso mehr bleiben diese gegenüber seiner eigenen Uhr zurück. Sofern die Gleichungen der Relativitätstheorie zutreffen, ist ihr Gang im Verhältnis

$$\sqrt{1-v^2/c^2}/1$$

verlangsamt, d. h., dass aufgrund ihrer Anzeige jeder Zeitabschnitt
$$1/\sqrt{1-v^2/c^2}$$
mal länger ist als aufgrund der Anzeige der Uhr des auf der Erde befindlichen Beobachters."

Seine Schlussfolgerung:
„Was uns diese Geschichte zeigt, ist die Erkenntnis, dass die abgelaufene Zeit vom Bewegungsablauf und der Bewegungsgeschichte des Beobachters abhängig ist. Wenn wir uns dessen bewusstwerden, **dann müssen die riesigen Distanzen** *in einem alten Weltraum* **nicht mehr ein Widerspruch zur jungen Erde sein.** *Man kann annehmen,* **dass die Uhren im Weltraum sehr schnell gelaufen sind,** *wenn man sie mit der absoluten Erdzeit vergleicht."* [3]

Es hängt zuerst einmal damit zusammen, dass man sich von der Vorstellung verabschieden muss, dass Raum und Zeit Konstanten sind, dass Zeitangaben in Bezug auf den Weltraum relativ sind **und für einen Menschen, der mit Lichtgeschwindigkeit unterwegs sein könnte, keine Zeit mehr vergehen würde.** Das Phänomen, dass ohne Zeit auch kein Raum mehr existiert, ist in den nachfolgenden zwei Punkten das Thema.

Die Längenkontraktion (Relativität der Längenmessung)

Nach dem Brockhaus kommt es neben der Zeitverkürzung auch zu einer Verkürzung einer Strecke, also für seine Länge ebenfalls um den Faktor $Fc = \sqrt{1-v^2/c^2}$, wenn diese in einem System gemessen wird, das sich längs der Strecke zu einem ruhenden Beobachter mit der Geschwindigkeit der Größe v bewegt; dabei ist wieder c die Vakuumlichtgeschwindigkeit.[4]
Bei dieser Geschwindigkeit wird der Zeitfortschritt gleich Null und der Raum kontrahiert zu einem Punkt. Diese Erscheinung findet ihre Bestätigung in den nachfolgenden Ausführungen.

Zeitlos bei Reisen mit Lichtgeschwindigkeit

Interessant sind **Äußerungen des Mathematikers Roger Penrose**, mit denen er in dem P. M.-Artikel der Autoren Alexander Stirn und Luigi Bignami zum Thema „Wird das Universum ständig wiedergeboren" zitiert wird.
>>Strahlung kennt keine Zeit<<, sagt der Brite und beruft sich dabei auf die Relativitätstheorie. Demnach steht eine Uhr still, wenn sie mit den elektromagnetischen

2   Michael A. Maiuzzo, „Ticken die Uhren im Weltraum schneller", factum-Magazin Juli/August 1997, Seiten 41-43
3   Wilhelm H. Westphal, „Die Relativitätstheorie", Kosmos Gesellschaft der Naturfreunde, Stuttgart, 1955, Seite 2
4   Brockh. Enzykl., Band 13, 1990, Seite 64

Strahlen - also mit Lichtgeschwindigkeit - durchs All rast. Erst wenn ein ruhender Beobachter dem Schauspiel zusieht, verspürt er so etwas wie Zeit. Ohne Zeit gibt es auch keinen Raum, sagt Roger Penrose, schließlich sind die beiden physikalischen Konzepte miteinander verbunden. "[5]

In einer Publikation in „christsein Heute, 112. Jahrgang, Januar 2005, Seite 7, kommt der **Physiker Jürgen Helm** zu der interessanten Feststellung, die ebenfalls auf dem Zuvorgesagten basiert:

„Würde man z.B. aus zwei Raketen heraus, die sich fast mit Lichtgeschwindigkeit aufeinander zu bewegen, mit Lichtstrahlen aufeinander schießen, würde man den jeweils anderen Lichtstrahl mit der einfachen Lichtgeschwindigkeit messen und nicht mit der doppelten. **Erklärbar** *sind die Experimente* **nur** *dann,* **wenn man voraussetzt, dass sich der Raum verkürzt bzw. die Zeit verlangsamt.** *Im Grenzfall der Lichtgeschwindigkeit nimmt der Zeitfortschritt den Wert Null an, d. h. die Zeit bleibt stehen. Gleichermaßen schrumpft der gesamte Raum auf einen Punkt zusammen.*
Hiermit wird eine Eigenschaft Gottes beschrieben! In 1. Johannes 1,5 steht: „Gott ist Licht und in ihm ist keine Finsternis". **Naturwissenschaftlich heißt das für mich, dass Gott als Licht überall gleichzeitig ist und die Zeit bei ihm keine Rolle spielt.** *Dies wird für mich dank der Relativitätstheorie auch wissenschaftlich bestätigt".*[6]

5   Alexander Stirn und Luigi Bignami, „Wird das Universum ständig wiedergeboren", P. M.-Magazin 10/2011, Seite 26

6   Jürgen Helm, „Relativitätstheorie", Christsein heute, Bundes-Verlag GmbH Witten, 112. Jahrgang, 1/2005, Seite 7

5.1.3 Kosmische Verhaltensweisen von Licht

Lichtgeschwindigkeit, das Ergebnis eines Gerinnungsprozesses?

Wie schon erwähnt, erkennt man aus dem Farbspektrum eines Sterns die von seiner Oberfläche abgegebene Lichtleistung. Wie zuvor beschrieben, kann man ja aus der auf der Erde empfangenen Lichtleistung die Entfernung des Sterns mit der in der Astronomie angewandten Methode der „spektroskopischen Parallaxe" bestimmen, die dann in Lichtjahren angegeben wird. Anschließend geschieht mit Hilfe der Lichtgeschwindigkeit die Umrechnung in Lichtjahre, von denen ausgehend man also zum Alter unseres Universums gelangt. Kann die Rechnung aufgehen, wenn die Bedingungen dafür am Anfang möglicherweise ganz andere waren? Ist die Konstanz der max. Lichtgeschwindigkeit, bezogen auf das Vakuum unseres dreidimensionalen Raums, wirklich eine absolute Gegebenheit? Wenn etwa nicht, hätten wir es mit einem der spektakulärsten physikalischen Probleme zu tun.
Obwohl die wissenschaftliche Auseinandersetzung darüber längst im Gange ist, werden derartige Überlegungen aber für abwegig gehalten.
Nach der speziellen Relativitätstheorie ist ja die Lichtgeschwindigkeit im Vakuum die obere Grenze der Geschwindigkeit, mit der sich Energiesignale überhaupt fortbewegen können. Um es nochmals zu wiederholen:
Bei Annäherung an die Lichtgeschwindigkeit wächst eine relativistische Art von Masse über alle Grenzen, so dass es nicht möglich ist, den Körper darüber hinaus zu beschleunigen. Das ist die gängige Erklärung dafür, dass die Lichtgeschwindigkeit von max. 300000 km/s nicht überschritten werden kann. Aus diesem Grunde, glaubt man, kann Licht nicht schneller sein, als es heute ist. Darauf baut jede moderne kosmologische Theorie auf, an ihr wird alles im Universum gemessen. Anzeichen deuten jedoch darauf hin, dass man sich möglicherweise irrt. **Handelt es sich bei den Energiesignalen etwa doch um „eingefrorene" Werte?** Es sind entsprechende Deutungen möglich. In der Literatur wurde eine Sichtweise gefunden, die in dieser Hinsicht sehr zu denken gibt.

In einer Podiumsdiskussion zum Thema „Urknall und Evolution" hielt der schon erwähnte ehemalige Direktor des Max-Planck-Instituts in München, Hans Peter Dürr, einen Vortrag mit dem Titel „Glaube in der Wissenschaft". Wie er im Rahmen einer an den Vortrag anschließenden Diskussion sagte, kann man *„bei Betrachtung des materiell-energetischen Universums **nur auf die Fußspuren des eigentlichen Geschehens schauen.***
*Was sich materialisiert hat, ist das Ergebnis einer Art **Gerinnungsprozess von etwas nur Potenziellem. Nur dieses Gerinnsel sehen wir.** Es entsteht aus etwas, was nicht schon Energie/Materie ist. **Es ist** also bei dieser Sichtweise eben **nicht so, dass objektivierbare Energie/Materie schon am Anfang war,** die sich immer weiter entwickelt, bis am Schluss dann der Mensch mit seinen geistigen Fähigkeiten vor uns steht. **Aus meiner Sicht ist das Geistige schon immer da,** und aus diesem geht letztlich Schritt um Schritt die Energie/Materie durch >>Gerinnung<< (Realisierung des Potenziellen) hervor."* [1]
In der Ausgangsposition, in der von Gott das Körperliche durch Information an das Geistigpotenzielle gestaltet wurde, wären so das Licht und auch die Materie zur heutigen festen Struktur geronnen. Dies alles geschah dann nach den Möglichkeiten Gottes, so dass auch die Schöpfung der Bedingungen für Leben auf unserer Erde nach dem Gensisbericht sich sogar schneller als in sieben Tagen, nämlich völlig zeitlos, d. h. von jetzt auf gleich, hätte vollziehen können.
Hier haben wir es mit anderen Ausgangsvoraussetzungen als dem Urknall zu tun.

1   Quelle: Heinz Nixdorf Museumsforum (Hrsg.), Paderborner Podium 4, Paderborn; München; Zürich; Schöningh., 2001, Seiten 74-97

Gott, der alles geistig zu durchdringen vermag, schafft durch seinen Geist die Anfangsbedingungen. Das ewig Geistige verkörpert sich in der Information, welches als etwas Geistiges in Form von „Blaupausen" z. B. in der DNS und RNS seinen Niederschlag gefunden hat und damit das Leben erst möglich macht. Dasselbe gilt also für das Entstehen von Energie und Materie und das Zusammenspiel der vier Fundamentalkräfte im Mikro- und Makrokosmos im Zusammenhang mit den Naturkonstanten.

Ähnlich äußert sich der Astrophysiker Hans Jörg Fahr in einem P. M.-Artikel, betitelt: „Warum ist der Urknall ein Irrtum, Herr Professor?", in dem der Autor Peter Ripota ihm unter anderem die Frage stellt:

„Dann steckt also Geist in der Materie?" Die Antwort lautet:

>>*Ich denke, es ist ein Übergang möglich zwischen Geist und Materie. **Zum Teil ist der Geist wieder zu finden - als Information.**<<*

Es passt zusammen, wenn sich Fahr weiterführend noch dahingehend äußert, **dass wir** >>*in einem aktiven schöpferischen Kosmos leben,* >>*der sich von Ewigkeit zu Ewigkeit spannt und nicht in einem Urknall-Universum, das irgendwann einmal kollabiert. Die Standardkosmologie hat den Menschen entwurzelt. Wir müssen statt dessen begreifen, was es mit uns im tatsächlich gegebenen, hoch strukturierten Kosmos auf sich hat.<<*

Sind wir nicht bezüglich der inzwischen allerorts vertretenen Standardkosmologie des Urknall-Universums **durch falsche Annahmen fehlgeleitet worden?** Man kann sich dieses Eindrucks einfach nicht erwehren! [2]

Dieser Standardkosmologie liegt der Naturalismus zu Grunde, nachdem sich alles ohne einen Schöpfer vollzogen und alles Sein seinen Ursprung allein in der Materie hat. Dies ist die felsenfeste Überzeugung der Materialisten. Diese Überzeugung stellt aber längst überholte Vergangenheit dar, weil es im eigentlichen Sinne gar keine Materie gibt. Die Entstehung von Materie ist aber echte Kreation: Verwandlung von Potenzialität durch den geistigen Akt der Information in Realität.

Es besteht eine interessante Übereinstimmung mit Hans Peter Dürr, wenn er zuvor mit den folgenden Worten zitiert wurde:

„Aus meiner Sicht ist das Geistige schon immer da, *und aus diesem geht letztlich Schritt um Schritt die Energie/Materie durch* >>*Gerinnung*<< *(Realisierung des Potenziellen) hervor."*

Überlichtgeschwindigkeit - doch ein reales Phänomen?

Der Autor Tobias Hürter weist in einem P. M.-Artikel mit dem Titel „Die kleinen Ausrutscher des Großen Genies" zunächst daraufhin, dass der amerikanische Physiker Mitchell Feigenbaum in einer Rechenübung zeigte, dass Einstein das Licht zu wichtig genommen hat. Nach dessen Recherchen haben die Gesetze der Relativitätstheorie, anders als es in den Schulbüchern steht, nichts Besonderes mit Licht zu tun. Feigenbaum konnte die Theorie herleiten, ohne ein einziges Mal an Licht zu denken.

Und wie Hürter sagt, war es vielleicht ein >>*historischer Zufall*<<, dass Einstein dem Licht die Hauptrolle in seiner Theorie gab, was sich möglicherweise noch irgendwann als >>*fataler Fehler*<< herausstellen könnte. Seine Begründung:

„Denn es ist und bleibt eine bloße Hypothese, dass die Lichtgeschwindigkeit unübertreffbar ist."

Unbestritten ist auch, wie weitergesagt wird, dass Einstein klar falsch lag damit, dass die Gültigkeit seiner Theorie universellen Charakter habe. Als er seine berühmte Formel $E = m \cdot c^2$ aus seiner Theorie ableitete, die besagt, dass Energie gleich Masse mal Lichtgeschwindigkeit im Quadrat ist, bewies er ihre Richtigkeit nur für bestimmte Fälle, nämlich für relativ langsam

---

2   Peter Ripota, „Warum ist der Urknall ein Irrtum, Herr Professor?", P. M.-Wissenschaftsmagazin 01/2009, Seiten 82-86

sich bewegende Gegenstände und Körper.

Hürter führt nun noch den Kölner Physiker Günter Nimtz ins Feld, *„der behauptet, Mikrowellen schneller als das Licht über eine Strecke von einem Meter geschickt zu haben."* Nach der Definition von Licht sind Mikrowellen auch Licht.

Darüber hinaus will Nimtz sogar mit Mozarts 40. Sinfonie Tonsignale überlichtschnell übertragen haben. [3]

In seinem Buch, „Die letzten Rätsel der Wissenschaft" kommt der Physiker und Autor zahlreicher wissenschaftlicher Publikationen, Felix R. Paturi, näher auf die Versuchsreihen des Kölner Experimentalphysikers Günther Nimtz zu sprechen, der diese Versuche mit Hohlleiterwellen unternahm. Nimtz versteht unter Hohlleiterwellen Mikrowellen, die sich durch ein Rohr zunächst nur mit Lichtgeschwindigkeit fortbewegen. Dabei benutzte er gerade Rohre, die aber einen Mindestquerschnitt besitzen mussten, um die Wellen durchzulassen, die aber für seinen Versuch in der Mitte stark verengt waren. Er wollte beobachten, was am Beginn dieser Engstelle genau geschieht. **Er erwartete volle Reflexion** dessen, was von dem Wellenzug nicht durch das enge Stück durchgelassen wurde. Es gelang merkwürdigerweise aber irgendwie einem sehr geringen Anteil dieser Wellen, durch die Engstelle zu kommen und damit auch den ganzen Hohlleiter zu passieren. Die anschließende Zeitmessung des geringeren Teils durchgeschlüpfter Wellen ergab, dass überraschender Weise dieser weniger Zeit benötigt hatte als der ungehinderte Wellenzug. Das bedeutete, dass diese Wellen überlichtschnell durch den Engpass gelangt waren. [4]

Nach seiner Schilderung legte sich die internationale Aufregung bald wieder, weil man glaubte, dass bei diesen ominösen Transformationen weder Masse noch Information durch das Rohr gewandert waren.

Nimtz war mit der Art und Weise, wie seine Versuchsergebnisse wegdiskutiert wurden, nicht zufrieden. Deshalb wurden 1996 von ihm neue Versuche durchgeführt. Er veränderte nun den Versuchsaufbau nur dahingehend, dass er nun mit **Tonsignalen modulierte Mikrowellen** durch die im Zentralbereich verengte Hohlleiterstrecke schickte. Es handelte sich bei den Signalen um Mozarts 40. Sinfonie. Nimtz scheiterte zunächst daran, dass die Signale, die er durch einen Lautsprecher wiederzugeben trachtete, zu schwach waren. Er verstärkte das Signal erheblich. Nun geschah etwas Überraschendes. Es erklang deutlich zu hören Mozarts 40. Sinfonie. **Die Übertragung geschah mit 4,7facher Lichtgeschwindigkeit,** wobei dieser Übertragungsvorgang sich noch schneller vollzog als bei den Experimenten 1992.

Paturi:

„Rechnungen ergaben schließlich, dass die Welle die Tunnelstrecke ohne jeglichen Zeitverzug, also sogar **mit unendlicher hoher Geschwindigkeit,** passiert haben musste."* [5]

Da jetzt eindeutig Information übertragen wurde, stellte sich die Frage: War nun die Spezielle Relativitätstheorie (SRT) in Gefahr?

Der Brockhaus definiert als Grundlage für diese Theorie das spezielle Relativitätsprinzip. Es besagt die Gleichwertigkeit aller gleichförmig gegeneinander bewegten Bezugssysteme (Inertialsysteme). Für diese Systeme wird nach Einsteins Vorstellung die **Konstanz der Lichtgeschwindigkeit c behauptet,** und dass sie in allen Inertialsystemen den gleichen Wert hat. [6]

3   Tobias Hürter, „Die kleinen Ausrutscher des Großen Genies", factum-Magazin 03/2009, Seiten 74-75

4   Felix R. Paturi, „Die letzten Rätsel der Wissenschaft", Piper Verlag GmbH, München, 4. Auflage September 2008, Seite 61

5   Felix R. Paturi, „Die letzten Rätsel der Wissenschaft", Seite 62

6   Brockh. Enzykl., Band 18, 1992, Seite 260

Es gibt deshalb anhaltenden Streit unter den Gelehrten, der damit zusammenhängt, dass man die Messergebnisse anzweifelt. Nimtz und seine Anhänger halten den Angriffen entgegen, dass es sich um eine konkrete Information handelt, dass schließlich Mozarts 40. Sinfonie mit mehrfacher Lichtgeschwindigkeit übertragen wurde. **Unglaublicher Fakt** dabei bleibt nämlich, **dass** jetzt **Signale mit Überlichtgeschwindigkeit übertragen wurden.** Die Wissenschaftler sagen inzwischen nach der Durchführung von umfangreichen Berechnungen, dass höhere Geschwindigkeiten als die des Lichts, vereinbar mit der SRT, möglich sind.

Paturi :

*„Entweder trifft das zu oder das Formelwerk der SRT ist fehlerhaft, so die Quintessenz dieser Berechnungen. **Man kann** auf jeden Fall nach derzeitigem Stand der Diskussion **nicht ausschließen, dass die SRT doch mit Nimtzs Experiment vereinbar ist.“* [7]

Vor allen Dingen auch deshalb, weil Mitchell Feigenbaum anhand seiner Rechenübung bereits gezeigt hatte, dass Einstein das Licht wohl zu wichtig genommen hat, eben weil die Gesetze der Relativitätstheorie nichts Besonderes mit Licht zu tun haben.

Schneller als das Licht

Chefredakteur Rolf Höneisen berichtet in factum-Magazin zum Thema „**Schneller als das Licht**" über die Arbeiten des Physikers Joao Magueijo, der eine akademische Bilderbuchkarriere hinter sich hat. Kein gutes Licht fällt aber auf den Umgang mit Querdenkern, wenn Magueijo sagt, dass er beim Vertreten seiner These den *„möglichen Selbstmord für seine Physikerkarriere"* befürchten muss, wenn er scheinbar entgegen aller Vernunft behauptet, dass Licht einst schneller reiste, nämlich in den allerersten Tagen.

Mit diesem **Tabubruch als Voraussetzung** formulierte er eine eigene Theorie, die er „Varying speed of light theory (VSL) nennt, die er auch in seinem Buch „Faster than speed of light" publiziert hat. Das Bemerkenswerte daran, sagt er, ist, dass die Annahme einer variablen Lichtgeschwindigkeit noch ungelöste kosmische Probleme lösen könnte. Zum Urknall bezieht er Stellung und sagt:

*„Das postulierte Aufblähen des Universums könne eine richtige Annahme sein, doch man müsse wissen, dass es dafür noch keinen experimentellen Beweis gebe. Nehme man die Definition von Wissenschaftstheorie genau, dann sei die **Expansion des Universums nicht mehr als eine Spekulation.“* [8]

Den Erfolg der Expansionserklärung führt er allein auf das Fehlen alternativer Theorien zurück und nicht darauf, dass sie gut sei, und sagt weiter:

*„Plötzlich sei ihm ein Gedanke gekommen. Wenn man eine einfache Regel des bekannten Erklärungsgebäudes brechen würde, **ließen sich die Probleme lösen, ohne auf die Idee des Aufblähens zurückgreifen zu müssen.** Doch das bedeute den **Bruch mit einer Größe,** die mitunter die wichtigste Regel der modernen Physik ist: **Der Konstanz der Lichtgeschwindigkeit** müsste eine Absage erteilt werden.“* [9]

Denn von einer Variation der Lichtgeschwindigkeit zu sprechen liegt eben überhaupt nicht im Blickfeld der Naturwissenschaft.

*„Das Rütteln am Big-Bang-Universum habe ihm gezeigt, dass das Licht unmittelbar nach der Entstehung des Universums schneller gewesen sei, **fast unendlich schnell.“* [10]

Der englische Naturwissenschaftler Brian Clegg macht in seinem Buch ebenfalls auf die Forschungsarbeiten von Magueijo aufmerksam, deren Ergebnisse die konventionelle

7 Felix R. Paturi, „Die letzten Rätsel der Wissenschaft", Seite 62-65

8 Rolf Höneisen, „Schneller als das Licht", factum-Magazin 5/2003, Seite 29

9 Rolf Höneisen, „Schneller als das Licht", factum-Magazin 5/2003, Seiten 29-30

10 Rolf Höneisen, „Schneller als das Licht", factum-Magazin 5/2003, Seite 30

Altersgeschichte des Universums in Frage stellen.

Clegg:

>>*Sollte dies der Fall sein,* **sind alle unsere Vermutungen beim Blick zurück in der Zeit zunichtegemacht, und die zerbrechliche Grundlage für unsere indirekten, die Geschichte des Universums betreffenden Messungen ist zerstört.*<< [11]

Höneisen ergänzt diese Ausführungen und sagt, dass auch John Webb mit seiner Gruppe im Jahre 2001 am Keck Teleskop auf Hawaii das Licht von Quasaren untersucht hat und trifft die Feststellung:

„Angeblich ist das Licht von diesen Himmelskörpern wegen der großen Entfernung der Quasare (Milliarden Lichtjahre) so lange unterwegs, bis es auf der Erde gesehen werden kann. Im Vergleich dieses Lichtes mit irdischen Laborwerten ergab sich, dass der Wert für α in dem etwa 10 Milliarden alten Absorptionsspektrum deutlich kleiner war, als das (α) der Laborwerte.

Da die Feinstrukturkonstante α die Werte für die Lichtgeschwindigkeit im Vakuum, das Plancksche Wirkungsquantum und die Größe der Elementarladung als die der elektrischen Ladungsmenge enthält, muss sich mindestens eine dieser Größen verändert haben. Auch das ist ein Hinweis darauf, dass Magueijos These eine richtige Spur verfolgt.“ [12]

Magueijos These besagt die *„Varianz der Lichtgeschwindigkeit“* und die Möglichkeit, dass sich das Licht am Anfang *„fast unendlich schnell“* bewegte. Wenn das so ist, weiß man nicht, welche Zeit das heute bei uns eintreffende Licht gebraucht hat. Dann handelt es sich bei der Konstanz der heutigen Lichtgeschwindigkeit um einen *„geronnenen“* Wert, mit dem eine Altersbestimmung vorzunehmen nicht zulässig ist? Es leuchtet dann auch ein, dass für die Lichtübertragung ein Medium als Kommunikationsmittel erforderlich ist, was im nächsten Punkt Thema ist.

Lichttransport über ein Medium?

Mit Einstein hatte sich die Physik vom Äther, als dem Medium für den Lichttransport, verabschiedet. Aber es gibt Anzeichen dafür, dass doch etwas Ähnliches wie Äther den Lichttransport bewerkstelligen könnte.

Peter Ripota weist in seinem P.M.-Artikel, betitelt „Licht ist unsichtbar" auch auf diese merkwürdige Verhaltensweise von Licht hin.

„Noch rätselhafter als das Licht selbst ist die alles durchdringende Substanz, in der seine Wellen schwingen. Licht besteht aus Teilchen, die von einer unsichtbaren Kraft geführt werden. Kurz gesagt: Licht besteht aus Teilchen, die Energie übertragen. Sie werden gelenkt von etwas, was die Physiker >>Quantenpotenzial<< nennen, ein >>Potenzial<< ist in der Physik die Quelle einer Kraftwirkung.“ [13]

In seinem Artikel erwähnt er auch den Physiker David Bohm, der längst **davon ausgeht, dass es ein Potenzial gibt, das Lichtstrahlen zu leiten vermag.** Nach ihm ist sogar *„**die Wirkung des Potenzials,** das die Lichtstrahlen leitet, ohnedies **schneller als das Licht, genau gesagt unendlich schnell",** was der Physiker James Paul Wesley „mit dem >>Schienencharakter<< dieses Potenzials erklärt.“* [14]

Bei Schienen spricht man auch vom Schienenweg. Im Hiobbuch wird eine interessante Frage gestellt, deren Fragestellung schon impliziert, dass es für das Licht einem Weg geben könnte,

11   Brian Clegg, „Vor dem Urknall", Rowohlt Verlag GmbH, 1. Auflage Januar 2012, Seiten 144-145

12   Rolf Höneisen, „Schneller als das Licht", factum-Magazin 5/2003, Seite 31

13   Peter Ripota, „Licht ist unsichtbar", P. M. 4/2003, Druck- und Verlagshaus Gruner + Jahr, München, Seiten 70 u. 71

14   Peter Ripota, „Licht ist unsichtbar", P. M. 4/2003 Seite 73

auf dem für seine Verteilung gesorgt wird. Im direkten Dialog stellt Gott Hiob nämlich die Frage:

„Wo denn ist der Weg, auf dem das Licht sich verteilt (Hiob 38, 24)?"

Es ist eine Frage, auf die einerseits Gott natürlich die Antwort kennt, andererseits aber er eine Antwort von Hiob gar nicht erwartet. Weil Gott aber vom Vorhandensein eines solchen Weges auszugehen scheint, wüsste man natürlich gern, wie er beschaffen ist.

Über einen relativ langen Zeitabschnitt wurde von der Wissenschaft etwas als Trägersubstanz angesehen, das man mit Äther bezeichnete. Nicht der Äther, der für medizinische Zwecke verwendet wird, ist also gemeint. Die Äthertheorie wurde nach dem Diktum Albert Einsteins gekippt. Doch ob nun Äther oder etwas anderes, das Medium verhält sich tückisch und hält sich nicht an Einsteins Ablehnung. So schreibt Peter Ripota in seinem Artikel weiter, dass **Albert Einstein**, allerdings höchst widerwillig und von der Fachwelt relativ unbeachtet, **so etwas wie Äther ausdrücklich wieder anerkennen musste.**

In Hans Jörg Fahrs „Der Urknall kommt zu Fall" kommt der Professor bei seinen Überlegungen auf ein die Äthertheorie stützendes Medium quasi als „Ätherersatz", wenn er sagt: Zwar handelt es sich beim Äther als gedachtes Medium des Lichttransports um ein Relikt aus dem 19. Jahrhundert, jedoch *„welche lokalen Referenzen verbleiben uns denn überhaupt noch, wenn wir schon so etwas wie Äther wegen konzeptioneller Unhaltbarkeiten und experimenteller Unstimmigkeiten aufgeben müssen?"* [15]

Er sieht aber aus neuzeitlicher Sicht die Lösung in **lokalen Lichtgeodäten,** die Wegstrecken für das Licht vorgeben könnten, **Medien, die so etwas wie Ätherersatz darstellen.** Sind doch für ihn diese **Lichtleitlinien wie Glasfiberfasern**, die den ganzen Weltraum wie ein unsichtbares Netz durchziehen und **die Wege für die Lichtausbreitung bilden.**

„Solche Lichtgeodäten sind dabei diejenigen Raumzeitkurven, auf denen die Ausbreitung der Lichtstrahlen in der gekrümmten Raumzeit erfolgt und erfolgen muss. Andere Wege gibt es weder für das Licht noch für jede andere elektromagnetische Strahlung!" [16]

Verschränkung von „Zwillingsteilchen" und ihre überlichtschnelle Verbindung

Aber eine **Informationsübertragung kann** in molekularen Systemen über weite Strecken sogar **mit Überlichtgeschwindigkeit erfolgen**, bei der Sendung und Empfang zwar intuitiv, aber nicht aus unmittelbarer Eingebung augenblicklich geschehen.

Den **experimentellen Beweis** dafür lieferte zuletzt der österreichische Physiker Anton Zeilinger 2004 bei einer Quanten-Teleportation über den Donaukanal in Wien. Er bewies erneut, dass zwei Teilchen, die am gleichen Ort zur gleichen Zeit entstanden sind, wie durch ein geheimnisvolles telepathisches Band auf Ewigkeit miteinander verbunden sind. Dazu gleich noch mehr.

An diesen Vorgängen wird deutlich, dass Information offenbar in keiner Weise materielle Struktur besitzt, weil ein Teilchen **nicht physisch**, sondern im Quantenzustand befördert wird. Besitzt beim Meßvorgang das eine Teilchen Spin-up (Rechtsdrall), registriert das andere (sein Zwillingteilchen) automatisch Spin-down (Linksdrall), wo immer es sich auch gerade befinden mag.

„Die Übertragung des Quantenzustands eines solchen Teilchens geschieht als Information also von einem Ort zum anderen augenblicklich." Interessant sind Ripotas weitere Anmerkungen:

15   Hans Jörg Fahr „Der Urknall kommt zu Fall", Franckh-Kosmos Verlag, Stuttgart, 1992, Seite 195

16   Hans Jörg Fahr „Der Urknall kommt zu Fall", Seite 196

__In der Quantenphysik nennt man dieses Phänomen Verschränkung, wobei auf diese Weise zu den entferntesten Orten im Universum teleportiert wird.__ " [17]

Ripota:

„Es waren nur ein paar Lichtteilchen - aber wer weiß, irgendwann wird es vielleicht ein Virus sein und schließlich wird dann ein ganzer Mensch. __>>Beam me up, Scotty<<__ - durch Quantenverschränkung möglich?

Konsequenterweise hat Zeilinger eine neue Deutung der Quantenphysik gefunden. Für ihn ist die __Grundlage aller Erscheinungen in der Natur die Information__, so wie ihr Quant, das q-bit (Ein Bit steht für die Einheit der Information, eine Ja-Nein- Entscheidung zwischen zwei Möglichkeiten. Das >>q<< steht für >>Quanten<<.). "

Ripota hält die heutige Form der Quantenphysik noch nicht für *„die ultimative Theorie der Natur"* und sagt abschließend:

„Vielleicht haben auch die Anhänger der Viele-Welten-Interpretation Recht, deren Erklärung zumindest in mancher Hinsicht viel klarer ist als die klassische Deutung. Oder besteht die Welt in Wahrheit nur aus Teilchen, die aber von einem geheimnisvollen Band zusammengehalten werden? Vielleicht fehlt nur ein __fundamentales Prinzip__, das die scheinbar so seltsamen Phänomene ganz einfach und vernünftig erklärt. " [18]

Welche Entwicklungsgeschichte seit Einstein und Bohr diese Problematik nahm und zu welchen Ergebnissen man gelangt ist, wird nun nachstehend näher beschrieben.

Wackelt das Dogma der Konstanz der Lichtgeschwindigkeit schon im makrokosmischen Bereich, der zu unserer lokalen Wirklichkeit gezählt wird, so erst recht im Mikrokosmos, im Reich der Quanten. Dort gibt es instantane (augenblickliche) Quantenteleportation als __überlichtschnelle Übertragung__ des Quantenzustandes eines Teilchens im mikrokosmischen Bereich, die inzwischen __experimentelle Gewissheit__ ist. Zu diesem Schluss gelangt auch der Physiker und Philosoph Manjit Kumar in seinem Buch „Quanten Einstein, Bohr und die große Debatte über das Wesen der Wirklichkeit". Er hat in seinem Buch ein herausragendes Stück Wissenschaftsgeschichte anschaulich erzählt und sagt, dass die Debatte erbittert zwischen den Akteuren __Einstein, Podolsky, Rosen,__ (EPR) und __Schrödinger__ auf der einen Seite und __Bohr__, dem seinerzeitigen Direktor des Instituts für theoretische Physik in Kopenhagen, __Heisenberg und Pauli__ auf der anderen Seite geführt wurde. Die beiden Hauptakteure Einstein und Bohr verkörperten eine Auseinandersetzung von zwei gegensätzlichen Anschauungen in der Physik.

Die Grundlage für die vier Erstgenannten bildete das nach den Anfangsbuchstaben der Physikerpersönlichkeiten Einstein, Rosen, Podolsky, benannte EPR-Papier, das am 15. Mai 1935 im amerikanischen Fachblatt Physical Review erschien.

Dazu Manjit Kumar:

„Im Zentrum der EPR-Beweisführung stand __Einsteins Lokalitätsargument - nach dem es keine__ geheimnisvolle, __instantane (augenblickliche) Fernwirkung gibt.__ Die Lokalität schließt jede Möglichkeit aus, dass ein Ereignis in einer bestimmten Raumregion augenblicklich, also mit Überlichtgeschwindigkeit, auf ein Ereignis anderorts Einfluss nimmt. Für Einstein war die __Lichtgeschwindigkeit die absolute Geschwindigkeitsbegrenzung__ für ein Objekt, das sich von einem Ort zum anderen bewegt. Der Entdecker der Relativität wollte nicht einsehen, dass eine Messung des Teilchens A über eine Entfernung hinweg auf unabhängige Elemente der physikalischen Wirklichkeit, die zu Teilchen B gehörten, instantan wirken könnte." [19]

17 Peter Ripota, „Quantentheorie", PM 9/2006, Druck- und Verlagshaus Gruner + Jahr, München, Seite 58

18 Peter Ripota, „Quantentheorie", Wissenschaftsmagazin-P.M. 9/2006, Seite 61

19 Manjit Kumar, „Quanten" - Einstein, Bohr und die große Debatte über das Wesen der Wirklichkeit, 2009 Berlin Verlag, Seite 370

Die Zweitgenannten mit Niels Bohr als dem exponierten Gegenspieler Einsteins an der Spitze **vertraten die** so genannte **Kopenhagener Deutung** der Quantenmechanik. Ein besonderer Bestandteil dieser Deutung ist die „Verschränkung von „Zwillingteilchen", **die ein Quantenphänomen ist, bei dem zwei oder mehr Teilchen unaufhörlich verbunden bleiben, soweit sie auch voneinander entfernt sein mögen.**

Kumar zu Einstein:

„Das EPR-Papier brachte Einsteins Auffassung zum Ausdruck, dass die Kopenhagener Deutung und die Existenz einer objektiven Wirklichkeit dieser Art miteinander unvereinbar seien." [20]

Einstein glaubte an eine sich ihm allerdings hartnäckig entziehende **vereinheitlichte Feldtheorie,** die Vereinigung der Allgemeinen Relativitätstheorie mit der Quantentheorie. Nur eine solche Theorie wurde von ihm für eine vollständige Theorie gehalten, die also neben der Relativitätstheorie die Quantenmechanik zu enthalten hätte. **Ein Traum, der bis heute nicht ausgeträumt ist.**

Einstein hielt also **nichtlokale Einflüsse,** die instantan (überlichtschnell) von einem Ort zum anderen übermittelt werden könnten, **nicht für möglich und bezeichnete sie als >>spukhafte Fernwirkungen<<, die der Relativitätstheorie widersprechen würden,** weil kein Signal schneller als 300000 km/Sekunde sein könnte.

Bei der in der Quantenmechanik auftretenden überlichtschnellen Übertragung geht es um den so genannten **„Quantenspin"** und wie dieser übertragen wird. Dieser hat in der klassischen Physik keine Entsprechung.

Anmerkung zum Quantenspin:

Elektronen oder auch Photonen besitzen als Quanten winzige Energiepakete und diese haben einen Spin (Drehmoment mit Links- oder Rechtsdrall). Der Quantenspin ist entweder aufwärtsgerichtet (Rechtsdrall) oder abwärts gerichtet (Linksdrall), wobei die Richtung des Messens den Ausschlag gibt.[21]

Der Spin (Drall eines Elementarteilchens) kann den Wert +1/2 (Spin up) und -1/2 (Spin down) annehmen.[22]

Ein Elektron z. B. besitzt zwei mögliche Spinzustände, Spin-up oder Spin-down. Das Ausgangsteilchen hat den Spin 0 und **erzeugt bei seinem Zerfall zwei Elektronen A und B. Die A und B-Teilchen werden so zu Zwillingsteilchen,** weil sie einem Ausgangsteilchen entstammen und bleiben als solche für ewig miteinander verschränkt, egal wo sie sich gerade befinden.

Dabei weist Kumar auf eine quantenmechanische Merkwürdigkeit hin:

*„Laut Bohr hat, bevor eine Messung vorgenommen wird, weder Elektron A noch Elektron B in irgendeiner Richtung einen festgelegten Spin. Es sei so, als müsse man, solange man keinen Blick darauf werfe, die Realität bestreiten. Vor einer Beobachtung befinden sich die Elektronen in einer geisterhaften Überlagerung der Zustände, **so dass sie zu gleicher Zeit Spin up und Spin down besitzen.** Da die beiden Elektronen miteinander verschränkt sind, kommt die Information ihrer Spin-Zustände in einer Wellenfunktion zum Ausdruck:*

*Ψ = (A Spin-up und B Spin-down) + (A Spin-down und B Spin-up). Elektron A bekommt seine Wellenfunktion erst, wenn eine Messung zu ihrer Bestimmung erfolgt. **Dieser Spin ist dann entweder Spin up oder Spin down.** Genau in diesem Moment gewinnt der verschränkte Partner Elektron B, auch wenn er sich am anderen Ende des Universums befindet, den entgegengesetzten Spin. Bohrs Kopenhagener Deutung ist nicht lokal. Einstein hätte diese Korrelationen"* (Wechselwirkungen) *>>mit der Behauptung erklärt, dass beide Elektronen in jede der drei Richtungen x, y und z einen eindeutig bestimmten Quantenspin besäßen, ob sie*

---

20   Manjit Kumar, „Quanten" - Einstein, Bohr …, Seite 376

21   Manjit Kumar, „Quanten" - Einstein, Bohr …, Seite 464

22   Manjit Kumar, „Quanten" - Einstein, Bohr …, Seite 465

nun gemessen würden oder nicht.<< [23]

Auch ein Elementarteilchen wie das Photon *„bekommt seine Spinkomponente erst, wenn eine Messung zu seiner Bestimmung erfolgt, und dieser Spin entweder Spin up oder Spin down, ist"*, stellten die Physiker John Clauser und Stuart Freedmann fest.

Kumar:

„Bei ihrem Experiment verwendeten John Clauser und Stuart Freedmann anstelle von Elektronen Paare verschränkter Photonen. Das war möglich, weil Photonen die Eigenschaft der Polarisation besitzen, die im Rahmen des Experiments die Rolle des Quantenspins übernahm. Etwas vereinfacht lässt sich die Polarisation eines Photons als up oder down auffassen."

Diese Eigenschaft der Polarisation bei Elementarteilchen wie Photonen machten sich die Forscher bei ihrem Experiment zunutze.

„Wie bei Elektronen und ihrem Spin wird die Polarisation eines Photons entlang der x-Richtung als up gemessen, wenn die andere als down gemessen wird, weil ja die Polarisation beider Photonen", wie oben bereits erwähnt, *„zusammen null ergeben müssen"* (ausgehend von ihrem Ausgangsteilchen mit Spin Null).

Kumar:

„Sie erhitzten Kalziumatome, bis diese energiereich genug waren, um ein Elektron vom Grundzustand auf ein höheres Energieniveau springen zu lassen. Das Zurückfallen des Elektrons in den Grundzustand erfolgte in zwei Schritten, dabei emittierte es ein Paar verschränkter Photonen, ein grünes und ein blaues. Die Photonen wurden in entgegengesetzte Richtung ausgesandt, bis ihre jeweilige Polarisation (up oder down) zur gleichen Zeit von Detektoren gemessen wurde." [24]

Wenn bei diesen Messungen die Spindetektoren zur Messung von A und B parallel ausgerichtet sind, dann ergibt sich eine hundertprozentige Korrelation zwischen den Messreihen - misst der eine Detektor Spin-up, registriert der andere Spin-down und umgekehrt, egal also an welchem Ort im Universum sich die beiden Zwillingsphotonen gerade befinden. [25]

Die Möglichkeit, dass beispielsweise die Detektoren miteinander kommunizierten, wurde bei späteren Versuchen beseitigt, indem man, während die Photonen noch im Fluge waren, ihre Ausrichtung zufallsabhängig umschaltete. Wenngleich es dem Anspruch, das endgültige Experiment zu sein, nicht ganz gerecht wurde, haben weitere Verbesserungen und zusätzliche Überprüfungen später die Versuchsergebnisse gänzlich bestätigt. [26]

Die beiden Physiker (John Clauser und Stuart Freedmann) begannen mit den experimentellen Nachweisen für eine Quantenteleportation 1972, die der französische Physiker Alain Aspect und seine Mitarbeiter 1980 fortsetzten. Aber erst diesem Team gelang eine erfolgreiche Messung. Vorher gab es keine Photonenquelle, die in der Lage gewesen wäre, gezielt ein paar verschränkte Photonen zu erzeugen. Mit dem ebenfalls gelungenen Nachweis einer weiteren Forschungsgruppe unter der Leitung von Markus Aspelmeyer und Anton Zeilinger (Universität Innsbruck) 1997 **läutete schließlich für Einsteins lokale Realität und das EPR-Papier die Totenglocke.** Auch eine Arbeitsgruppe der Universität Rom unter Francescode Martini nahm ebenfalls mit Erfolg eine Quantenteleportation vor.

Kumars Schlusssatz lautet zusammenfassend:

„Zu den bemerkenswertesten dieser neuen Forschungsgebiete gehört die Quantenteleportation, die sich das Phänomen der Verschränkung zunutze macht. Obwohl sie in das Reich des Science-Fiktions zu gehören scheint, gelang es 1997 nicht nur einer

23   Manjit Kumar, „Quanten" - Einstein, Bohr , Seiten 411-412

24   Manjit Kumar, „Quanten" - Einstein, Bohr , Seite 417

25   Manjit Kumar, „Quanten" - Einstein, Bohr , Seite 413

26   Manjit Kumar, „Quanten" - Einstein, Bohr , Seite 419

*Forschungsgruppe, sondern deren zwei, ein Teilchen zu teleportieren. Dabei wurde das Teilchen **nicht physisch befördert**, sondern im Quantenzustand an ein andernorts befindliches Teilchen übermittel, **womit das ursprüngliche Teilchen von einem Ort zum anderen teleportiert wurde.**"* [27]

Den neuesten Nachweis für die Bestätigung dieses Phänomens beschreibt der Wissenschafts-Redakteur Martin Tzschaschel im Wissenschaftsmagazin P.M. unter dem Titel: „Die geheime Physik Gottes" wie folgt:
*„**Im Sommer 2008** leitet der Schweizer Physiker Nicolas Gisin in einem Labor in Genf einen blauen Lichtstrahl durch ein Kristall. Dabei bilden sich >>verschränkte Photonen<<, Paare von Lichtteilchen, die sich gleichen wie Zwillinge. Von diesen Zwillingspaaren wird jeweils eines durch ein Glasfaserkabel in ein östlich von Genf gelegenes Dorf geschickt, das andere genau entgegengesetzt in Richtung Westen. Die Entfernung beträgt in beiden Fällen 17,5 Kilometer. Als Nicolas Gisin und sein Team an den Zielorten die zufälligen Eigenschaften der eintreffenden Teilchen messen, stellen sie fest, dass diese identisch sind. Sie waren es nicht von Anfang an - erst zum Zeitpunkt der Messung hat das eine Teilchen die Eigenschaften des anderen übernommen. Das haben die Forscher erwartet. Als sie aber ausrechnen, wie schnell sich Einsteins >>spukhafte Fernwirkung<< von einem Photon auf das andere übertragen haben müsste, staunen sie: **mit mindestens zehnfacher Lichtgeschwindigkeit, vermutlich sogar gleichzeitig",** das würde unendlich schnell bedeuten.*
*„Woher wissen zwei weit voneinander entfernte Teilchen, was gerade mit dem anderen passiert? **Und warum erfahren sie das sofort oder zumindest mit Überlichtgeschwindigkeit, wo doch laut Relativitätstheorie nichts schneller ist als das Licht?"** [28]*

Felix R. Paturi bezieht sich in seinem Buch, „Die letzten Rätsel der Wissenschaft" auch auf die Pysiker Alain Aspect und Anton Zeilinger, die in ihren praktischen Versuchen nachweisen konnten, **was Einstein bis zu seinem Tode für unmöglich hielt**, und sagt:
*„Logisch verständlich wird es dadurch eigentlich nicht: Beide Teilchen bleiben miteinander fest korreliert, auch wenn sie Hunderte von Kilometern voneinander entfernt sind. **Wie es funktioniert, dass erst die Messung überhaupt so etwas wie Realität schafft, ist eines der großen Rätsel der Physik."***
Amüsiert zitiert er eine humorvolle Äußerung des Physikers Jeff Kimble zu diesem Phänomen:
*>>**Verschränkung ist, wenn man das eine Teilchen kitzelt und das andere lacht.**<< [29]*

So handelt es sich bei diesen Vorgängen in der Quantenphysik um ein **Phänomen**, das den Gedanken zulässt, dass gegenüber der Quantentheorie eher die Relativitätstheorie eine unvollständige Theorie ist, wie dies auch aus anderen schon genannten Gründen hervorgeht.
Als **phänomenal** wird das Außergewöhnliche, Einzigartige und Erstaunliche verstanden. **Phänomenologisch** erfolgt die Beschreibung der Beobachtung einer physikalischen Realität, die zwar objektiv als sich ereignet erfasst wird, aber nicht zweifelsfrei erklärt werden kann. Anders ausgedrückt wird zwar eine Beschreibung für die äußere Erscheinung (Phänomen, physikalische Realität) oder Messgröße betreffend gegeben, ohne dabei Gründe oder Bezüge auf tiefer liegende Erklärungen zu erhalten. [30]

---

27   Manjit Kumar, „Quanten" - Einstein, Bohr ..., Seite 430

28   Martin Tzschaschel, „Die geheime Physik Gottes", P.M. 12/2010, Verlagshaus Gruner + Jahr AG & CO KG, Seiten 44-45

29   Felix R. Paturi, „Die letzten Rätsel der Wissenschaft", Piper Verlag, 4. Auflage September 2008, Seite 55

30   Brockh. Enzykl., Band 17, 1992, Seiten 75-76

Das besagt eigentlich, dass Gott sich nicht auf unsere Vorstellungen reduzieren lässt. Licht erweist sich als ein facettenreiches, geheimnisumwobenes Medium, mit dem Gott als Licht überall gleichzeitig ist, wie der Physiker Jürgen Helm dies schon formulierte, und natürlich durch das Wort, die Information.

5.2 Wirkungen der Schwerkraft

Der Einfluss der Schwerkraft

Was genau Schwerkraft als Gravitationskraft ist, bleibt bisher ungeklärt. Berechenbar ist aber ihre Wirkungskraft. Die drei Kräfte, die auf unseren Erdkörper einwirken sind die Gravitationskraft (Gravitation) F_G, die Zentrifugalkraft F_Z (die von der Rotationsbewegung der Erde herrührt) und die Schwerkraft G (die als Massenanziehung auf unseren Körper wirkt), die in einem Kräfte-Parallelogramm, das die beiden anderen Kräfte bilden, die resultierende Kraftwirkung darstellt. Dadurch ist die Schwerkraft kleiner als die Gravitationskraft, aber größer als die Zentrifugalkraft, siehe graphische Darstellung. [1]

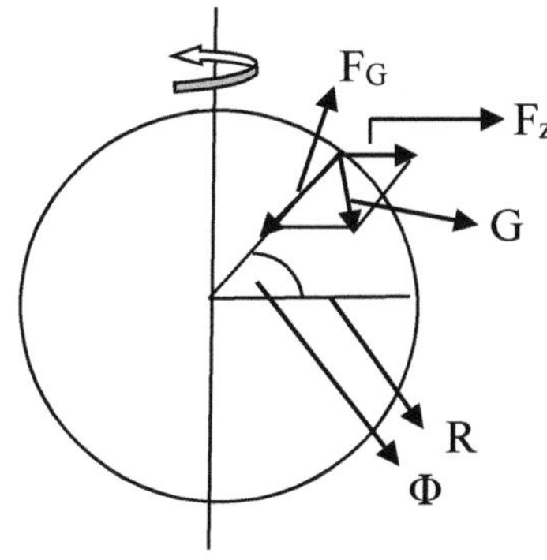

Schwerkraft:
F_G = Gravitationskraft
F_Z = Zentrifugalkraft
G = Schwerkraft
R = Erdradius
ϕ = geographische Breite
ω = Winkelgeschwindigkeit der
    Ratation der Erde ist ideali-
    siert als Kugel dargestellt

Von den vier verschiedenen Kraft-Wechselwirkungen, wie die elektromagnetische Kraft, die „schwache" und die „starke" Wechselwirkung, die die Atomkerne zusammenhalten, **stellt sich die Schwerkraft** als die schwächste unter den Vieren dar. Sie ist aber bislang **das brennendste aller Rätsel der Physik.** Sie spielt im atomaren Bereich keine Rolle, ist aber bei allen makrokosmischen Erscheinungen, im Rahmen der Himmelsmechanik, dominant.
Die eigentliche Massenanziehung (Gravitation) geschieht, wie man der Überzeugung ist, durch Gravitonen. Sie müssen masselos sein und sich mit Lichtgeschwindigkeit fortpflanzen. Es ist aber bis heute nicht gelungen, sie experimentell nachzuweisen. **Ein offenes Problem bleibt also die Suche nach den Gravitonen als den Feldquanten des Gravitationsfeldes.**
Mehr speziell dazu am Schluss des **Punktes 5.4** „Beweist die Rotverschiebung den Urknall?"
Eine Merkwürdigkeit ist, dass **Gravitationswellen**, über die sich Gravitation ausbreiten soll, sich nach der Allgemeinen Relativitätstheorie ebenfalls mit Lichtgeschwindigkeit durch den Raum fortpflanzen würden. Z. B. lösen Supernovae und andere Ereignisse, die mit Schwarzen Löchern zusammenhängen, offenbar Gravitationswellen aus.
Die Gravitationskraft ist eine Kraft, die alle Massen im All aufeinander ausüben und die wir schließlich als Schwerkraft an unserem Körper wahrnehmen. Das Dilemma besteht darin, wie schon zum Ausdruck gebracht, dass - in Bezug auf diese - die mathematischen Gleichungen der Quantenphysik für den Mikrokosmos nicht in Übereinstimmung zu bringen sind mit denen der Relativitätstheorie für den Makrokosmos. Deshalb raufen sich die theoretischen Physiker buchstäblich die Haare. Man ist bisher dieser Ungereimtheit nicht auf die Spur gekommen. Was fehlt ist eine vereinheitlichende Theorie, mit der es gelingen soll, im Sinne einer Weltformel die Gravitation im Zusammenhang von Relativitätstheorie und Quantenphysik erklären zu können.

In einer Publikation im P.M.-Magazin mit dem Titel „Wie Einstein seine Erben zur Verzweiflung bringt" wird von dem Autor Joseph Scheppach auf folgendes hingewiesen:

1   Brockh. Enzykl., Band 19, 1992, Seite 688

„Wer die Weltformel knacken will, der muss Gravitation erklären. >>Die Forschergemeinde hat allen Grund anzunehmen, dass die Relativitätstheorie nicht die ganze Geschichte erzählt<<, sagt der NASA-Physiker Ron Koczor. >>Eine neue wissenschaftliche Revolution scheint unausweichlich!<< Der Grund für die Zweifel: Die beiden Pfeiler der Physik - Die Relativitätstheorie und die Quantenphysik - sind nicht miteinander vereinbar. Was im Bereich des Allergrößten richtige Voraussagen ermöglicht: die Lehre von der Relativität, versagt im Allerkleinsten. Denn kombiniert man Einsteins Gleichungen mit denen der Quantenmechanik, werden die Nenner bestimmter Brüche zu Null - ein untrügliches Zeichen dafür, dass etwas nicht stimmen kann.

*Das Bestreben vieler Wissenschaftler geht dahin, die beiden Theorien durch ein einziges widerspruchsfreies Formelwerk ersetzen zu können, die Weltformel, die zu beschreiben hätte, warum ein fallengelassener Apfel nach unten fliegt; wie Licht sich im Wasser bricht; wie ein Uran-Atom zerfällt; **oder wie nach dem Urknall die ersten chemischen Elemente entstanden sind. >>Sie wäre die Formel Gottes, nach der er die Welt erschaffen hat**<<, sagte der berühmte Astrophysiker Stephen Hawking.“* [2]

Mit dieser Äußerung sagt er etwas als Pointe für mich sehr Zutreffendes, steht aber als bekennender Atheist nicht dahinter, abgesehen davon, dass auch er m. E. mit dem Urknall, wie viele andere auch, auf der falschen Fährte ist.

Schwierig einzuschätzen ist das Verhalten der Schwerkraft, das von Einstein als indirekte Wirkung der Raumkrümmung angesehen wird, was sich wie folgt darstellen lässt:

Ein Himmelkörper drückt nach Einsteins Vorstellung wie eine Kugel auf ein Stück Stoff. Und ähnlich wie die Kugel in das Stück Stoff eine Mulde drückt, so erfahren dann auf deren „schiefer Ebene“ andere Körper eine Art Anziehungskraft.

Zu Albert Einstein (1879-1955):

Seine Relativitätstheorie zeigt, dass die Bühne von Zeit und Raum im Drama der Natur mitspielt. Massen (etwa die Erde) krümmen die >>Raumzeit<< wie eine Kugel, die auf einem elastischen Tuch liegt. Daraus leitete Einstein auch die Schwerkraft ab. Körper in der Umgebung (etwa Planeten) >>rollen<< wie auf einer schiefen Ebene zur Mitte in einer Art von Anziehung, die wir Gravitation nennen. Dieses Bild wählte Einstein, um darzustellen, dass die Raumkrümmumg bestimmt, wie sich Massen im Raum bewegen.

Zu Isaak Newton (1643-1727):

Dem britischen Universalgelehrten gelang es zwar, das Verhalten von Körpern unter der Wirkung Schwerkraft zu beschreiben. Doch einen eigenen Grund für die Existenz der Gravitation fand er nicht. Denn in seiner Lehre fand das Schauspiel der Natur auf einer starren Bühne von Raum und Zeit statt, die von allen physikalischen Prozessen unberührt blieb.

Zunächst erwies sich Newtons Gravitationsgesetz als bahnbrechend. Er hat es in eine bestechend einfache, aber leistungsfähige mathematische Beziehung gekleidet, die bis zu Einstein unumstritten war und vielfältige Anwendung fand. Sie lautet:

$$F = G \cdot m_1 \cdot m_2 / r^2$$

G = Gravitationskonstante = $6,27 \cdot 10^{-11}$ m^3/ kg $\cdot$ s^2
m_1 = Masse des Körpers 1
m_2 = Masse des Körpers 2
r = Abstand der Schwerpunkte der beiden Körper zueinander [3]

Obige Darstellung nach Singh, der die Formelgrößen wie folgt erklärt:

2   Joseph Scheppach, „Wie Einstein seine Erben zur Verzweiflung bringt“, P.M.-Magazin 6/2005, Seite 62

3   Joseph Scheppach, „Wie Einstein seine Erben zur Verzweiflung bringt“, Seite 63

„Die Kraft (F) zwischen den Körpern hängt von ihren jeweiligen Massen (m_1 und m_2) ab - je größer die Massen, desto größer die Kraft. Auch ist die Kraft umgekehrt proportional zum Quadrat der Entfernung zwischen den Körpern (r^2), was heißt, dass die Kraft kleiner wird, je weiter sich die Körper voneinander entfernen. Die Gravitationskonstante (G) spiegelt die Stärke der Gravitation im Vergleich zu anderen Kräften wie der magnetischen wider." [4]

Albert Einstein begriff, dass es mit der Schwerkraft mehr auf sich haben könnte und lieferte mit der Relativitätstheorie, gemäß dem Brockhaus, als geometrische Theorie eine relativistische Beschreibung des Gravitationsfeldes. Er entwickelte mit seinen so genannten Feldgleichungen, als den Grundgleichungen der Allgemeinen Relativitätstheorie, mathematische Beziehungen, die die Potentialgleichung der Newton'schen Theorie ersetzten. Verzichtet werden muss an dieser Stelle allerdings darauf, die Einstein'schen Gleichungen darzustellen. Die mathematischen und physikalischen Zusammenhänge sind kompliziert und setzen ein hohes Maß an Grundwissen voraus. Der Brockhaus führt weiter aus, dass die Newton'sche Gravitationstheorie aber als Grenzfall langsam bewegter Teilchen und schwacher statischer Felder in den Feldgleichungen enthalten ist. [5]

Gegenüber der Newton'schen Theorie erreichte aber Einstein mit seinen Formeln schließlich, dass die **Gravitationskraft für jeden denkbaren Fall im Makrokosmos erklärt und berechnet werden konnte**. Singh formulierte dies wie folgt:

„Newtons Formel bleibt äußerst genau, solange sie auf Erscheinungen im Bereich der relativ niedrigen terrestrischen Schwerkraft angewandt wird. Letztlich war aber dann Einsteins Gravitationstheorie besser, weil sie gleichermaßen auf das schwache Gravitationsfeld der Erde wie auf die starken Gravitationsfelder der Sterne anzuwenden war. Nach allen Schlenkern und Wendungen der bisherigen Geschichte bleibt also nur im Grunde wichtigster Merkpunkt, dass die Astronomen jetzt über eine neue und bessere, eine genaue und zuverlässige Theorie der Schwerkraft verfügten." [6]

Wie viel genauer Einsteins Formeln waren, ließ sich bei der Berechnung der Periheldrehung des Merkurs demonstrieren. Singh schreibt, dass der französische Astronom Urbain Le Verrier eine Anomalie in der Merkurumlaufbahn untersucht hatte und dabei eine unerklärliche geringe Bahnverschiebung feststellte. Einstein war sich sicher, dass der Haken bei Newtons Schwerkraftformel lag, die eine genauere Berechnung nicht zuließ.

Singh:

„Newtons Theorie funktionierte gut, wenn es darum ging zu beschreiben, was in der geringeren Schwerkraft der Erde geschah, doch die extreme Gravitation, die nahe der Sonne herrscht, brachte Newtons Theorie gewiss in Schwierigkeiten. So war dies die beste Arena für den Wettstreit zwischen den beiden Gravitationstheorien, und Einstein war sich sicher, dass seine eigene Theorie die Rosettenbahn des Merkurs zutreffend erklären würde." [7]

Später stellte sich heraus, dass dies wirklich der Fall ist, weil mit Einsteins Formeln die Abweichung der Bahnverschiebung auf die Bogensekunde genau berechnet werden kann, was mit Newtons Formel nicht gelingt. In Einsteins Formeln deshalb, weil die Krümmung des Lichts im Raum berücksichtigt ist. Der Nachweis einer Lichtkrümmung gelang bei einer Sonnenfinsternis. Dabei konnte tatsächlich nachgewiesen werden, dass das Licht sich nicht gradlinig ausbreitet, sondern auf seiner Bahn vorbei an einem Schwerkraftgiganten wie der Sonne eine messbare Krümmung erfährt.

Welche entscheidende Rolle die Schwerkraft im Universum in den Galaxien spielt wird nun

---

4   Simon Singh, „Big Bang", 2007 Deutscher Taschenbuch Verlag GmbH &Co KG, München, Seite 128

5   Simon Singh, „Big Bang", Seiten 261-262

6   Simon Singh, „Big Bang", Seiten 133 und 154-155

7   Simon Singh, „Big Bang", Seiten 135-136

an einer Reihe von interessanten Beobachtungen deutlich.

Pailer und Krabbe schreiben hierüber, dass „Windhorst und sein Kollege Yan mit dem Hubble-Weltraumteleskop und mit Hilfe einer Gravitationslinse eine mit 13 Milliarden Lichtjahren am weitesten entfernte „normale" Galaxie, vergleichbar mit der unsrigen, entdeckten. Die Entdeckungen fernster Schwarzer Löcher und die fernster normaler Galaxien wurden zusammen auf der American Astronomical Society AAS im Januar 2003 gemeinsam vorgestellt. Der Kontrast zwischen beiden Objekttypen in so unerwartet zeitlicher Nähe zum modellierten Urknallereignis hätte nicht größer sein können.

Ein Ansatz, >>*der uns zumindest in die Nähe eines Schöpfungskonzeptes bringt*<<, wie die beiden Autoren sagen.

„Zentrale Fragen tun sich auf:
-   *Was war zuerst da? Das Schwarze Loch oder die Galaxie?*
-   *Formte sich um das im Innern entstehende Schwarze Loch gleichzeitig eine Galaxie?*
Diese Beispiele zeigen erneut die bunte Mischung von neu und alt erscheinenden Phänomenen im Kosmos, die sich mitnichten in eine Entwicklungsreihe einordnen lassen, sondern eher für den Aspekt einer Schöpfung sprechen."[8]

Galaxien in so großen Entfernungen sollten außerdem auch einen wesentlich niedrigeren Metallizitätswert oder gar keinen aufweisen. Nach der Urknalltheorie sollten, und dies nur während einer kurzen Phase, bei den sehr hoch vorherrschenden Temperaturen nur die ersten chemischen Elemente vom Wasserstoff bis zum Bor und keine Emissionslinien höherer Elemente zu finden sein.

Auch an dieser Stelle ist die Frage, ob sich selbst die einfachsten Elemente in einem so frühen Stadium bei sehr hohen Temperaturen überhaupt materialisieren konnten, geschweige denn höhere Elemente. Wenn das trotzdem als Realität angesehen wird, **dann kann angenommen werden, dass die Objekte in diesen großen Entfernungen Altern entsprechen können, die nichts mit einem Urknall zu tun haben.**

Auch Hans Elsässer führt in der Einführung zum Lexikon der Astronomie aus, dass sich im Zentrum von uralten Galaxien, wie in solchen von Quasaren, schon in grauer Vorzeit Schwarze Löcher gebildet haben müssen, von denen man annimmt, dass sie ein galaktisches Zentrum darstellen.[9]

Es beschäftigt die Physiker deshalb die Frage, wie denn sich kurz nach dem Urknall schon so supermassenreiche Schwerkraftzentren bilden konnten.

Im Lexikon der Astronomie heißt es an anderer Stelle noch:

„Die Theorie der Galaxien- und Haufenbildung ist bis heute eines der schwierigsten und herausforderndsten Rätsel der Naturwissenschaften. ***Gravitation ist diejenige universelle Kraft, die für die Bildung stabiler Strukturen erforderlich ist.*** *Hierfür muss die Eigenanziehung, die Anziehung zwischen verschiedenen Teilen der Struktur, jene Kräfte überwiegen, die versuchen, die Struktur auseinanderzureißen. Solche Kräfte werden z. B. durch den internen Druck gebildet, der in verschiedenen astrophysikalischen Prozessen erzeugt wird. Nach gegenwärtigen Theorien* ***haben sich die Galaxien etwa zur gleichen Zeit aus zunehmenden Verdichtungen gebildet.***"[10]

Weil die berechtigte Annahme besteht, dass sich die Galaxien um ihre Zentren drehen, mussten diese aber noch vor ihnen dagewesen sein. Wenn sie aber zuerst da waren, auf welche Weise sind sie dann entstanden? Und wenn von den Astronomen beobachtet wird, dass es Quasargalaxien gibt, muss es auch ihre Schwerkraftzentren geben, weil sich offenbar nichts im Universum ohne diese dreht.

---

8   Pailer und Krabbe, „Der vermessene Kosmos", Seite 29
9   Lexikon der Astronomie, Band 1, Seite 1
10   Lexikon der Astronomie, Band 1, Eine Einführung in das Universum der Sterne, Seiten 229-230

Dies untermauert Elsässer durch eine weitere Aussage noch, wenn er sagt, dass es eine weitverbreitete These dazu gibt, **dass mit diesen Zentren möglicherweise alles angefangen habe.** Diese Hypothese besagt, dass sich Materieklumpen, jeder von der millionenfachen Masse der Sonne, zuerst konzentrierten und Galaxienhaufen bildeten." [11]

An dieser Stelle gelangen wir wieder an einem Punkt, an dem die Frage nach einem Schöpfer aufkommt, denn in welcher Weise hätten sich Zentren dieser Art im Urknall konzentrieren können?

Im Lexikon der Astronomie heißt es dazu, dass es nach Informationen des Infrarotsatelliten IRAS deutliche Anzeichen dafür gibt, dass auch in der Mitte unserer Milchstraße tatsächlich ein solches galaktisches Zentrum vorzufinden ist. Man vermutet, dass es ein riesiges Schwarzes Loch von ca. einer Million Sonnenmassen ist. [12]

Wie schon gesagt, werden galaktische Zentren dieser Art in allen Galaxien unseres Universums vermutet.

In ihrem Buch „Der vermessene Kosmos" machen Pailer und Krabbe wichtige Angaben zu diesem besonderen Gegenstand aktueller astrophysikalischer Forschung. Auch sie sagen, weil ihr (indirekter) Nachweis bereits in vielen Fällen gelungen ist, dass es sie geben muss und äußern sich wie folgt dazu:

„Auch unsere Galaxie besitzt in ihrem Zentrum ein Schwarzes Loch; es gibt sogar Hinweise, dass im Zentrum unserer Milchstraße das Schwarze Loch wahrscheinlich von weiteren kleineren umgeben wird. Unter einem Schwarzen Loch wird heute die Kleinigkeit von zig Millionen Sonnen verstanden." Seine Gravitationskraft zieht „über eine Materiebrücke immer mehr Material auf sich, dessen Verschwinden durch intensive Röntgenstrahlung sichtbar wird." [13]*

Ich las, dass das Schwarze Loch im Zentrum unserer Galaxie (Milchstraße) in der Wissenschaft den Namen Sagittarius A. bekommen hat.

Deshalb ist durchaus denkbar, dass die im Universum vermuteten galaktischen Massenzentren an verschiedenen Orten zur gleichen Zeit gebildet wurden, die dann schon immer die Ausgangsbasis bildeten und somit wahrscheinlich von ewigem Bestand sind. Als solche stellen sie gigantische Schwarze Löcher dar und sind, wie zuvor schon beschrieben, so ein Problem für den Urknall.

Nicht nur Schwarze Löcher sind ein Problem für den Urknall

Eine der aufregendsten Vorhersagen der Relativitätstheorie ist die Existenz von Schwarzen Löchern, in denen die Gravitationskräfte so groß werden, dass selbst Teilchen die sich mit Lichtgeschgwindigkeit bewegen, nicht entweichen können, sagt der Brockhaus. [14]

Schwarze Löcher sind als Schwerkraftgiganten das Sammelbecken gewaltiger Massen an Materie, was schon mehrfach das Thema war. Weil sie eine nicht unbedeutende Rolle in der Auseinandersetzung im Zusammenhang mit der Entstehungsgeschichte unseres Universums spielen, werden sie in diesem Abschnitt nochmals besonders behandelt und dabei auch einer kritischen Betrachtung unterzogen.

In der Buchausgabe „Astronomie Eine Einführung in das Universum der Sterne" ist zu lesen,

11   Lexikon der Astronomie, Band 1, Seite 5
12   Lexikon der Astronomie, Band 1, Spektrum Akademischer Verlag Heidelberg· Berlin·Oxford, Seiten 3 und 6
13   Pailer und Krabbe, „Der vermessene Kosmos", Seite 28
14   Brockh.-Enzykl., Band 19, 1992, Seite 608

dass die Existenz von Schwarzen Löchern lange Zeit umstritten war, inzwischen aber wegen einer Reihe eindrucksvoller indirekter Beobachtungen als gesichert gilt. Die Kugelfläche (Peripherie) wird als **Ereignishorizont** bezeichnet. Man unterscheidet im Wesentlichen zwei Typen.

Erstens nichtrotierende stellare Schwarze Löcher (Schwarzschildsche), die in Folge der Sternentwicklung das Ergebnis von Supernova-Explosionen von massenreichen Sternen sind.

Zweitens rotierende supermassenreiche Schwarze Löcher (Kerr-Newmannsche), die man in den Zentren der meistens Galaxien, so auch im Kern der Milchstraße, vermutet. Auf welche Weise solche **Schwerkraftgiganten** im Zentrum von Galaxien schon in grauer Vorzeit entstanden sein sollen ist ungeklärt. Schwarze Löcher dieser Art können die millionen- bis milliardenfache Masse unserer Sonne haben. [15]

Ein besonderes Problem stellt in dieser Beziehung ein stellares nichtrotierendes Schwarzschildsches Schwarzes Loch dar, das vor dem Urknall der Urzustand unseres Universums gewesen sein soll. Im Lexikon der Astronomie heißt es, dass der Radius RS eines solchen Schwarzen Loches berechnet werden kann. Wenn ein Stern diesen Radius erreicht, beherrscht die Gravitation alle anderen Kräfte. Dieser Radius definiert die Oberfläche - auch Ereignishorizont genannt - des Schwarzen Loches. Gesagt wird, dass es keine untere Grenze für den Radius eines Schwarzen Loches gibt, weil die Massen bis auf Null kontrahieren können.

Im Lexikon heißt es dazu wörtlich weiter:
„Bei einem kollabierenden, aber nichtrotierenden Stern, der spärisch-symmetrisch ist, wird die Materie in der Singularität im Zentrum des Loches durch unendlich große Gravitationdkräfte auf **Null Volumen und unendlich große Dichte zusammengedrückt.** *An der Singularität verliert die physikalische Theorie ihre Gültigkeit.* **Primordiale (uranfängliche)** *Schwarze Löcher könnten sehr heiß sein ...* " [16]

In **Buch Teil 1** wird in **Punkt 1.1**, Unterpunkt „Inflationstheorie - die Wissenschaft von mehr als einem Glas umgestürtzten Biers?" geschildert, wie man sich den Vorgang der Entstehung unseres Universums - ausgehend von dem uranfänglichen Schwarzschildschen Urzustand - vorstellt.

Das trichterförmige Behältnis hat dabei das Aussehen eines nach oben offenen Glases. Ein heller Punkt am Boden des Gefäßes deutet den Urknall an. Die kosmische Hintergrundstrahlung, die auch am Boden des Trichters zu sehen ist, wird als eine Schwarzkörperstrahlung interpretiert. Unter einem Schwarzen Körper versteht man dabei ein Objekt, das auftreffendes Licht aller Wellenlängen vollkommen absorbiert, aber genau so viel in Form so genannter Schwarzkörperstrahlung als Hohlraumstrahlung wieder abgibt. Das würde für das Universum bedeutet haben, dass, wenn es nach dem Urknall als ein Hohlraum mit Schwarzköperstrahlung dargestellt wird, **es sich bei dem Urzustand dann um ein geschlossenes System gehandelt haben müsste.** Dazu gleich noch mehr.

Bei Null Volumen, auf unendlich große Dichte zusammengedrückt und enorm heiß soll der Start unseres Universums erfolgt sein. Unter solchen Bedingungen ist physikalisch keine Aussage zu machen. Ein solcher Punkt im absoluten Nichts stellt weniger noch als ein Gaubensbekenntnis dar, ist nämlich sogar als unglaublich anzusehen.

Ein System, das sich nach dem großen Knall als Hohlraum mit Schwarzkörperstrahlung offenbart, war im thermodynamischen Gleichgewicht, d. h. im Zustand absoluter Unordnung (im Entropiemaximum) und ist dadurch völlig arbeitsunfähig gewesen. Um arbeitsfähig zu sein, ist das Gegenteil erforderlich, nämlich niedrige Entropie mit einem

---

15   Lexikon der Astronomie Eine Einführung in das Universum der Sterne, Komet Verlag GmbH, Köln, Seiten 184-185

16   Lexikon der Astronomie Eine Einführung in das Universum der Sterne, Seiten 225-226

hohem Anteil an Ordnung. Näheres dazu noch in **Punkt 5.3.**
Bei einem Inferno mit anfänglich enormer Hitze, gibt es zudem keine Atome, sondern nur Elementarteilchen als Teilchen und Antiteilchen. Nach dem Gesetz der Erhaltung der Baryonenzahl vernichten sich die Teilchen ohne Ausnahme gegenseitig, so dass nur Strahlung übrigbleibt. Das bedeutet, dass unter solchen Verhältnissen keine Struktur entstehen kann. Man meint, weil es uns gibt, dass einige Elementarteilchen - wie z. B. Protonen - überlebt haben müssen, um das Universum zu bilden. Das bedeutet weiter, dass das Zustandekommen von Struktur nur mit einen Systembruch (als Gesetzesbruch) erklärt werden kann.

Völlig unklar ist außerdem, wie im Urknall der Drehimpuls entstanden sein könnte, der nach den Gesetzen der Physik aber unbedingt vorhanden sein muss, weil ansonsten die Galaxien allesamt nur eine verhältnismäßig kurze Lebensdauer gehabt haben würden.
Die Begründung dafür:
*„Die Einzelsterne und Kugelsternhaufen im Halo unserer Galaxie umkreisen das Zentrum auf langgezogen elliptischen Bahnen. Sternhaufen bis zu einer Million Einzelsterne liegen weit außerhalb der Ebene der Spiralarme. Einige von ihnen durchlaufen regelmäßig die Scheibenebene oder umlaufen die Milchstraßenmitte **in einer retrograden, also der üblichen entgegengesetzten Richtung**. Ohne die Drehbewegung der Sterne würde die Galaxie in einigen 100 Millionen Jahren in sich zusammenstürzen."* [17]
Wie soll im Zuge des Big Bang, der eine Explosion ungeheuren Ausmaßes dargestellt hätte, wo alles nach allen Seiten ungeordnet auseinanderfliegt, nicht nur die Drehbewegung, sondern obendrein eine retrograde (rückläufige), wie z. B. bei der Venus, entstanden sein? Vom Urknall her müssten alle Himmelskörper die gleiche Drehrichtung besitzen.

Stephen Hawking hat Schwarzen Löchern lange Zeit eine große Aufmerksamkeit gewidmet. In seinem Buch „Einsteins Traum" trifft er zunächst die lakonische Feststellung:
„Ein schwarzes Loch hat keine Haare" [18], weil aus ihm nicht einmal das Licht entweichen kann. Hawking sah ursprünglich, in Übereinstimmung mit den vorstehenden, in einem gigantischen Schwarzen Loch das Potenzial für einen Urknall. Er begründete dies damit, dass sich, seiner Meinung nach, ein Schwarzes Loch ja durch Srahlung auflösen könnte und erklärte auch wie. Fortan wurde eine solche nach ihm als „Hawking-Strahlung" bezeichnet. Der Brockhaus beschreibt diese wie folgt:
„Sie (die Schwarzen Löcher) erzeugen so starke lokale Gravitationsfelder, dass sie vermutlich durch quantenmechanische Effekte „verdampfen" (Hawking-Strahlung) und schließlich als Gammastrahlungsblitze explodieren." [19]
Hawking hält es nach wie vor für möglich, dass sich ein gewaltiges Schwarzes Loch auf diese Weise verflüchtigen könnte. Er meint damit, dass sich das letzte Stadium seiner Verflüchtigung auch in einer gewaltigen Explosion (z. B einem Urknall) vollziehen könnte. Seine Schlussfolgerung:
„Daraus schöpfen Wissenschaftler große Hoffnung: Wenn man versteht, wie Schwarze Löcher Teilchen erzeugen, so wird man vielleicht auch verstehen können, wie der Urknall alle Dinge im Universum geschaffen hat. In einem Schwarzen Loch stürzt die Materie in sich zusammen und ist für immer verloren, gleichzeitig aber wird an ihrer Stelle neue Materie hervorgebracht. Infolgedessen ist denkbar, dass es eine frühere Phase des Universums gab, in der die Materie zusammenstürzte, um dann im Urknall wiedererschaffen zu werden." [20]

17   Lexikon der Astronomie Eine Einführung in das Universum der Sterne, Seite 161
18   Stephen Hawking, „Einsteins Traum", Rowohlt Verlag, 5. Auflage August 2001, Seite 102
19   Brockh. Enzykl., Band 19, 1992, Seite 608
20   Stephen Hawking, „Einsteins Traum", Seiten 109 27

Somit hält er es für möglich, dass wir mit unserem Universum in einem Multiversum leben.

Es gibt aber noch keinen Beweis für eine Hawking-Strahlung. Die Autoren Pailer und Krabbe formulieren dies so:

„Nach Stephen Hawking soll es zwar die nach ihm benannte Strahlung geben, die den Ereignishorizont gelegentlich durchtunneln kann - aber was nutzen an der Stelle theoretische Voraussagen, die praktisch nicht messbar sind." [21]

Aber noch einiges zu der Existenz von Schwarzen Löchern. Pailer und Krabbe sagen, dass nur die Röntgenstrahlung genug Energie hat, um auch dichte kosmische Staubwolken zu durchdringen. Sie sei deshalb der direkte Draht zu den meisten Schwarzen Löchern. Diese Strahlung würde bei dem Vorgang der Einverleibung von Materie auftreten, wenn sie sich einem solchen Loch zu stark nähere. Bei dieser Materiezufuhr entstehe flackernde Röntgenstrahlung, weil die Zufuhr von Materie häppchenweise geschehe. [22]

So sind die mit Schwarzen Löchern in Bezug stehenden Vorstellungen zwar noch immer so undurchsichtig wie diese selbst, sie äußern sich als vorhanden aber auf ihre Weise.

Inzwischen halten manche Physiker unser Universum sogar für ein schwarzes Loch, nämlich um eines von innen gesehen, beschreibt Tobias Hürter in einem seiner P.M.-Artikel. Er schreibt weiter, dass er dies für absurd hält, weil schwarze Löcher die lebensfeindlichsten Orte sind, die man sich denken kann. Trotzdem stellt man sie sich als Gebilde vor, in denen man Leben für möglich hält und die außerdem miteinander verschachtelt seien. Mittels ihrer Verschachtelung wird das Reisen von einem zum anderen Schwarzen Loch und damit von einem Universum in ein anderes für möglich gehalten. Diese Vorstellung impliziert also, dass man durch Schwarze Löcher in andere Universen fallen kann.

Stephen Hawking wird mit den Worten zitiert:

>>*Wir wissen nicht, wie viele Baby-Universen da draußen warten, es gibt keine Begrenzung nach oben.*<<

Noch phantastischer wird der jordanische Kosmologe M. B. Altaie zitiert.

>>*Das Universum könnte als Schwarzes Loch entstanden sein und noch immer eins sein*<<.

Hürter weitere Frage grenzt schon an eine **Science-Fiction-Vorstellung**:

„Vielleicht ist unser Universum ja eine Art Aquarium, gebaut von einer fortgeschrittenen Zivilisation?" [23]

An dieser Art von Hypothesen wird deutlich, dass die Anzahl verwirrender und zugleich unglaubwürdiger Theorien fast nicht mehr zu überbieten ist.

Unwirklich erscheint der Urknall auch gegenüber nachstehender Betrachtungsweise, die einer Expansion (Inflation) hervorgerufen durch diesen völlig entgegensteht,

Der Astrophysiker Hans Jörg Fahr stellt in seinem Buch „Der Urknall kommt zu Fall", bohrende Fragen zum kosmischen Generalgeschehen, wofür der Urknall angesehen wird und sagt:

„Stammt die Welt tatsächlich vom Urknall her? **Unsere Welt hat verschiedene Anfänge, nicht nur einen."** Da man schon viel Kritisches über das kosmologische Weltbild unserer Tage vorgebracht hat, ist festzustellen, *„dass viel leichtsinniges Denken an der Auszimmerung des bisherigen geistigen Weltgebäudes beteiligt ist."* **Wäre es nicht an der Zeit,** *„die vielen selbstteilen, an unserem Weltbild beteiligten logisch-wissenschaftlichen Kalküle bereitwillig wieder abzustoßen, um sodann* **in einer Wüste des Denkens einen Neuanfang zu besserem Begreifen der Welt zu suchen?** *An welchen Punkten kann man denn überhaupt einen Neuanfang im Denken machen?*

21   Pailer und Krabbe, „Der vermessene Kosmos", Seite 28
22   Pailer und Krabbe, „Der vermessene Kosmos", Seite 77
23   Tobias Hürter, „Leben wir in einem Schwarze Loch", PM 11/2008, Seite 66

Expandiert die Welt nun? Oder expandiert sie nicht? Stammt sie aus dem Urknall oder nicht? Ist sie einem Entropietod geweiht oder führt sie zu einem Urkollaps zurück? Kann es nicht vielmehr so sein, **dass die Welt wohl zwar expandiert, aber nicht überall und andauernd, und vor allem nicht überall gleich stark, so dass es keine monotone gemeinsame Entwicklungslinie im ganzen Universum gibt,** *sondern viele disjunktive (trennende, gesonderte) und sich vielleicht sogar durchkreuzende Entwicklungslinien? "*

Fahr hält auch eine **„absolute kosmische Zeit",** die bisher jeder Struktur des Universums angelastet wird, **für unsinnig.** Er meint, dass jede Struktur ihre eigene Zeitzählung besitzt. **Einzelbereiche des Kosmos mögen ein eigenes Profil entwickeln,** je einen eigenen Anfang und ein eigenes Ende haben, weil sie in keinem *„alle gemeinsam in der kosmischen Zeit führenden Zusammenhang"* stehen.

So stellt er die weiteren Fragen so:

„Ist nicht vielleicht das Weltall **eher ein turbulentes Geschehen** zwischen immer wieder *entstehenden und vergehenden Strukturen? "* Kann denn eine *„in der Einbahnstraße der absoluten Zeit sich entwickelnde Ereignispyramide, die in ihrer Spitze einen Urknall annehmen muss und allein von daher ihre Auffächerung in alle heutigen und kommenden Strukturen erfahren"* haben? - also in 100 Milliarden Galaxien mit je 100 Milliarden von Sternen. [24]

Für Fahr ist auch unter den Strukturen unseres Universums **eine klare Alterskennzeichnung nicht erkennbar** und sagt deshalb: *„In der Tat weiß man, dass auch in unserer Zeit überall in unserer Galaxis neue Sterne aller Klassen entstehen. Solche Sternengeburten sind an der Tagesordnung im ganzen galaktischen Alltag und können heute mit Infrarotteleskopen in allen Einzelheiten verfolgt und diagnostiziert werden",* [25] worauf er im Folgenden näher eingeht.

Die Astronomen nehmen im Gegensatz dazu ganz allgemein an, dass für *„die großen Strukturanlagen im Kosmos auf der Hierarchieebene der Galaxien und Galaxienhaufen* **die Weichen ein für alle Mal schon sehr früh gestellt waren"** und somit die Vorgänge als weitgehend abgeschlossen angesehen werden. [26]

Dagegen spricht massiv, dass nach wie vor in unserem *„vergreisten Universum"* sich noch immer *„große Strukturen in jungfräulicher Schönheit herausbilden"* und **„sich keine eindeutige Alterserscheinung"** an den Galaxien unserer fernen kosmischen Nachbarschaft zeigt.

Fahr führt als Beweis dafür die Entdeckungen der Astronomen Martha Heynes und Riccardo Giovanelli ins Feld, die sie mit dem 305-Meter-Radioteleskop in Arecibo auf Puerto Rico geliefert haben.

Sie entdeckten eindeutige Merkmale einer Vorstufe zu einer sich bildenden Galaxie in unserer näheren kosmischen Nachbarschaft. *„Es handelt sich um eine riesige Wolke neutralen Wasserstoffs, die als solche die Eigenschaften einer Protogalaxie besitzt. "* **Dies *„widerspricht allen urknallorientierten Theorien. "***

In **Punkt 5.4** wird dieses Forschungsergebnis nochmals aufgegriffen und näher erklärt. Strukturbildungen dieser Art müssten endgültig zum Abschluss gekommen sein, als der postulierte Urknall gerade 1 Milliarde Jahre alt war. [27]

Seine Schlussfolgerung:

„Wenn Galaxien und Galaxienhaufen im Kosmos ihre gemeinsame Entstehung in einer weit

24   Hans Jörg Fahr, „Der Urknall kommt zu Fall", Franckh-Kosmos Verlags-GmbH & Co, 1992, Seiten 278-281

25   Hans Jörg Fahr, „Der Urknall kommt zu Fall", Seite 285

26   Hans Jörg Fahr, „Der Urknall kommt zu Fall", Seite 288

27   Hans Jörg Fahr, „Der Urknall kommt zu Fall", Seiten 288-289

zurückliegenden Zeitperiode hatten, so sollte die Strukturbildung innerhalb dieser Objekte von da an systematisch vorangeschritten sein. Wenn wir also von der Erde aus Galaxien bei verschiedenen Entfernungen im Kosmos beobachten, so sollte uns dabei eine entfernungskorrelierte Altersgeschichte der Strukturbildung in diesen Galaxien klar vor Augen geführt werden."

Die entfernten Galaxien sollten ihrer Struktur nach jünger sein, die näheren ihrer Struktur nach älter, also vergleichbar mit der Struktur unserer Galaxie. Eine solche geologische Staffelung mit der Entfernung lässt sich jedoch nicht bestätigen, zumindest dann nicht, wenn man sich bei dieser Aussage zunächst einmal auf normale Galaxien beschränkt!" [28]

Wenn sich eine solche Struktur von alt nach jung in unserem Universum nicht bestätigen lässt, dann wurde vielmehr jedes Geschehen je nach Erfordernis als Einzelveränderung eingebettet, wie dies mit unserer Erde und der Entstehung unseres Sonnensystems geschehen ist. So wie Gott der Herr der Geschichte ist, dürften sich die Dinge auch im Kosmos ebenso nur nach seiner Maßgabe ereignen. Nichts geschieht ohne ihn, wobei sein direktes Eingreifen immer von jetzt auf gleich geschieht und lokaler Natur sein kann.

Wie zuvor erwähnt wurde, wird der im Genesisbericht der Bibel **geschilderte Schöpfungsakt** mit allen notwendigen kosmischen Veränderungen, um auf der Erde lebensfähige Bedingungen zu gestalten, **von mir für von lokaler Natur gehalten.**

Dabei dürften sich in unserem Sonnensystem außerordentlich geordnete Verhältnisse eingestellt haben, die es ermöglichten, dass es auf unserer Erde das Leben gibt, in einem uns umgebenden, ansonsten in dieser Beziehung absolut lebensfeindlichen Umfeld. **Durch blinden Zufall unkorreliert entstanden, wird von mir aufgrund der Indizien für völlig ausgeschlossen gehalten!**

Aus dem Zuvorbetrachteten geht erneut hervor, dass es die Entstehung unseres Universums auf der Basis eines wie auch immer gearteten Urknalls nicht gegeben haben kann.

Die Fahndung nach dem Gravitationsecho des Urknalls

Mit dieser speziellen Thematik befasst sich der Naturwissenschaftler Brian Clegg in seinem Buch „Vor dem Urknall". Es geht auch ihm darum, herauszufinden, wie Gravitation wirklich funktioniert. Er vergleicht die Gravitation mit dem Magnetismus. Auch sie wirkt über eine Entfernung ohne offensichtliche Verbindung zwischen zwei Körpern ohne irgendetwas, das zwei Pole sichtbar miteinander verbindet. Beim Magnetismus wird die Wechselwirkung von Photonen verursacht. Dabei wird Energie zwischen den Objekten verschoben, wie Clegg sagt. Die Photonen des Lichts sind die Energiequanten des elektromagnetischen Strahlungsfeldes, die die elektromagnetische Wechselwirkung vermitteln. Die allgemeine Relativitätstheorie eröffnet eigentlich die Möglichkeit, dass die Gravitation auf ähnliche Art funktionieren sollte. Dabei müsste Gravitation durch Gravitonen übertragen werden. Sie seien, so gesehen, die Entsprechung zu Photonen auf der Ebene der Gravitation. Leider sind bisher niemals Gravitonen beobachtet oder experimentell nachgewiesen worden. Man glaubt, dass beim Urknall Gravitationsschockwellen auftraten, deren Nachweis eigentlich als das Gravitationsecho des Urknalls gelingen müsste, ähnlich wie man dies der kosmischen Hintergrundstrahlung nachsagt.

Clegg weist darauf hin, dass ein raffiniertes Teleskop entwickelt wurde, ein miteinander verbundenes Instrumentenpaar, das LIGO (Laser-Interferometer Gravitationswellen Observatorium) genannt wird. Diese Einrichtung soll nach dem Gesuchten Ausschau halten. Bisher sind keine Ergebnisse bei den stattgefundenen Vermessungen zu verzeichnen. Weil die Einrichtung bisher nicht empfindlich genug arbeitet, um das evtl. Gravitationsecho des

---

28   Hans Jörg Fahr, „Der Urknall kommt zu Fall", Seite 290

Urknalls zu finden, will man deshalb mit LISA (Laser Interferometer Space Antenna) ein verbessertes Messsystem im Weltraum installieren. Er sagt, dass es schwer fällt, keine gemischten Gefühle gegenüber einem Projekt wie LISA zu haben. Erst einmal, weil überhaupt nichts dabei herauskommen könnte. Falls es aber auch dem zweiten LISO mit der zehnfachen Empfindlichkeit des ersten LISA auch wieder nicht gelingen sollte Gravitationswellen aufzuspüren, könnte die Zeit gekommen sein, **die Urknalltheorie auch von daher neu zu überdenken.** Da spielen schon eine Menge Wenn und Aber mit. [29]

Vage ist auch die Hoffnung, Beweise für Gravitationswellen in der kosmischen Hintergrundstrahlung zu finden, die sich als Gravitationsecho des Urknalls erweisen sollten. Wenn man Gravitationswellen nachweisen könnte, sich aber herausstellen sollte, dass sie eine wesentlich geringere Stärke hätten als die vom Urknall vorausgesagten, sollte man auch aus diesem Grund den Urknall vergessen, führt Clegg aus. Und man sollte dann besser an anderen Modellen arbeiten, um schließlich auf eines, das geeigneter ist, auszuweichen, oder wieder etwas völlig Neues versuchen. Clegg schließt seine Betrachtung mit den Worten:

„Leider ist das nicht so einfach.“ [30]

*„**Jedenfalls gibt es bis heute keine Daten, die den Urknall unterstützen.** Geht man ins Detail, stößt man auf erhebliche Probleme, den Gravitationswelleneffekt von den vielen Einflüssen auf die kosmische Hintergrundstrahlung, die sie abwandeln könnten, zu trennen. Wenn das Planck-Teleskop der nächsten Generation wesentlich detailliertere Schaubilder des kosmischen Mikrowellenhintergrunds produzieren wird und noch immer keine eindeutigen Störungen aufgrund von Gravitationswellen zum Vorschein kommen sollten, dann wird man das Modell vom Urknall plus Inflation nachdrücklich ausschließen können. Allerdings dürfen wir uns nicht sicher sein, ob Planck tatsächlich genügend Details sammeln wird, um sichere Aussagen zu treffen.“* [31]

Wie in dem nächsten Punkt, der sich speziell mit der kosmischen Hintergrundstrahlung befasst, entnommen werden kann, bereitet es nicht nur Schwierigkeiten, ein Gravitationsecho für den Urknall nachzuweisen, sondern auch, dass die 3 K-Hintergrundstrahlung als ein solches Echo aufgefasst werden kann. Diese vorhandene Strahlung, kann, wie sich im nächsten Punkt herausstellen wird, ganz andere Ursachen haben.

29   Brian Clegg, „Vor dem Urknall“, Rowohlt Verlag GmbH, 1. Auflage 2012, Seiten 194-198
30   Brian Clegg, „Vor dem Urknall“, Seite 248
31   Brian Clegg, „Vor dem Urknall“, Seite 250

5.3 Beweist die 3 k-Hintergrundstrahlung den Urknall?

Es gibt keinen Zweifel an ihrem Vorhandensein. Es handelt sich um eine elektromagnetische Strahlung im Bereich der Radiofrequenzen (Mikrowellenstrahlung). Sie wird in unserem Universum als kosmische Hintergrundstrahlung mit Mikrowellenhintergrund registriert, **als das Echo des Urknalls, und als ein Beweis für denselben angesehen.**
Wie es dazu kam, dass inzwischen das internationale wissenschaftliche Establishment, und die Medien diese Strahlung uneingeschränkt so deuten und für deren Entdeckung und Auswertung der Messergebnisse sogar mehrere Nobelpreise vergeben wurden, wird im Folgenden zunächst einmal verdeutlicht.

Der Physiker und Wissenschaftsjournalist Simon Singh führt in seinem Buch „Big Bang" eine Reihe von Belegen dafür ins Rennen. **Die genaue Kenntnis dieser Aussagen ist für eine kritische Auseinandersetzung notwendig.** Er sagt, dass erst ab dem Moment der Rekombinationsphase, etwa 300000 Jahre nach dem Urknall, das Urlicht sich durch das Weltall habe ausbreiten können. Es wird zum Ausdruck gebracht, dass es sich dabei um eine Vorhersage handelt, die schon die Physiker Gamow, Alpher und Hermann lange vor der Entdeckung der Strahlung gemacht haben. Dabei nahmen sie an, dass das Urlicht, weil sich der Raum selbst ausgedehnt habe, gestreckt worden sein müsste und formulierten das Ergebnis ihrer Vorhersage sinngemäß so:
Als das Licht aus dem kosmischen Nebel auftauchte, hat es noch eine Wellenlänge von einem tausendstel Millimeter gehabt. Das All habe sich seitdem um etwa das Tausendfache ausgedehnt. Aus den Lichtwellen sind deshalb inzwischen Radiowellen entstanden, die jetzt eine Länge von etwa 1 Millimeter haben.[1]

Singh beschreibt die jahrelangen Bemühungen der Physiker Arno Penzias und Robert Wilson am Radioteleskop (Hornantenne) der Bell Laboratories bei Crawford Hill, die zur Entdeckung der kosmischen Hintergrundstrahlung und zum Nobelpreis für diese Forscher führten.
„Penzias und Wilson hatten bewiesen, dass die kosmische Hintergrundstrahlung existierte, und dass sie in etwa die erwartete Wellenlänge besaß." Das Problem:
„Allerdings schien die kosmische Hintergrundstrahlung, aus welcher Richtung auch immer, stets die gleiche zu sein, denn die Messungen ergaben, dass die Strahlung aus allen Richtungen nicht nur gleichförmig, sondern identisch war. Es gab keine Anzeichen für auch nur die geringste Dehnung oder Verkürzung der Wellenlänge."
Obwohl die verfügbaren Messgeräte so empfindlich waren, dass es möglich war, die Schwankungen der kosmischen Hintergrundstrahlung auf 1 Teil pro 100 ziemlich genau zu registrieren, fand sich keine Spur solcher Unterschiede. [2]

In der Folge führten weder Ballonmessungen noch solche vom Flugzeug aus zum Erfolg. Erst als man beschloss zu versuchen, Beobachtungen mit Hilfe eines Satelliten vorzunehmen, stellte sich Erfolg ein. Der Schlüssel zum Erfolg war der Cosmic Background Explorer, kurz COBE genannt. Der erste Versuch scheiterte, als der Space Shuttle Challenger nach dem Start 1986 explodierte, und dabei alle sieben Besatzungsmitglieder ums Leben kamen.
Das COBE Team arbeitete unverdrossen weiter an dem Projekt. Das Team bestand aus Mike Hauser vom Goddard Space Flight Center, John Mather und George Smoot. Am 18. November 1989 war ein neuer COBE-Satellit startbereit. Nach dem Start waren im All selbst bei Messergebnissen mit einer Auflösung von 1 Teil zu 10000 wieder keine Schwankungen

---

1   Simon Singh, „Big Bang", Deutscher Taschenbuch Verlag GmbH & Co. KG, München, 4. Auflage 2011, Seiten 438-439
2   Simon Singh, „Big Bang", Seiten 455-456

festzustellen. [3]

Was dann weiter herauskam vermittelt Singh:

„Niemand außerhalb des COBE-Teams wusste, dass sich die langersehnten Schwankungen endlich abzeichneten. Die Variationen deuteten sich so schwach an, dass die Forschungsergebnisse unter strengstem Verschluss blieben.

Der DMR-Detektor von COBE hatte in den Jahren 1990 und 1991 weitere Daten gesammelt und seine erste genaue Kartierung des gesamten Himmels mit insgesamt 70 Millionen Messungen im Dezember 1991 abgeschlossen. Endlich hatte sich bei einer Messgenauigkeit von 1 Teil pro 100000 eine Schwankung abgezeichnet. Mit anderen Worten, die Spitzenwellenlänge der kosmischen Hintergrundstrahlung schwankte um 0,001%, je nachdem, wo COBE hinsah. Die kosmische Hintergrundstrahlung wies nur winzige Schwankungen über den ganzen Himmel hinweg auf, aber diese Schwankungen existierten. Und sie waren noch stark genug, um auf Dichteunterschiede im frühen Universum schließen zu lassen, welche die Bildung der Galaxien angestoßen haben konnten.

Tatsächlich waren die COBE-Messungen stark durch Zufallsstrahlung beeinträchtigt, die der DMR-Detektor selbst emittierte, deshalb enthält die entscheidende Karte beträchtliche Zufallselemente."

COBE lieferte also mehrere sphärische Karten, die aber unzureichend die tatsächlichen Schwankungen der Strahlung zeigen.

„Diese Beeinträchtigung ist so schwerwiegend, dass es durch bloßen Augenschein nicht möglich ist zu unterscheiden, welche Flecken echte Schwankungen der kosmischen Hintergrundstrahlung darstellen und welche durch zufällige Fluktuationen des Detektors verursacht wurden. Doch setzten die COBE-Wissenschaftler ausgefuchste statistische Verfahren ein, um zu beweisen, dass es echte Schwankungen der kosmischen Hintergrundstrahlung in dem von ihnen postulierten Ausmaß gab, daher war ihr Resultat gültig, auch wenn die Karte ein wenig irreführend war.

Die statistische Analyse mochte kompliziert gewesen sein, doch George Smoots Botschaft an die Welt war simpel. Der COBE- Satellit hatte Beweise dafür gefunden, dass es rund 300000 Jahre nach dem Urknall winzige Dichteunterschiede von 1 Teil pro 100000 im ganzen Universum gab, die mit der Zeit zunahmen und letztlich zu den Galaxien führten." [4]
Der letzte Satz stellt nur eine Behauptung und keinen Beweis dar, wie sich zeigen wird.
Die amerikanischen Kosmologen John C. Mather und George F. Smoot erhielten für die Messergebnisse ebenso wie Penzias und Wilson den Nobelpreis.

Christian Knobel beschreibt in einem Artikel in factum 9/2006, „Physik-Nobelpreis und Urknall", die Arbeit dieser Wissenschaftler. Sie konnten nachweisen, dass der **Mikrowellenhintergrund eine präzise Schwarzkörperstrahlung mit einer Temperatur von 2,723 Grad Kelvin über dem absoluten Nullpunkt ist.** Zum ersten Mal wurden wirklich sehr winzige Temperaturfluktuationen mit einer Stärke in der Größenordnung von 0,001 % nachgewiesen.

Diesen Wert einer Temperaturabweichung von 0,001 % habe nach dem Urknallmodell eine solche Strahlung mindestens zu besitzen, andernfalls wäre nicht zu erklären, wie es zur Strukturbildung gekommen sein soll. Die Physiker wurden von ihren Anhängern mit Beifallsstürmen geehrt, was noch verständlich ist. Für bedenklich halte ich es aber, wenn Stephen Hawking sich nach Singh wie folgt dazu äußerte:

„Der Physiker Stephen Hawking nannte 1992 Smoots Resultate sogar >>die größte Entdeckung des Jahrhunderts - wenn nicht aller Zeiten<<. Man sprach auch vom >>heiligen

---

3   Simon Singh, „Big Bang", Seiten 458-464
4   Simon Singh, „Big Bang", Seite 467 und 470

*Gral<< der Kosmologie und George **Smoot** selbst soll sogar gesagt haben, dass, wenn man die Fluktuationen betrachte, **es sei, wie wenn man in das Angesicht Gottes schaue** (Sanderson & Hogan 2006). "*
Der heilige Gral wurde schon oft, aber bisher immer vergeblich bemüht. Waren es vielleicht sogar gezielt abgegebene Signale? In dem Artikel heißt es nämlich weiter:
*„Die Verleihung des Physiknobelpreises an die Astrophysiker John C. Mather und George F. Smoot und die damit verknüpften Medienkommentare legen nahe, dass diese Wahl auch mit der Absicht erfolgt war, **ein Zeichen gegen die Schöpfungsvertreter zu setzen**. Weltweit wurde der Begriff vom >>Urknall<< damit gefestigt. **Aber ist das Urknallmodell damit wirklich bewiesen?**"* [5]

Die als Signale für Strukturbildung aufgefassten Temperaturfluktuationen werden zwar als Indiz dafür gewertet, dass **Struktur entstanden sein müsste, weisen aber nicht zweifelsfrei nach, dass diese durch den Urknall wirklich entstehen konnte.** Bevor Details zu der Möglichkeit der Entstehung von Struktur durch den Urknall zur Sprache kommen, werden zunächst noch die Betrachtungen zur kosmischen Hintergrundstrahlung fortgesetzt.

Wenn die Darstellung der Evolution des Universums die eines nach oben offenem Gefäß ist, entspricht dies einem Weltraum, an dessen Wänden sich die Mikrowellenstrahlung der kosmischen Hintergrundstrahlung als so genannte Schwarzkörperstrahlung bricht.

Im Brockhaus wird diese Strahlung als isotrop, unpolarisiert bezeichnet und dass sie eine Spektralverteilung besitzen würde, die der **Strahlung eines schwarzen Körpers** (Schwarzen Strahlers) bei einer Temperatur von 2,7 K entspricht. Dazu wird erklärt:
„Wegen der Isotropie dieser Strahlung, d.h. der Tatsache, dass sie aus allen Richtungen mit der gleichen Intensität auf die Erde einfällt, kann ihre Entstehung nicht an irgendwelche Körper im Weltall gebunden sein. Daraus wird gefolgert, dass sie das ganze Weltall gleichmäßig erfüllt. Die kosmische Hintergrundstrahlung wird als Relikt (Rest, Überbleibsel) einer Materieansammlung extrem hoher Temperatur und Dichte zu Beginn der Entwicklung des Weltalls (Urknall) gedeutet, deren anfänglich ebenso hohe Temperatur infolge der Expansion des Weltalls auf den heutigen Wert abgeklungen ist. [6]

Für den Elementarteilchen-Physiker Steven Weinberg ist in seinem Buch „Die ersten drei Minuten" die Hintergrundstrahlung ebenfalls ein starkes Indiz für die allgemein geglaubte gigantische Explosion. Seine Sicht von damals ist bis heute beibehalten worden. **Die Strahlung selbst wird auch von ihm für Schwarzkörperstrahlung gehalten.**
Die Eigenschaft einer solchen Strahlung würde derjenigen entsprechen, die pro Sekunde und pro Quadratzentimeter bei einer bestimmten Wellenlänge **in einem geschlossenen Behälter mit undurchlässigen Wänden** von einer vollständig absorbierenden (aufsaugenden) Oberfläche abgegebenen wird. [7]
Dabei handelt es sich um Hohlraumstrahlung. Der Brockhaus vermittelt, dass man unter dieser eine elektromagnetische Strahlung im Inneren eines Hohlraums versteht, wenn sie sich im **thermischen Gleichgewicht** mit den Wänden befindet und homogen, isotrop und unpolarisiert ist. [8]
Vom Zustand eines thermischen Gleichgewichts spricht man, wenn sich ein Körper in einem dynamischen Gleichgewicht befindet (d. h. abgestrahlte gleich absorbierte Leistung ist), z. B.

5 Knobel, „Physik-Nobelpreis und Urknall", factum 9/2006, Seiten 42 und 43
6 Brockh. Enzykl., Band 12, 1990, Seite 395
7 Steven Weinberg, „Die ersten drei Minuten", Seiten 94-95
8 Brockh. Enzykl., Band 10, 1989, Seite 180

eben im Innern eines Hohlraumstrahlers. [9]

Die Bezeichnung Schwarzkörperstrahlung wird für einen Temperaturstrahler verwendet, dessen Temperatur als „Schwarze Temperatur" durch das Planck'sche Strahlungsgesetz beschrieben werden kann. [10]

Es handelt sich bei einen Temperaturstrahler um einen elektromagnetisch strahlenden Körper, wenn Intensität und spektrale Verteilung der Strahlung - außer von der Beschaffenheit des Körpers - nur von seiner Temperatur abhängt und die abgestrahlte Energie ausschließlich aus der Wärme des Körpers stammt. Ein reales Beispiel dafür ist der glühende Metallfaden in einer Glühbirne in einem in sich geschlossenem System. [11]

In **Punkt 5.2**, Unterpunkt „Nicht nur Schwarze Löcher sind ein Problem für den Urknall" wurde schon auf die Schwierigkeit hingewiesen, die ein System, das sich nach der Explosion als Hohlraum mit Schwarzkörperstrahlung offenbart, besitzt. Wenn sich ein solches nach dem Knall als Hohlkörper erweist, muss es im Urzustand ein geschlossenes System gewesen sein und sich damit im **thermodynamischen Gleichgewicht** (Entropiemaximum) befunden haben. In Reinkultur heißt das, weil bei maximaler Entropie keine thermodynamischen Prozesse mehr stattfinden, ist das System tot und nicht arbeitsfähig. Um es zum Leben zu erwecken, bräuchte es eines äußeren Anstoßes. Wo aber sollte dieser hergekommen sein, wenn es nach der Theorie keine Umgebung gab. Wie hätte dann das Zündholz für den Urknall ausgesehen?

Ein weiteres Problem macht der Hohlraumstrahlung noch zu schaffen. Mit ihrem Auftreten versucht man gleichzeitig **die Expansion des Universums mit dem Verhalten eines Luftballons zu erklären, der aufgeblasen wird.** In der Tat sind einige Vertreter der Wissenschaft wohl dieser Ansicht. Sie behaupten, dass sich gemäß der Hubble'schen Rotverschiebung in Wirklichkeit nicht die Galaxien von uns entfernen, sondern sich der Weltraum weiter ausdehnt. Wie auch schon dargelegt, muss man die Rotverschiebung aber nicht als eine Expansion des Raumes deuten, siehe auch **Punkt 5.4.**

Der Wissenschaftsreporter und Physikredakteur Rüdiger Vaas kommt in seinem Buch „Hawkings neues Universum" auf Mario Livio zu sprechen. Er benutzte einen Luftballon, um die kosmische Expansion zu veranschaulichen. Wie schon gesagt, sind auf diesem Punkte aufgemalt, die die Galaxien darstellen sollen. Die Punkte verändern beim Aufblasen des Luftballons ihren Abstand so zueinander, wie dies analog dazu die Galaxien im Weltraum tun würden, meinte Livio. Rüdiger Vaas weist aber darauf hin, dass dieser Vergleich hinkt und sagt:

*„Der Weltraum hat keinen Mittelpunkt „außerhalb" von der Ballonhülle. Und er dehnt sich auch nicht in einen anderen Raum hinein aus, sondern **wächst gleichsam „innerlich"** -eine Vorstellung, die den Alltagsverstand wieder einmal überstrapaziert."* [12]

Die Expansion eines sich verändernden Weltraums im Universum mit dem Verhalten eines Luftballons zu erklären, sei eine Täuschung.

Da der Urknall als der Beginn von allem Bestehendem angesehen wird, bleibt für die Expansion des Universums die Frage offen, welche Kraft die Treibende gewesen wäre. Wenn es **Dunkle Energie** war, wie man annimmt, woher kam sie, wie wäre sie entstanden? Weil sie als existent gilt, wird auch ewige Expansion nun nicht mehr ausgeschlossen. Durch diese würden aber Probleme mit der Aufrechterhaltung der Himmelsmechanik auftreten, weil

9   Brockh. Enzykl., Band 20, 1993, Seite 90
10   Brockh. Enzykl., Band 19, 1992, Seite 607
11   Brockh. Enzykl., Band 21, 1993, Seite 720
12   Rüdiger Vaas, „Hawkings neues Universum", 2010, Seiten 84-85

der Zusammenhalt der Himmelskörper nicht mehr zu gewährleisten wäre.

In Buch **Teil 1, Punkt 1.1**, Unterpunkt „Die Evolutionslehre als die Standardlehre der Kosmogonie" ist beschrieben, dass das klassische Urknall-Modell von einer „Singularität" ausgeht, für die die Dunkle Energie als physikalische Größe überhaupt nicht definiert ist.
Unter einer Singularität wird, gemäß **Punkt 1.1**, verstanden, dass (im mathematischen Sinne) die in einem Punkt enthaltenen physikalischen Größen (Raumkrümmung, Dichte und Temperatur) als unendlich groß angegeben sind. Deshalb verlieren alle bekannten physikalischen Gesetze ihre Gültigkeit. Singularitäten werden in der Relativitätstheorie und Kosmologie als entartete Punkte in der Raumzeit bezeichnet.
Steven Weinberg äußert sich objektiv zu dem Standardmodell, wenn er sagt, dass über diesem wie eine große dunkle Wolke die Ungewissheit schwebt. Dies, weil sämtlichen Überlegungen lediglich das Kosmologische Prinzip zugrunde liegen, was besagt, dass es so ist, wie es ist. In diesem Sinne geht man auch von der Annahme aus, dass das Universum homogen und isotrop ist. So erklärt er wie folgt, was man darunter versteht:
„Unter >>homogen<< verstehen wir, dass das Universum für jeden Beobachter, der von der allgemeinen Expansion des Universums mitgetragen wird, gleich aussieht, wo auch immer sich dieser Beobachter befinden mag; unter >>isotrop<< verstehen wir, dass das Universum für einen solchen Beobachter nach allen Richtungen hin gleich aussieht." [13]
Aufgrund der Beobachtungen hält er es allerdings für möglich, dass die kosmische Mikrowellen-Hintergrundstrahlung hochgradig isotrop ist. Auch hält er das Universum ab dem Zeitpunkt, zu dem sich Materie bildete - bei Abkühlung auf unter 3000 Grad Kelvin - ebenfalls für hochgradig isotrop und homogen. Man habe jedoch keinen Anhaltspunkt dafür, dass das Kosmologische Prinzip auch zu einer früheren Zeit schon gültig war. Derartige Ungewissheiten sind für ihn aber kein Grund, >>das Standardmodell über Bord zu werfen<<. Diese Erscheinung eines krampfhaften Festhaltens am Urknallmodell ist bis zur Stunde zu beobachten. **So hängen sie an diesem Modell wie der Junkie an der Nadel.**

Zu dem bereits Gesagten zu dem Problem, die kosmische Hintergrundstrahlung als das Echo des Urknalls zu deuten, kann noch hinzugefügt werden, worauf der Münchner Physiker Alexander Unzicker in seinem Buch „Vom Urknall zum Durchknall" hinweist:
„Die Signale des Mikrowellenhintergrundes sagen ganz klar, dass wir nicht ruhen, sondern uns mit 370 Kilometern pro Sekunde in Richtung des Sternbildes Becher bewegen - in Relation zur Lichtgeschwindigkeit sehr gemütlich. Die kosmische Hintergrundstrahlung erwies sich schon bei der Messung von 1989 als ungewöhnlich gleichförmig, was dem Forscherteam des COBE-Satelliten Kopfschmerzen bereitete. Die Daten waren zu perfekt." [14]
Und schildert weiter, dass zumindest leichte Unregelmäßigkeiten, genannt Fluktuationen, wünschenswert gewesen wären. **Nach knapp zwei Jahren Analyse fand man, was man suchte, aber viel kleiner als erwartet,** nämlich im Bereich von Millionstel Kelvin. **Diese Winzigkeiten können die spätere Galaxienbildung nicht erklären.**
Dies betonen in ihrem Buch „Der Urknall Anfang und Zukunft des Universums" die Wissenschaftler Hans Joachim Blome und Harald Zaun ebenfalls und zwar wie folgt:
„In einem rein baryonischen Universum sind solche Anfangsfluktuationen zu klein, um mit Hilfe der Gravitation zur heute beobachteten klumpigen Materieverteilung, also den Galaxien und Galaxienhaufen, anzuwachsen." Mit anderen Worten: ***„Das Gravitationspotential kleiner Fluktuationen in der Materiedichte kann in einem expandierenden Universum nicht anwachsen.*** *Lassen wir jedoch die Dunkle Materie zu, so reichen sie gerade in etwa aus."* Mit ihr könnte nichtbaryonische Dunkle Materie die Strukturbildung wesentlich

13   Steven Weinberg, „Die ersten drei Minuten", Seite 169
14   Alexander Unzicker, „Vom Urknall zum Durchknall", Seiten 126-127

beschleunigt haben. " [15]

Erklärbar also wieder nur mit den dunklen und nicht nachweisbaren freien Parametern. Zum Problem der Strukturbildung und -erhaltung aber anschließend gleich noch mehr.

Wie fraglich die Hintergrundstrahlung als Indiz für den Urknall ist, verdeutlichen auch noch in Bezug auf die dunklen Parameter die folgenden Zeilen von Alexander Unzicker:

*„**Hilfe kam** - wie schon so oft - **von der Dunklen Materie.** Die pragmatische Überlegung lautet: Wenn wir in der normalen Materie keine großen Fluktuationen sehen, dann müssen diese eben in der Dunklen Materie vorhanden gewesen sein. **Diese habe sich daher praktisch vorauseilend zusammengeballt,** und die normale baryonische Materie sei ihr dann gefolgt. Viele Kosmologen sehen darin einen neuen **„Beweis" für die Dunkle Materie.** Nur musste man wieder einen freien Parameter einführen - im Englischen manchmal weniger respektvoll als **fudgefactor, das heißt Schummelfaktor,** bezeichnet. Die moderne Physik ist gegenüber solchen methodischen Niederlagen völlig schmerzfrei geworden. **Man fragt sich einfach: Wie heftig müssen also die Fluktuationen der Dunklen Materie gewesen sein? Antwort: Gerade so, dass die Galaxien in der heutigen Form entstehen konnten.** Und damit hat man die Fluktuationen präzise gemessen. Wenn auch die Dunkle Materie erneut willkommen ist, so handelt es sich doch um einen gefassten Verbrecher, dem man eine beliebige Anzahl von Delikten andichten kann - solange wir aus Labormessungen keine Ahnung haben, wie sich die „dunklen" Teilchen benehmen, dürfen wir in der Kosmologie alles tun.* " [16]

An anderer Stelle sagt Unzicker:

*„Das bedeutet keineswegs, dass einer der Kontrahenten in böser Absicht gehandelt hatte, **denn man glaubt nun mal leicht das, was man erwartet.*** " [17]

Und er zitiert Mark Twains humorvollen Ausspruch:

>>Beschaffe dir aber zuerst mal die Fakten, dann kannst du sie nach Gusto verzerren.<< [18]

Wie soll es aber der Materie gelungen sein, ihre Struktur zu erlangen? Das eigentliche Problem ist nicht **das Zustandekommens von Materie im Sinne des Entstehens dieser von selbst,** sondern wie es gelang, dass ihre Struktur erhalten blieb, so dass Himmelskörper überhaupt entstehen konnten. Das bedeutet, dass die von Mather und Smoot gemessenen Schwankungen der Spitzenwellenlänge der kosmischen Hintergrundstrahlung zwar Indizien für die Bildung beispielsweise von Galaxien darstellen könnten, aber damit ist die Entstehung ihrer Struktur noch nicht erklärt.

Trotzdem ist die Vorstellung:

Dichteunterschiede der Fluktuationen der Hintergrundstrahlung lassen darauf schließen, dass sie die Bildung der Galaxien angestoßen haben konnten. Der COBE- Satellit habe Beweise dafür gefunden, dass es nach dem Urknall winzige Dichteunterschiede gab, die letztlich zu den Galaxien führten.

Die Wirklichkeit sieht aber so aus:

Diese als Dichteunterschiede für Strukturbildung aufgefassten Temperaturfluktuationen werden zwar als Indiz dafür gewertet, dass Struktur entstanden sein müsste, weisen diese aber nicht zweifelsfrei nach. Auch erst nach ca. zwei Jahren Analyse fand man, was man suchte, aber viel kleiner als erwartet, nämlich im Bereich von Millionstel Kelvin. Diese Winzigkeiten können aber die spätere Galaxienbildung nicht erklären. Das Gravitationspotential derart kleiner Fluktuationen in der Materiedichte kann in einem expandierenden Universum nicht anwachsen, sagte Hans Joachim Blome.

15   Hans Joachim Blome und Harald Zaun, „Der Urknall Anfang und Zukunft des Universums", Seite 72
16   Alexander Unzicker, „Vom Urknall zum Durchknall", Seiten 127-128
17   Alexander Unzicker, „Vom Urknall zum Durchknall", Seite 130
18   Alexander Unzicker, „Vom Urknall zum Durchknall", Seite 132

Es stellen sich aus diesen Gründen dazu die zwei Fragen:
Kann das Phänomen der Entstehung von Struktur allein aus dem Vorhandensein der Hintergrundstrahlung abgeleitet werden? Kann in dem Inferno eines Urknalls Struktur überhaupt entstehen?
Nach den Forschungsergebnissen im CERN in Genf kommt die Materie im Atom in Wechselwirkung mit dem Higgsfeld zustande. Am LHC wurde zwar nachgewiesen, wie Elementarteilchen durch den Higgs-Mechanismus zu Materie kommen, es fehlt aber der Nachweis darüber, wie die Materie in dem Inferno des Urknalls ihre Struktur erhalten konnte. Selbst wenn man den Temperaturfluktuationen der kosmischen Hintergrundstrahlung unterstellt, dass sie die Enstehung von Struktur signalisieren, bleibt das „Wie?" offen.
Erst wenn man klären kann, wie dies im Urknall gelang, bekämen die bei dieser Strahlung festgestellten winzigen Unregelmäßigkeiten, Fluktuationen genannt, die Bedeutung, die ihnen für die Entstehung des Universums zuerkannt werden.
Das heißt:
Ohne ein Zustandekommen der Grundstruktur der Materie, beispielsweise in Form von Baryonen (Atomkernen) nach dem Urknall, hätte unser Universum nicht entstehen können. Deshalb geht es darum zu klären, wie und ob Baryonen unter den Anfangsbedingungen des Standardmodells hätten erhalten bleiben können. Dazu nachstehende Betrachtungen:
Mit der Frage des „Wie?" hat sich Steven Weinberg in seiner Veröffentlichung „Die ersten drei Minuten" beschäftigt. Weinberg beginnt seine Ausführungen damit, sein Bedauern über die Anfangsbedingungen beim Urknall auszudrücken und sagt dazu:
„Leider kann ich den Film nicht zum Zeitpunkt Null und bei unendlicher Temperatur beginnen lassen." Was bei oder vor Null war, liegt im Ungewissen. [19]
Auch er sagt, dass die inzwischen gemessene Fluktuation der Hintergrundstrahlung zwar auch für ihn die Aussage macht, dass sie der vorhandenen materiellen Struktur im Universum nicht widerspricht, aber auch nicht erklärt, wie diese entstanden sein könnte. Dazu aber, wie es zu ihrem Zustandekommen gekommen sein könnte, äußert sich Weinberg wie folgt:
*„Falls das Universum während der ersten paar Minuten tatsächlich aus der gleichen Anzahl von Teilchen und Antiteilchen bestanden hätte, **dann wären sie sämtlich vernichtet worden** als die Temperatur unter 1000 Millionen Grad sank, **und es wäre nichts als Strahlung übriggeblieben.***
Gegen diese Möglichkeit liegt ein ausgezeichneter Beweis vor: Es gibt uns! Es muss einen gewissen Überschuss** an Elektronen gegenüber Positronen, an Protonen gegenüber Antiprotonen und an Neutronen gegenüber Antineutronen **gegeben haben, damit
***nach der Vernichtung von Teilchen und Antiteilchen etwas übrigblieb, um Materie für das gegenwärtige Universum zu liefern."* [20]
Weingarten führt also die Existenz von materieller Struktur in Form von Baryonen im Universum im Zuge des Urknalls auf einem **Symmetriebruch zurück**.
Anmerkung:
Es existieren drei naturgesetzliche Gegebenheiten, die der Struktur der Materie eigen sind. **Zuerst** geht es um die **Erhaltung der elektrischen Ladung der Photonen**, deren Nettobetrag sich nie ändert. **Dann Zweitens** um die **Erhaltung der Gesamtzahl der Leptonen** (Elektronen, Elekton-Neutrino, Myonen und Tauonen) abzüglich der Gesamtzahl der Antileptonen, die sich nie ändert. **Drittens** schließlich um das Gesetz von der **Erhaltung der Baryonenzahl** (oder Baryonenladung). Die Baryonenzahl ist eine ladungsartige Quantenzahl der Elementarteilchen, die für Baryonen (Protonen und Neutronen) den Wert +1 und deren Antiteilchen den Wert -1 hat.
Diese drei Gesetzmäßigkeiten stellen die Grundlage für den Erhalt der Struktur dar.

19   Steven Weinberg, „Die ersten drei Minuten", Seite 147
20   Steven Weinberg, „Die ersten drei Minuten", Seite 131

Zumindest das zuletzt genannte Naturgesetz schließt aber einen Symmetriebruch kategorisch aus. **Dies, weil sich danach alle Baryonen** (Protonen und Neutronen) **ausnahmslos paarweise erzeugen und vernichten** d. h., dass die Zahl der am Prozess beteiligten Baryonen vor und nach der Reaktion stets die gleiche ist. So ändert sich die Gesamtzahl der Baryonen minus der Anzahl der Antibaryonen (Antiprotonen, Antineuronen usw.) nie, **was einen Symmetriebruch nicht ermöglicht.**

Mit anderen Worten:

Das heißt, dass in dem Inferno des Urknalls in allen Wechselwirkungsprozessen von strukturbildenden Elementarteilchen, bei Erhaltung der Gesamt-Baryonenzahl (= Summe der Baryonenzahl aller beteiligten Teilchen) sich Materie und Antimaterie hätten restlos vernichtet haben müssen, so dass nur noch Strahlung übriggeblieben wäre.

Auch der Bonner Astrophysiker Hans Jörg Fahr kommt in seinem Buch „Der Urknall kommt zu Fall" zu einer ganz ähnlichen Beurteilung und nimmt dabei zunächst Bezug auf die Hintergrundstrahlung:

„Sie wird üblicherweise als das Echo des Urknalls gedeutet, aus dem unser Universum hervorgegangen sein soll. Von thermischer Natur kann diese Strahlung nur dann sein, wenn sie es bereits früher im Urknall gewesen wäre und der Kosmos seitdem eine gleichmäßige und richtungsunabhängige Expansion durchgeführt hätte - dann aber hätte er keine materiellen Strukturen schaffen können, wie wir sie heute zu sehen bekommen. Das Phänomen unseres Kosmos darf nicht auf die Strukturlosigkeit seiner Hintergrundstrahlung reduziert werden. Es muss vielmehr zuerst eine Erklärung für die Strukturiertheit gesucht werden! Wenn dann herauskommt, dass wir die Hintergrundstrahlung bis heute falsch interpretiert haben, fällt auch die These von der Urknallgenese des Universums." [21]

So bleibt die Erklärung der Strukturiertheit des Universums das Hauptproblem für den Urknall, wenn das Zustandekommen der Struktur der Materie auf einen Symmetriebruch zurückgeführt wird. Wie seinem Buch entnommen werden kann, bleibt Steven Weinberg bei dieser Hypothese, wenn er sagt, dass er, was dagegenspricht, ignorieren will. Er werde einfach weiter davon ausgehen, dass es so ist wie es scheint, dass die Baryonenzahl pro Photon etwa eins zu tausend Millionen beträgt. [22]

Fahr sagt dazu im Gegensatz zu Weingarten, dass den Allerwenigsten die Tatsache bewusst ist, dass die kosmische Hintergrundstrahlung samt all ihren Eigenschaften auch ganz anders verstanden werden kann. Eine der reizvollsten Alternativerklärungen stammt von dem Astrophysiker Martin J. Rees, wie Fahr ihn zitiert:

„Er (Rees) stellt zunächst einmal heraus, dass es im Rahmen der Urknallkosmogenese **völlig zufällig bleiben muss, warum die Anzahl der Photonen in der kosmischen Hintergrundstrahlung im Vergleich zur Anzahl der im Kosmos vorhandenen Baryonen** *(Wasserstoffatomkerne), wenn beide aus der Urknallkosmogenese herrühren, so immens groß ist.* **Das Zahlenverhältnis** *zwischen beiden beläuft sich nämlich, bei herkömmlicher Erklärung, auf etwa* **eins zu einer Milliarde!"**

Dies würde sich mit der Vorstellung von Weinberg zwar decken, der dies als Anzeichen eines ganz schwachen Symmetriebruches bei der Erzeugung von Materie aus Energie im Rahmen von Paarerzeugungsprozessen versteht, aber nicht die Ungereimtheit aufklären, die Rees benannte.

Auch Fahr betont hier wie bereits zuvor schon ausgeführt, dass das streng gegen den unter Laborphysikern vertretenen Satz der Baryonenerhaltung verstößt, *„der kurz besagt, dass bei allen Prozessabläufen zwischen Teilchen und Feldquanten die Zahl der involvierten Baryonen (Atomkerne) vor und nach der Reaktion stets die gleiche ist."*

21   Hans Jörg Fahr, „Der Urknall kommt zu Fall", Seite 86
22   Steven Weinberg, „Die ersten drei Minuten", Seite 142

Mit seinen Worten wird jetzt nochmals der gegebene Sachverhalt auf den Punkt gebracht:
*„Wenn dies immer und überall und zu allen Zeiten des Kosmos in dieser Weise streng gültig gewesen ist, so kann der Urknall abgelaufen sein, wie immer er auch will - wenn er dabei aus Energie materielle Teilchen in entsprechender Zahl hervorgehen ließ, **dann können sie dabei nur gleichzahlig entstanden sein.** Solange der Kosmos sich bei höchsten Energien aufhielt, konnten alle diese Teilchen und Antiteilchen **immer wieder aus Energie nacherzeugt werden.** Wenn aber der auch Urknall den Kosmos durch Expansion in die Abkühlung hineintreibt, so* **kommt es** *schließlich bei Unterschreiten bestimmter Temperaturen zu* **irreversiblen Vernichtungsprozessen,** *bei den sich paarig vorhandene Teilchen und Antiteilchen* **völlig in Strahlung umsetzen.** *"* [23]
Jede andere Deutung würde, wie Fahr es ausdrückt, eine *„Gesetzesänderung vor unserem Verstand stimmig gemacht"* **haben müssen.**

In seinem Buch „Eine kurze Geschichte der Zeit" von 2017 bringt auch Hawking zum Ausdruck, dass man infolge von Ungewissheiten nicht voraussagen kann, *„ wie viele Quarks nach dem Annihilationsprozeß (Vernichtunggsprozeß) übrigbleiben, ja noch nicht einmal, ob Quarks oder Antiquarks übriggeblieben sind."*
Wie Steven Weinberg seinerzeit 1977 bestätigt Hawking, dass bei bestimmten Temperaturverhältnissen in dem Inferno des Urknalls Quarks und Antiquarks in gleicher Anzahl auftreten und sich gegenseitig vernichten und eigentlich dabei nur Stahlung übrigbleibt. Da es uns gibt, zweifeln sie aber nicht daran, dass wir unserer Existenz trotzdem einem Überschuss an Quarks zu verdanken haben. Ihres Erachtens müssen glückliche Umstände dazu geführt haben, dass die Zahlen schließlich doch ungleich wurden. Wären sie es nicht geworden, **hätten sich** im frühen Universum **Quarks und Antiquarks tatsächlich gegenseitig gänzlich vernichtet,** dann gäbe es uns nicht!
Weil es uns gibt, meint Hawking, dass die Kraftwirkungen der elektromagnetischen, schwachen und starken Kraft im Rahmen der Großen Vereinheitlichten Theorien dafür gesorgt hätten, dass im Universum mehr Quarks als Antiquarks entstanden. Diese Kräfte würden dann die Prozesse bewirkt haben, die zur Umwandlung von Antiquarks in Elektronen sowie von Elektronen und Antielektronen in Antiquarks und Quarks führten. Das brachte er in seinem Buch wie folgt auf den Punkt:
„Zum Glück bieten die Großen Vereinheitlichten Theorien jetzt die mögliche Erklärung dafür, dass das Universum heute wohl mehr Quarks als Antiquarks enthält, auch wenn die Anzahl ursprünglich einmal gleich gewesen ist. So läßt sich unsere eigene Existenz als eine Bestätigung der Großen Veinheitlichten Theorien verstehen, wenn auch nur in qualitativer Form. [24]
Sein Oxforter Kollege, der international bekannte Mathematiker John Lennox kommt in seinem Buch „Hat die Wissenschaft Gott begraben?", auf dahingehende Äußerungen von Stephen Hawking und Paul Davies zu sprechen, deren Aussage ist, dass Gesetze und Theorien von Anfang an im Zusammenwirken funktionierten. Lennox zitiert unächst eine Äußerung von Hawking dazu und sagt:
„Hawkings Alternative lautet hier, dass sich **das Universum nicht selbst erzeugt hat, sondern von einer Theorie erzeugt wurde.** *"*
In einem Interview drückt Paul Davies sich dazu noch weitergehender folgendermaßen aus:
>>*Es besteht kein Anlass, sich für den Ursprung des Universums oder des Lebens auf etwas Übernatürliches zu berufen. Für mich ist es viel inspirierender,* **an ein System mathematischer Gesetze zu glauben, das intelligent genug ist, alle diese Dinge zu**

---

23   Hans Jörg Fahr, „Der Urknall kommt zu Fall", Seiten 313-316
24   Stephen Hawking, „Einen kurze Geschichte der Zeit", Seiten 103-10Intelligente

schaffen. <<

Theorien und Gesetze werden also ins Feld geführt. Lennox kommentiert auch dazu noch:

„Lässt man die fragwürdige Motivation beiseite, so bleibt doch die Frage offen, was mit einer Theorie oder mit Gesetzen, die das Universum entstehen lassen, gemeint sein könnte. Es ist uns möglich, Theorien aufzustellen, in denen mathematische Gesetze enthalten sind, die Naturphänomene beschreiben und das nicht selten mit erstaunlicher Präzision"

Hinter einer solchen Aktivität steckt jedoch immer eine geistige Tätigkeit. Man hält es aber für möglich, dass eine wie auch immer geartete **Theorie, in Verbindung mit bereits vorhandenen Naturgesetzen, von allein das Universum hervorgebracht hat.**

Lennox demonstriert diese Unmöglichkeit anhand nachstehenden Beispiels:

„Allerdings sind diese Gesetze nicht in der Lage, selbst irgendetwas zu bewirken. Newtons Gesetze können die Bewegung einer Billardkugel beschreiben, in Bewegung gebracht wird sie jedoch mit dem geführten Queue des Billardspielers, nicht durch das Gesetz. Mit Hilfe des Gesetzes ist es nur möglich, die Bahn der Kugel vorauszuplanen (vorausgesetzt, es kommt nicht zu Außeneinwirkungen), **aber die Gesetze können die Kugel nicht in Bewegung versetzen und schon gar nicht entstehen lassen.***"* [25]

Theorien und mathematische Gesetze können ohne Anwender also kein Eigenleben führen. Auch wenn sie Realität darstellen, sind sie allenfalls in Anwendung, aber nicht verselbstständigt in Aktion. Dazu benötigen sie den Anwender als den geistigen Urheber bzw. Designer. Sie mögen dessen Schaffen zugrunde liegen, werden aber erst durch dessen Anweisung (in Form von Information über Blaupausen und Betriebsanweisungen) zur Funktion gebracht. So sind die Dinge ganz anders gelagert, so dass ein Urknall sich also auch aus den zuvor geschilderten Gründen nicht ereignet haben kann. Auch kann die kosmische Hintergrundstrahlung deshalb nicht als das Echo des Urknalls angesehen werden. Auf diese Strahlung kommt Fahr nochmals zu sprechen:

Er weist in diesem Zusammenhang auf das Zahlenverhältnis von einem Baryon zu einer Milliarde Photonen hin. Er meint, dass man dieses besser nicht als Folge eines Symmetriebruches, *„sondern vielmehr als ein Abbild für den lokal und global gegebenen* **Ordnungszustand der Materieverteilung** *in unserem Universum"* ansehen sollte. Und lässt man einen solchen gelten, erhält man auch eine Erklärung für das Vorhandensein von Hintergrundstrahlung auf ganz natürlichem Wege.

Diese entsteht, wenn sich Materie *„im Universum unter der Wirkung der eigenen Gravitation auf kleinere Räume zusammenballt* (verklumpt), *so wird dabei Gravitationsenergie frei, die sich bei Energieerhaltung in elektromagnetische Strahlungsenergie umsetzt. Bei dem letztgenannten Verdichtungsprozess entsteht genau in dem Maße, wie Gravitationsenergie gewonnen wird, Strahlungsenergie für den Weltraum, die sich dort in Form von freien kosmischen Hintergrundphotonen verteilt. Es wird dann leicht ersichtlich, dass der Strukturierungsgrad der kosmischen Materieverteilung sich letztlich in der Intensität und Spektralverteilung der kosmischen Hintergrundstrahlung widerspiegeln muss."*

Letztere ist also nichts anderes als ein geeigneter *„Entropieindikator"* für die kosmische Materieverteilung. Er bietet die Möglichkeit, den *„Ordnungszustand der kosmischen Ruhemassen"* ablesen zu können. *„Die Temperatur der* **Hintergrundstrahlung** *wäre demnach* **also kein Maß für die jeweilige Größe der Welt, sondern für deren Ordnungsgrad.***"*

So schlussfolgert er schließlich:

25   John Lennox, „Hat die Wissenschaft Gott begraben?", R. Brockhaus Verlag Witten,
      Auflage 2009, Seite 93

„Es scheint demnach so, als benötige man den Urknall und die daran gekoppelte Rekombination von Materie und Antimaterie überhaupt nicht zum Verständnis der Hintergrundstrahlung im Universum. "

Somit erscheint es, wie *„ wenn wir uns statt in einem Urknalluniversum in einem dynamisch-organistischen Universum mit als dauerhaft gedachten Bewegungs- und Strukturumsetzungen wähnen dürfen.* ***Es ist also ganz und gar nicht so, als könnten wir ohne Urknall die kosmische Hintergrundstrahlung nicht verstehen.** "*

Fahr kommt auf derselben Seite noch auf Ausführungen von Victor Souzek zu sprechen. Dieser weist in seinem Buch „Ungleichheit vom Uratom zum Kosmos" auf *„das Grundprinzip des Universums, bewiesen an endlosen Beispielen aus allen Bereichen der Natur"* hin. Er zeigt dort *„das Prinzip der konstanten Vielfalt des Realen"* auf. Fahr bezeichnet dies auch als *„**das Prinzip der Erhaltung der Information** in der Gesamtstruktur des Universums. "*

Und sagt weiter:

„Das Konzept des einander Gleichen muss aus der Naturbeschreibung eliminiert werden, weil es Derartiges nicht gibt. "

In diesem Zusammenhang redet man nach seiner Meinung *„von etwas, was nicht zur Natur gehört.* ***Die Ungleichheit tritt mithin als das eigentliche Wesen der Schöpfung in Erscheinung.*** *Wir haben eben kein zentralistisch, monistisch angelegtes Universum.* **Es verbietet sich eindeutig, einen Gleichheiten stiftenden Urknall anzunehmen,** *von dem ausgehend sich ein gleichförmiger Geschehensstrang durch alle Zeiten und alle Orte des Kosmos hindurchzieht. "* [26]

Schon zu Eingangs seines Buches fragt sich Fahr:

„Gibt es tatsächlich die Homogenität des Weltalls? Gibt es ein vom Standort unabhängig ablaufendes Geschehen in diesem Weltall, in dem die Zeit als eine raumabhängige, absolute Koordinate auftritt? " Eine weitere Frage lautet:

„Gibt es ein sicheres Zeichen für eine Isotropie, also eine Richtungsunabhängigkeit der kosmischen Expansion? " [27]

Er beantwortet diese Fragen durchweg mit Nein und begründet dies auch nachvollziehbar. Irren sich demnach die heutigen Wissenschaften total? Und führt auch dazu noch aus:

„Ja muss man nach Souzek dann darauf antworten! ***Sie müssen sich einfach irren, und immer wieder irren,*** *denn sie schauen das an sich Unvergleichbare in der Realität der Welt auf das darin steckende Vergleichbare hin an, sie suchen doch stets nur das Kommensurable* (mit gleichem Maß messbare, vergleichbare) *unter den Naturerscheinungen und erklären dies sodann zum Wesentlichen, obwohl es so etwas im Weltganzen gar nicht gibt.*

In der Realität ist nichts dem anderen gleich und ist geprägt von *absoluter Ungleichheit, weil alles Werden nur immer eine fortwährende Umformung von immer Vorhandenem darstellt.* ***Die Welt als ganzes evolutioniert nicht,*** *sie ist vielmehr die Bühne der Erscheinungsformen der in sich geschlossenen Ganzheit der Naturrealität.*

Das Universum ist an jeder Teilbewegung mit einer absoluten Konstellationsveränderung beteiligt! Kein Elektron kann seine Lage verändern, ohne dass sich dadurch sofort die gesamte Weltlage ändert. Alles durch alles bedingt. Dadurch ist ausgeschlossen, dass jemals etwas Gleiches hervorgebracht wird im Universum, denn wenn das erste seiner Art hervorgebracht ist, ist die Weltkonstellation eine andere, so dass kein zweites seiner Art entstehen kann. " [28]

Hans Jörg Fahr hat sein Buch 1992 veröffentlicht und weist auf der Seite 94 auf das Mikrowellenradiometer-Experiment (DMR/COBE) hin. Seine Schilderung lässt erkennen,

---

26   Hans Jörg Fahr, „Der Urknall kommt zu Fall", Seiten 319-320
27   Hans Jörg Fahr, „Der Urknall kommt zu Fall", Seite 66
28   Hans Jörg Fahr, „Der Urknall kommt zu Fall", Seiten 320-322

dass er mit dem größten Teil der Daten bereits vertraut ist und dennoch bei seiner Schlussfolgerung bleibt: **es sei an der Zeit, dass sich die Wissenschaft von der Vorstellung des Urknalls endlich und endgültig löst.**

Die Struktur unseres Universums kann eindeutig nicht im Zuge eines Urknalls entstanden sein. So können die Fluktuationen der Hintergrundstrahlung nicht als Relikt für Struktur die Bildung der Galaxien angestoßen haben. **Auch weil diese Strahlung nicht als eine Art von Nachglühen des Urknalls verstanden werden kann, verliert sie den Anspruch das Echo des Urknalles zu sein.**

Darauf kommt der Cambridger Naturwissenschaftler Brian Clegg in seinem Buch „Vor dem Urknall" zu sprechen. Er sagt, dass es ihm schwer fällt zu begreifen, wie die Kosmologen darauf kommen, dass die extrem niedrige Temperatur der **Hintergrundstrahlung** ausgerechnet so etwas wie ein „Nachglühen" des Urknalls sein soll und weiter:

„Nachbeben und Nachglühen eignen sich gut als Metaphern, aber was will diese Metapher sagen?" Er hält dies „alles für sehr schön", aber als Erklärung äußerst unbefriedigend, weil **diese Strahlung nicht einem Nachglühen ähneln würde, das den Himmel wie nach einem großen Brand erfüllt.**

Clegg:

*„Man kann eine wissenschaftliche Theorie nicht beweisen. Man kann entweder Indizien für ihre Unterstützung liefern, oder man kann sie widerlegen, indem man Indizien liefert, die im Widerspruch zu ihr stehen. Die Existenz der kosmischen Mikrowellen-Hintergrundstrahlung ist ein eher indirekter Beweis, denn es könnte viele **andere Gründe für ihr Dasein geben. Auf keinen Fall aber kann sie als absoluter Beweis angesehen werden."* [29]

In den achtziger Jahren des vergangenen Jahrhunderts hat schon der Heidelberger Physiker Hermann Schneider sehr früh, in „Der Urknall und die absoluten Datierungen" ebenfalls starke Bedenken geäußert, die Erscheinung dieser Strahlung als ein Beweis für den Urknall anzusehen. Schneider zitiert dazu J. Narlikar wegen der Schwierigkeit, die Effekte dieser Strahlung richtig abzugrenzen und zuzuordnen:

>>*Den Astrophysikern legt die beobachtete Energiedichte der Hintergrundstrahlung andere Koinzidenzen (Zusammentreffen von Ereignissen) nahe. Diese Energiedichte unterscheidet sich nicht allzu sehr von Energiedichten, die in anderen astrophysikalischen Phänomenen des Universums beobachtet werden, wie z.B. der des Sternenlichtes, der kosmischen Strahlung, der galaktischen Magnetfelder usw.*<< *„Sollte dies bedeuten, dass der Mikrowellen-Hintergrund allgemein astrophysikalischen Ursprungs ist und nicht ein Überbleibsel des Urknalls?"* [30]

Ähnlich verhält es sich mit dem Phänomen der Rot- oder Blauverschiebung der Spektrallinien ferner Galaxien, das im nächsten Punkt Gegenstand der Betrachtung sein wird.

29   Brian Clegg, „Vor dem Urknall", Rowohlt Verlag, Seiten 171-172
30   Hermann Schneider, „Der Urknall und die absoluten Datierungen", Seite 24ff

5.4 Beweist die Rotverschiebung den Urknall?

Grundsätzlich geht es bei der Rot- oder Blauverschiebung um die Verschiebung der Spektrallinien ferner Galaxien zum roten oder blauen Ende des elektromagnetischen Spektrums hin (Hubble-Effekt). Dass diese Erscheinung beobachtet werden kann, steht außer Zweifel. Das Problem besteht in ihrer Deutung. Für die einen ist diese eine Fluchtbewegung der Galaxien, wobei diese sich umso schneller von uns entfernen würden, je weiter sie von uns entfernt sind. Andere legen sie als eine Expansion des Weltraums aus. Anders ausgedrückt wird dabei unterstellt, dass sich bei Rotverschiebung nicht die Galaxie vom Betrachter entfernt oder sich umgekehrt bei Blauverschiebung ihm nähert, sondern sich nur der Raum ausdehnt oder umgekehrt eine Kontraktion erfährt. Die Verschiebung maß Humason, ein Mitarbeiter Hubbles, nach dem Charakteristikum eines Doppler-Effekts. Dieser äußert sich in einer Verschiebung der Spektrallinien in den Spektren der Sterne, ähnlich wie bei einem vorbeifahrenden Auto sich die Frequenz der Schallwellen ändert. Kürzer ist die Frequenz der Schallwelle beim Entgegenkommen und länger beim sich Entfernen.
Man beobachtet auch vereinzelt Blauverschiebungen. Diese signalisieren Kontraktion anstatt Expansion. Weil sich nichts ewig ausdehnen kann, müsste sich inzwischen eigentlich - im Laufe der angenommenen ca. 14 Millarden Jahre seit dem Urknall - anstatt Expansion längst Kontraktion eingestellt haben. Wegen der aber weiterhin vorrangig zu beobachtenden Rotverschiebung der Spektrallinien geht man aber weiter davon aus, dass das Universum expandiert. Man prognostiziert sogar inzwischen eine ewige Expansion. Dazu später nähere Informationen.
Die Rotverschiebung wird mit Hilfe eines Spektrometers gemessen. Zu beobachten ist dabei die Merkwürdigkeit, dass die Farben von fernen Galaxien viel stärker rot verschoben erscheinen als die von nahen Galaxien. Dabei werden die Messergebnisse für relativ genau gehalten. Es wurde in diesem Zusammenhang schon mehrfach gesagt, dass man mit der daraus abgeleiteten Inflationstheorie möglicherweise zum Opfer einer Täuschung wurde, wofür es Belege gibt, wie gezeigt werden wird. **Zunächst kurz, warum Hubbles Forschungsergebnisse als Beweis für einen Urknall gelten sollen.**
Simon Singh vermittelt dies so:
Nach Hubble gilt generell, dass sich die Galaxien im Universum mit einer Geschwindigkeit, die **proportional zu ihrer Entfernung ist**, von uns fortbewegen und wurde als Hubbles Gesetz bezeichnet. Die Gleichung lautet:

$$v = H_0 \cdot d$$

v = Geschwindigkeit einer Galaxie
H_0 = Proportionalitätskonstante (Hubble-Konstante)
d = Entfernung von der Erde

Singh:
„Aus technischen Gründen ziehen die Astronomen vor, die Entfernung in Megaparsec (Mpc) anzugeben, wobei 1 Mpc 3260000 Lichtjahren entspricht. Hubble rechnete in Megaparsec und kam etwa 1931 zu dem Ergebnis, dass seine Konstante einen Wert von 558 km/s/Mpc hat. Wenn die Konstante 558 km/s/Mpc beträgt, dann bewegt sich eine 1 Mpc entfernte Galaxie mit 558 km/s/Mpc.“ Ganz eindeutig handelt es sich aber um kein exaktes Gesetz. [1]

Der Physiker Hermann Schneider weist in seinem Buch „Der Urknall und die absoluten Datierungen" auf den Umstand hin, dass es schwierig ist, die Konstante genau festzulegen,

---

1   Simon Singh, „Big Bang", Seiten 264 und 267

d.h. ihren Zahlenwert eindeutig zu bestimmen und sagt:

„Der akzeptierte Wert der Hubble-Konstanten fiel monoton von H32 = 530 km/s/Mpc⁻ +/- 15 % im Jahre 1932 auf H78 = 43,4 km/s/Mpc⁻ +/- 6% im Jahre 1978, um auf 100 km/s/Mpc +/- 5% im Jahre 1980 anzusteigen. [2]

Nach der Brockhaus Ausgabe 1989 ist dieser Wert wieder gefallen und wurde damals mit 75 km/s/Mpc angenommen und diese führt aus:

*„Der als Hubble-Alter des Weltalls bezeichnete Kehrwert liegt damit bei 13,5 Milliarden Jahren. Das tatsächliche Alter des Weltalls liegt **vermutlich** über diesem Wert.“* [3]

Der gegenwärtige Wert beträgt rund 67 km/s/Mpc (Harald Lesch und Jörn Müller, „Kosmologie für Fußgänger“, Seite 190).

Interessant ist, was Singh dazu über Hubble schreibt:

„Der dickköpfige Hubble war nicht daran interessiert, über den Ursprung des Universums zu spekulieren. Hubble schien auf pathologische Weise unfähig zu sein, sich auf die tiefere Bedeutung seiner Daten einzulassen, also waren es seine Kollegen, die sein Diagramm zum Verhältnis von Geschwindigkeit und Entfernung interpretierten.“ [4]

In Bezug auf die Bedeutung der Daten sagte Hermann Schneider, dass die Rotverschiebung auch durch Gravitation hervorgerufen sein könnte. Dies, weil die Schwerkraft für die Aufrechterhaltung des Drehimpulses im Universum verantwortlich ist.

Anmerkung:

Es erscheint sicher, dass sich nicht nur die Galaxien um ihr galaktisches Zentrum drehen, sondern dies auch das ganze Universum tut. Dazu gleich mehr.

Schneider weist auf weitere Einflüsse hin, die die Beurteilung der Hubble'schen Messergebnisse erschweren. Z.B. welche entscheidende Rolle Quasare (zeitlich veränderliche Licht- und Radioquellen von der Größe unseres Sonnensystems) spielen, die im Zusammenhang mit anderen Ermittlungsergebnissen noch Erwähnung finden werden und sagt, dass

- Quasare Eigenbewegungen aufweisen und sich gegenüber benachbarten Fixsternen mit Seitwärtsbewegungen verschieben, sich Radiozentren beiderseits von Quasaren auseinander bewegen.
- manche Quasare mehrere (bis zu fünf) verschiedene Rotverschiebungen aufweisen, Dreierquasare beobachtet wurden, die genau auf einer Geraden angeordnet sind und die beiden äußeren Quasare eine höhere Rotverschiebung zeigten als der mittlere.

Unter anderem stammen diese Argumente von dem kanadischen Astrophysiker Y. P. Varshni. **Erscheinungen dieser Art deuten auf eine nichtkosmologische Rotverschiebung hin**, weil ihre Entfernungen nicht aus der Rotverschiebung zu errechnen sind.

Schneider schließt daraus:

„Wenn Quasare sich in derartigen kosmologischen Entfernungen befinden, dann ist eine Expansion des Universums viel weniger gesichert.“

Darüber hinaus stellt er ausgehend von den Forschungsergebnissen einiger Kollegen fest:

- Spiralgalaxien neigen zu größerer Rotverschiebung als elliptische Galaxien in gleicher Entfernung. Dasselbe wurde bei Virgohaufen beobachtet.
- Doppelsterne zeigen unterschiedliche Rotverschiebungen, die doch die gleiche haben sollten.

Schließlich:

2   Hermann Schneider, „Der Urknall und die absoluten Datierungen“, Seite 25
3   Brockhaus Enzykl., Band 10, 1989, Seite 274
4   Simon Singh, „Big Bang“, Seiten 263-264

„Selbst wenn das Universum genau Hubble-Expansion zeigte, wäre das noch kein Grund für eine Rückwärtsextrapolation bis zum Exzess, d.h. bis zur Singularität (zu unendlicher Dichte). Umfangreiche statistische Untersuchungen der Rotverschiebung und scheinbaren Helligkeit von Galaxien in mäßiger Entfernung mit Fluchtgeschwindigkeiten unter 5000 km/s, die von J.F.Nicoll u. a. durchgeführt wurden, ergaben anstelle des (linearen) Hubble-Gesetzes einen quadratischen Zusammenhang zwischen Rotverschiebung und Abstand. Die Autoren schließen:
>>Das Hubble-Gesetz entbehrt einer objektiven statistischen Grundlage.<< [5]

Wenn nach Hubbles Gesetz generell gilt, dass sich die Galaxien im Universum mit einer Geschwindigkeit, die proportional zu ihrer Entfernung ist, von uns fortbewegen, kann die Ursache für diese beobachtete Erscheinung, wie schon gesagt, auch auf die Wirkung von Schwerkraftzentren zurückzuführen sein.

Der Bonner Astrophysiker Hans Jörg Fahr kommt zunächst dabei auf die Rolle galaktischer Massenzentren zu sprechen und zwar wie folgt:
„Unter Einsatz fast aller verfügbaren Großteleskope auf der Erde beobachten sie (die Astronomen) *die Eigenbewegungen der Galaxien aller Himmelsrichtungen innerhalb eines uns umgebenden Weltallvolumens von einigen hundert Millionen Lichtjahren Durchmesser. Dabei zeigt sich, **dass dieses Riesensystem von galaktischen Massenansammlungen** nicht der allgemein unterstellten Hubbledynamik des kosmologisch expandierenden Weltalls folgt, sondern **eine signifikant davon abweichende, globale Eigenbewegung in Richtung auf ein „magisches Massenzentrum"** hinausführt. Dieses liegt etwa in gleicher Richtung wie das Zentrum des Hydra-Centaurus-Superhaufens, muss aber ungefähr doppelt so weit entfernt sein.*
*Wenn die genannten Astronomen dabei auf dem Wege der Interpretation der Rotverschiebung die allgemeine Relativdynamik aller Mitglieder des Superhaufens des Hydracentaurus auf dieses Zentrum hin richtig erfasst und von ihrer Aussage her richtig gedeutet haben, so zeigt sich darin sogar die Tatsache auf, dass **nicht einmal dieses magische Massenzentrum** mit der gravitativen Anziehungswirkung von einigen 10 Billiarden Sonnenmassen gegenüber dem allgemeinen Hubblefluss **in Ruhe ist. Vielmehr scheint auch dieses Zentrum seinerseits noch eine Eigenbewegung** von mindestens 150 km/Sekunde gegenüber dem expandierenden Weltstratum (dessen, was oberhalb des Zentrums geschieht) **zu besitzen** ..."* Und er fragt sich:
Müssen wir deshalb ein allgemein expandierendes Weltsystem bezweifeln?
Ich meine ja!"* [6]

In dem Buch von John F. Ashton mit dem Titel „Die Akte Genesis" sagt der Meteorologe Edmond W. Holroyd in einem Beitrag worin die wirkliche Ursache für die zu beobachtende Roverschiebung bestehen könnte:
*„Die Verschiebungen im Spektrum werden als Rotverschiebungen betrachtet und als Fluchtgeschwindigkeit gedeutet. **Aufgrund einer ganzen Serie von Annahmen** kommt man dann auf scheinbare Distanzen von bis zu 10 Milliarden Lichtjahren (und mehr). Wir können die Annahme in Frage stellen. **Wir können auch annehmen, dass die Rotverschiebung durch die Rotation des Kosmos entsteht. Denn auch tangentiale, nicht nur radiale Geschwindigkeit kann eine Rotverschiebung hervorrufen.** Doch es gibt wohl noch keine Möglichkeit tangentiale Geschwindigkeit von entfernten Galaxien zu messen."* [7]
Deutet die Rotverschiebung also nur eine Fluchtbewegung an, deren eigentliche Ursache auf

5   Hermann Schneider, „Der Urknall und die absoluten Datierungen", Seiten 21-24
6   Hans Jörg Fahr, „Der Urknall kommt zu Fall", Seite 73-74
7   Edmond W. Holroyd, „Die Akte Genesis", Schwengeler Verlag, 2001, Seite 217

den Drehimpuls zurückzuführen ist, den der ganze Kosmos besitzt? **Denn dieser steckt ganz allgemein naturgesetzlich als Erhaltungsgröße in der Materie.**

Die neuesten Messungen mit dem Gaia-Weltraumteleskop zeigen (Start war am 19. Dezember 2013), dass sich dies nicht nur auf die Bewegungs-Vorgänge in unserer eigenen Galaxie bezieht. Schon bei den früheren Messungen der ESA-Mission an Spiralgalaxien deutete vieles darauf hin, dass sich alles auch im Universum um eine Rotationsachse und damit um ein Schwerkraftzentrum drehen könnte. Im Internet habe ich folgende Aussagen dazu gefunden, die diese These unterstützen:

"Nichts ist fest. Alles bewegt sich. Wir drehen uns mit der Erde mit 30 Kilometern pro Sekunde um die Sonne. Das sind 100.000 Kilometer pro Stunde. Und dann das Sonnensystem, es bewegt sich in der Galaxie mit 230 Kilometern pro Sekunde. Und unsere Galaxie ist in einer lokalen Gruppe, sie bewegt sich in dieser Gruppe mit 60 Kilometern pro Sekunde. Auch die lokale Gruppe selbst, sie bewegt sich mit 600 Kilometern pro Sekunde. Alles ist in Bewegung", sagt der französische Astronom Frédéric Arenou des Pariser Observatorium.

Und Uwe Lammers, Gaia Science Operations Manager, der Deutschen Welle formuliert:

„Es ist der genaueste, kompletteste und homogenste Sternenkatalog, der jemals produziert wurde. Das ist wirklich etwas, was die Astronomie revolutionieren wird". Und er fügt hinzu: *"Das hört sich unbescheiden an, ist aber wirklich so."*

Im September 2016 wurde mit Gaia DR1 ein erster vorläufiger Katalog mit mehr als einer Milliarde Sternen veröffentlicht. Der zweite Katalog Gaia DR2 vom 25.April 2018 enthält knapp 1,7 Milliarden Objekte, weitere verbesserte und erweiterte Kataloge sind angekündigt. Das sind über 10.000-mal mehr Messungen als bei der früheren ESA-Mission Hipparcos. Gaia bringt Erkenntnisse, die die Grundlagen der Astronomie neu definieren.

In einem weiteren Kommentar an anderer Stelle las ich:

Und wenn sich der Befund bestätigt, dann haben wir etwas wirklich fundamental Neues über das Universum gelernt! Die bisherigen kosmologischen Theorien müssen dann zwar nicht verworfen, aber zumindest erweitert werden. Wenn es im Kosmos tatsächlich eine bevorzugte Drehrichtung gibt, dann könnte das darauf hindeuten, dass sich das Universum als Ganzes dreht.

Rotiert also unser Universum, ist die entscheidende Frage?

Unter diesem Titelthema verfasste der an - anderer Stelle schon zitierte - Physik- und Astronomie-Redakteur Rüdiger Vaas eine besonders brisante Aussage dazu und sagte:

„Eine große Galaxiendurchmessung weist nämlich darauf hin, dass auch das Weltall eine Achse hat. Das aber würde die Kosmologie revolutionieren: Etwas läuft falsch in Einsteins Universum. Galaxien drehen sich zu einseitig und Hunderte von Galaxienhaufen strömen auf einen ominösen Punkt zu. Während manche Astrophysiker meinen, die kosmischen Anomalien seien bloß Zufall oder gespenstische Messfehler, wähnen sich andere einem großen Geheimnis auf der Spur. So könnte das Universum ein gigantisches Karussell sein. Vielleicht müssen die Kosmologen ihr Standardmodell revidieren oder zumindest um neue Faktoren ergänzen. Das würde nicht nur die Vorstellung von der großen Welt, in der wir leben, in einen Taumel versetzen. Es hätte auch drastische Auswirkungen für das Verständnis von Raum und Zeit und vom Urknall selbst. "

Von allen diesen beobachteten Erscheinungen her verfestigt sich bei mir folgendes Bild:

Da es außerhalb des Universums nichts mehr gibt, muss das All endlich sein und als solches relativ starr mit einer Umlaufgeschwindigkeit um eine Rotationsachse rotieren. Dabei würden weit entfernte Galaxien für ihren Umlauf länger brauchen als solche, die sich näher an der Rotationsachse befinden. Alle Objekte, wie z. B. die Galaxien, wären dann in das Universum sowohl räumlich als auch zeitlich eingebettet und nähmen so an der Rotation teil. Aber dann ist in Wirklichkeit, die schon von Hubble beobachtete Bewegung der Galaxien weder Galaxienflucht, noch stellt sie eine Expansion des Universums dar. Bei dieser Art von Bewegung handelt es sich dann nämlich um reine Umlaufgeschwindigkeit in Form von

Tangentialgeschwindigkeit. Das Ergebnis:

Diese Art von Geschwindigkeit lässt sich zwar beobachten und als Radialgeschwindigkeit messen, hat dann aber, weil es Umlaufgeschwindigkeit ist, nichts mit Galaxienflucht zu tun. Zutreffend bleibt dabei trotzdem die Beobachtung, dass sich die Galaxien über ihren Radius proportional zu ihrer Entfernung von der Rotationsachse - und damit auch vom Zentrum - je weiter weg je schneller bewegen. Das heißt aber nicht, dass sich diese dabei in Wirklichkeit voneinander entfernen. Dann ist es also nichtzutreffend, wenn die als Radialgeschwindigkeit gemessenen Werte - auch bei Werten von z. B. z = >1 - als eine Galaxienflucht oder eine Expansion des Raums deklariert werden.

Nichts spricht allerdings gegen eine Preisverleihung für hervorragende Arbeit auch für Hubbles Beobachtungen. Anders sieht dies bei den Schlussfolgerungen aus. Auch in Bezug auf diese Beobachtungen vertieft sich der Eindruck, dass falsche Schlüsse gezogen werden. Die Sache mit der Fluchtgeschwindigkeit der Galaxien wird mit Hilfe der Annahme gesellschaftsfähig gemacht, dass sich nicht diese von uns entfernen, sondern sich nur der Raum ausdehnen würde, so dass es nur so aussähe, als entfernten sie sich von uns. Diese Argumentation erweist sich aber, wie sich gleich zeigen wird, als sehr widersprüchlich.

Worum es sich dabei handelt und wie dies beurteilt wird, geht aus folgenden Ausführungen hervor, die ich dem Lexikon der Astronomie entnommen habe:

Dort wird im Sinne der Ausdehnung des Weltraumes ausgeführt, dass weitentfernte Galaxien - wie z. B. Quasare - Rotverschiebungen bis zu einer Redshift von z = 4.7 aufweisen, was dem 4,7-fachen der Lichtgeschwindigkeit entsprechen würde, wobei das „z" der Veränderung der Wellenlänge entspricht.

Anmerkung zum vorstehenden Text:

Mathematisch ist die Farbverschiebung $z = \Delta$ (Delta) $\lambda / \lambda_0 = (\lambda - \lambda_0)/\lambda_0$

λ (Lambda) = gemessene (beobachtete) Wellenlänge, λ_0 = die vom Himmelskörper ausgesendete (emittierte) Wellenlänge

Dabei bedeutet eine Redshift (Rotverschiebung) von z = 0.1, dass die Wellenlängen aller Spektrallinien um 10% vergrößert sind. Bei z = 0,14 würde dies nach der konventionellen Betrachtungsweise heißen, dass sich in einer Entfernung von etwa 2 Milliarden Lichtjahren die Galaxien mit dem 0,14-fachen der Lichtgeschwindigkeit von uns zu entfernen scheinen.

Sie beschreiben im Lexikon weiter, dass nach der Relativitätstheorie im Makrokosmos aber kein Objekt in seiner Geschwindigkeit über den Wert von z = >1 (dies entspräche der Lichtgeschwindigkeit) gelangen kann. Gesagt wird deshalb, dass so hohe Werte auch nicht vom Dopplereffekt herrühren können, weil ein Körper eben nicht über die Lichtgeschwindigkeit hinaus beschleunigt werden kann. Der Dopplereffekt würde aus einer Bewegung durch den Raum entstehen, wohingegen die kosmologische Raumverschiebung durch die Expansion des Raumes selbst verursacht würde. Eine beobachtete Quasarverschiebung mit z = 4,7 hätte dann nichts mit dem Dopplereffekt zu tun, sondern würde durch die Ausdehnung des Raums verursacht. Durch diese würde die Wellenlänge der zu uns reisenden Photonen vergrößert. So wäre es der Raum selbst, der sich ausdehnt, die Galaxien würden dabei mitbewegt. Zu dem Zuvorgesagten wird aber einschränkend ausgeführt, dass gravitativ gebundene Objekte wie Galaxien oder Galaxienhaufen nicht betroffen wären, weil sie sowieso nicht expandieren und durch ihre Eigengravitation von der allgemeinen Expansion entkoppelt seien. Dies gelte besonders für Objekte, die sich innerhalb solcher gravitativ gebundener Systeme befänden (wie Sterne und Planeten) und auch für elektromagnetisch gebundene Systeme (wie Atome und Moleküle).

So handele es sich bei z-Werten = >1 grundsätzlich um die so genannte „kosmologische Rotverschiebung", die dann von dieser durch den Dopplereffekt zu unterscheiden sei. Die aus der kosmologischen Rotverschiebung abgeleiteten Fluchtgeschwindigkeiten ferner Galaxien wären demnach direkt auf die Ausdehnung der Raumzeit zurückzuführen, die ihrerseits seit dem Urknall auf ihrer ca. 20-40 Milliarden Jahre dauernden Reise zu Erde sogar den Wert von z = 1000 habe. Diese Rotverschiebung würde einer Vergrößerung ihrer Wellenlängen um das Tausendfache entsprechen, was bedeutet, dass sich zudem der Raum am Anfang überlichtschnell aufgefaltet haben müsste.

Anmerkung:

Dies offeriert im Übrigen auch Hubbles Diagramm. Ausdruck davon ist die ins unendliche aufsteigende Gerade, die keine Abflachung besitzt.

Die eigentliche Ursache für diese gewaltige Ausdehnung, die, wie man annimmt, noch immer stattfindet, wird auf Dunkle Energie zurückgeführt, die aber nicht nachgewiesen werden kann. Zu beachten wäre also, dass die Fluchtgeschwindigkeit auf mehrfache Weise definiert werden kann. Erfahrungsgemäß mache es aber Schwierigkeiten dies alles zu verstehen, sagen sie (Lexikon der Astronomie, Band 2, Spektrum Akademischer Verlag, 2001, Seiten 203-207).

So häufen sich die Hinweise, dass es mit der Entstehung des Alls aus einer Singularität oder einen anderen undifferenzierten Punkt und damit mit der Expansion des Universums wohl nicht mehr weit her ist. Zudem ist nicht einzusehen, wenn das Universum rotiert und endlich ist, warum es sich dann deswegen beschleunigt ausdehnen sollte. So ist unbeirrt weiterhin von Fluchtbewegung die Rede, wobei man bei Werten von z = >1 von einer Ausdehnung des Raums (von kosmologischer Rotverschiebung) spricht, anderseits bei einer solchen von z = <1, wie bereits gesagt, vom Dopplereffekt bei der Flucht von Galaxien.

In seinem Buch „Jenseits von Einsteins Universum" weist Rüdiger Vaas auch daraufhin, dass das gegenwärtige Standardmodell der Kosmologie - ACDM-Modell genannt - noch immer mindestens drei Größen enthält, **die bis zur Stunde unbekannt geblieben sind und es auch aus diesen Gründen fragwürdig erscheinen lassen**. Diese werden in Anlehnung an seine Ausführungen wie folgt beschrieben:

Kalte Dunkle Materie (Cold Dark Matter, CMD):

Sie soll die Dynamik sein, die Galaxien und Galaxienhaufen beherrscht. Verantwortlich werden dafür meist unbekannte Elementarteilchen gemacht, die massenweise im All vorkommen, aber nicht der Elektromagnetischen Wechselwirkung unterliegen sollen und deshalb auch kein Licht aussenden und verschlucken würden.

Dunkle Energie:

Eine noch mysteriöse physikalische Größe, welche die anscheinend beschleunigte Ausdehnung des Weltraums antreibt. Der einfachste Kandidat dafür ist die 1917 von Einstein in die allgemeine Relativitätsthorie eingeführte Kasmologische Konstante Λ (Delta). Es werden aber zahlreiche andere Vorschläge diskutiert.

Inflation:

Dieses hypothetische Feld (oder mehrere) soll den Weltraum in seinem ersten Sekundenbruchteil nach - oder gar vor - dem Urknall überhaupt erst groß gemacht haben.

Hinzu kommt, dass ein völlig unerfüllter Wunsch bis heute eine **Theorie der Quantengravitation** ist, die so etwas wie den „heiligen Gral"der modernen Physik darstellt, die die Relativitätstheorie als Grenzfall enthalten und mit der Quantentheorie vereinen sollte. Wie an anderer Stelle schon erwähnt geht es dabei um die Gültigkeitsgrenzen der Relativitätstheorie. Dies vor allem im Hinblick auf die Hypothese der Entstehung des Universums durch einen superdichten winzigen Punkt, später Urknall genannt. Die Relativitätstheorie enthält nämlich Singularitäten, wenn Raum und Zeit gegen null und die Krümmung, Energiedichte, Masse oder Temperatur gegen unendlich gehen. Bei diesen Werten bricht die Theorie zusammen.

Die gesuchte neue Theorie soll ohne Singularitäten diesen Zustand durch eine Vereinigung mit der Quantentheorie beenden und ist *„eine Aufgabe, an der sich seit Einstein Hunderte von brillianten Physikern die Zähne ausgebissen haben"* (Rüdiger Vaas, „Jenseits von Einsteins Universum Von der Relativitätstheorie zur Quantengravitation", 2. Ausgabe 2016, Franckh-Kosmos Verlags-GmbH & Co. K G, Stuttgart, Seiten 483-487).

Man gibt allerdings die Bemühungen nicht auf, doch einen Ausweg zu finden, um doch Beweise dafür zu bekommen, dass durch den Urknall die Expasionsbewegung des Universums stattgefunden hat.

In den TV-Abendnachrichten am 26.04.2009 wurde im ARD über den Bau eines riesigen Radioteleskops namens LO-FAR (Low Frequency Array) berichtet, mit dem man endlich dem Urknall auf die Spur zu kommen in Aussicht gestellt hat. Wieder mit enormem Aufwand an Zeit und Geld wird nichts unversucht gelassen, den Urknall zu beweisen. Inzwischen **keimt** allerdings **doch die Ahnung auf, dass man einem Phantom nachjagt.**

Dies verdeutlicht auch Bernd Schöne, wenn er in der Zeitschrift P. M., Ausgabe Mai 2009 schreibt, dass unser Wissen noch immer rein spekulativ ist.

In seinem Artikel „Ein Teleskop so groß wie Mond und Erde" formuliert er, dass das neue kostspielige Superauge, eines der ehrgeizigsten Projekte dieses Jahrhunderts ist, wozu überall auf der Welt Tausende Mini-Stationen, sogar auf dem Mond, aufgebaut werden sollen. Bekannt sei, dass, wenn Wasserstoffatome zusammenstoßen, Radiosignale ausgesendet werden. Dies geschähe, weil sich in Folge der Stoßenergie der Spin (Drehrichtung) der Elektronen ändert, wobei bei diesem Vorgang Energiequanten im Radiowellenbereich mit 21,1 Zentimeter Wellenlänge abgegeben werden, was einer Frequenz von 1,42 Gigahertz entspricht.

Weil das Super-Teleskop einen Durchmesser von 3000 km haben soll, und eine Frequenz von 30-250 Megahertz erschließt, hofft man Signale aufzufangen, die die Elektronen der Wasserstoffatome bei ihrer Spinumkehr nach der **Rekombinationsphase** abgegeben haben.

Anmerkung:

Unter dieser versteht man physikalisch im Zuge der Abkühlung die Vereinigung der im Plasma nach dem Urknall zuvor getrennten Elementarteilchen zu Atomen unter Freisetzung von Energie (Brockh. Enzykl., Band 18, Seite 254).

Man nimmt an, dass sich Wasserstoffatome als erste Materiestruktur nach Abklingen der Temperatur unter einen kritischen Punkt herausbildeten. Das aber soll in einer frühen Phase ab etwa 380000 Jahren nach dem Urknall eingetreten sein, als sich die Nebel aus Wasserstoffgas langsam zu Materiestrukturen zusammenballten. Diese Signale hätten das All mit einem hohen kurzwelligen Zirpen erfüllt.

Schöne stellt deshalb in seinem Artikel die Frage:

„Warum fahndet LOFAR nach langwelligen Signalen von 30-250 Megahertz, wenn Wasserstoff auf kurzen Wellen funkt?"

Das hätte mit der Expansion des Raumes seit dem Urknall zu tun, weil sie den Signalen der Rotverschiebungen unterlägen. Diese würde die Frequenz aller Signale verringern, die sich von der Quelle entfernen. Aus dem kurzwelligen Zirpen würde ein tiefer langwelliger Brummton. *>>Die Faustregel lautet, je langwelliger ein Signal, desto älter ist es<<*, erläutert Reiner Beck von der LOFAR- Zentrale des Max-Planck-Instituts für Radioastronomie in Bonn, *>>daher sind unsere Empfänger hochempfindlich bis 30 Megahertz und können fast bis zum Urknall vor 14 Milliarden Jahren zurückschauen<<.* [8]

Eigentlich müssten die Autoren langsam Gewissensbisse haben, wegen der vielen Fakten, die gegen den Urknall sprechen und der immensen Reinfälle immer wieder so kostspielige Unternehmen zu starten. Es grenzt schon an **starrsinnige Geldverschwendung**, wenn immer wieder kostenaufwendige Verfahrensweisen praktiziert werden, **nur um nachzuweisen, was gar nicht stattgefunden haben kann.**

8   Bernd Schöne, „Ein Teleskop so groß wie Mond und Erde", P. M. Mai 2009, Seiten 22-28

Aus Beobachtungen der Emission des Wasserstoffs bei 21 Zentimeter Wellenlänge auf Puerto Rico weist im Gegensatz dazu Hans Jörg Fahr auf einige Fakten hin, die gegen den Urknall sprechen:

1. Es lässt sich in unserem Kosmos „*keine eindeutige Alterserscheinung an den Galaxien unserer ferneren kosmischen Nachbarschaft*" nachweisen. „*Die fernen Galaxien müssten schließlich in ganz eindeutigem Sinne jünger aussehen als die uns Nahen.*"
2. Bilden sich doch in unserem „*urknallmäßig gesehen doch schon reichlich vergreisten Universum große Strukturen in ganz jungfräulicher Schönheit*" heraus.

Die Erklärung dafür folgt direkt!

Die Astrnomen Martha Hanes und Ricardo Giovanelli haben diesbezüglich mit dem 305-Meter-Radioteleskop in Arecibo auf Puerto Rico sogar einen **entscheidenden Beweis dafür** geliefert, schreibt Fahr:

„*Im Lichte der typischen Emission des Wasserstoffs bei 21 Zentimeter Wellenlänge haben diese beiden Wissenschaftler etwas entdeckt, das die eindeutigen **Merkmale einer Vorstufe zu einer sich bildenden Galaxie in unserer näheren kosmischen Nachbarschaft** zeigt.*

Es handelt sich um eine riesige Wolke neutralen Wasserstoffs, die die Eigenschaften einer Protogalaxie besitzt. Diese Wolke befindet sich in einer Entfernung von etwa 80 Millionen Lichtjahren von uns und weist einen Durchmesser von 800000 Lichtjahren auf. Sie ist damit um ein Mehrfaches größer als unsere Milchstraßengalaxie. Ihre Gesamtmasse an Wasserstoff scheint etwa einem Massenäquivalent von 20 bis 100 Milliarden Sonnenmassen zu entsprechen und weist damit eindeutig die Potenz dieses neuen kosmischen Gebildes aus, eine zukünftige Galaxie mit normalen Charakterzügen zu werden.

*Wenn das stimmt, dass sich hier in den Tiefen des Universums eine neue Galaxie entwickelt, **so widerspricht dies allen urknallorientierten Theorien**, nach denen diese Art Strukturbildung schon längst (zu einer Zeit nämlich, als das urknallgetriebene Universum 1 Milliarde Jahre alt war) zum Abschluss gekommen sein sollte.*" [9]

Aus dem Vorstehenden wird deutlich, dass **Blicke in verschiedene Kinderstuben**, die eben nicht durch einen Urknall vorhanden sind.

Für das Phänomen der Rotverschiebung ist es inzwischen aus weiteren verschiedenen Gründen nicht mehr vorstellbar, dass es als Beweis für den Urknall gelten kann, wie Fahr es schildert:

Auffällig erscheint ihm der Umstand, „*dass man unter Astronomen allenthalben glaubt, den allgemeinen Hubblefluss des expandierenden Universums gut an der bekannten Relation zwischen scheinbarer Leuchtkraft und Rotverschiebung der kosmischen Objekte bestätigt zu finden, wie sie sich an den Galaxien unseres nahen und fernen Universums widerspiegelt.*"

Eine in dieser Beziehung relativ gute tendenzielle Bestätigung für die Rotverschiebung ergibt sich, bei der Auswertung des von Sandage und Tamman revidierten Shapley-Ames-Galaxienkataloges, wenn man sich dabei auf Spiralgalaxien vom Sb-Typ mit derselben Leuchtklasse wie die uns nahen Galaxien M31 und M81 aus unserer lokalen Galaxiengruppe spezialisiert, wie Fahr sagt.

Dies macht ein Diagramm deutlich, wenn die scheinbare Helligkeit der genannten Objekte gegen die Rotverschiebung aufgetragen wird, und „*wenn auch die einzelnen Galaxien eine erhebliche entfernungsunabhängige Streuung in der Rotverschiebung um eine bestangepasste Beziehung aufweisen.*

Im Gegensatz dazu weisen Spiralgalaxien vom Sc-Typ, aus dem gleichen Katalog entnommen, ganz signifikante und eigensinnige Abweichungen von einer solchen für Sc-Galaxien abgeleiteten, linearen Hubblebeziehung auf. Es scheint so, als wären den Sc-Galaxien, bei

<hr>

9   Hans Jörg Fahr, „Der Urknall kommt zu Fall", Seiten 288-289

gleicher Helligkeit wie die Sb-Galaxien, viel zu große Rotverschiebungen weit oberhalb der Hubblerelation für Sb-Galaxien zugeordnet.
Machen die Sc-Galaxien demnach vielleicht die allgemeine kosmische Expansion gar nicht mit, sondern befolgen ihre eigene oder sogar keine Hubblereaktion?"
Dabei stellt sich klar heraus, weil sie sich nicht dem Hubblefluss unterwerfen und abweichende Bewegungen durchführen, dass *„die Entfernungen dieser Objekte entweder falsch eingeschätzt werden, oder dass diese Objekte an den gleichen kosmischen Plätzen von einem weit schnellerem Hubblefluss als dem der Sb-Galaxien typischen getragen werden."* Das könnte bedeuten, dass *„zumindest ein Teil ihrer Rotverschiebung gar nicht auf den Dopplereffekt zurückgeht und **demnach auch überhaupt keine Geschwindigkeit anzeigt.** "*

Nach dem Befund des amerikanischen Astronomen Halton Chip Arp hat sich bei einer Unterklasse der Sc-Galaxien, den so genannten Sc-I-Galaxien herausgestellt, dass in erhöhtem Maße entweder *„**nicht-kosmologische Rotverschiebungen im Spiel** sind, oder aber, dass diese Sc-I-Objekte **erheblich höhere Leuchtkräfte** als normale Sc-Galaxien **besitzen.** "*
Insgesamt kommt dadurch mit der ersten Erklärung die Hubblereaktion in Misskredit und mit der zweiten **würde dies** *„**den Glauben an irgendwelche sinnvoll definierbaren Einheitskerzen klar unterlaufen.** Beides wäre gleichermaßen schlimm für das Verständnis des Weltalls"* gemäß Standardtheorie. Die höheren Leuchtkräfte der Sc-I-Objekte gegenüber normalen Sc-Galaxien machen die Funktion der Sc-Galaxien als zuverlässige Einheitskerzen zunichte.
Damit wären sie **nicht geeignet,** als kosmische Objekte mit bekannter wahrer Leuchtkraft Eichgrößen darzustellen, **um Entfernungen weit entfernter Objekte im Universum verlässlich einzustufen.**
Anmerkung:
Auch dieser Zusammenhang macht erneut deutlich, dass man die Versuche aufgeben sollte, Altersbestimmungen vorzunehmen.

Fahr weist auf ein weiteres „düsteres Indiz" hin, das Halton Chirp Arp ebenfalls herausgefunden hat, und auf das hier nur ganz kurz hingewiesen wird.
Es handelt sich um Beobachtungen hinsichtlich der **Gegebenheit der Winkeldurchmesser** der Galaxien vom Sc-I-Typ. Der Winkeldurchmesser dieser Galaxien wächst ständig an, statt abzunehmen, was bei morphologisch verwandten Objekten nicht der Fall sein sollte. Dieser Winkel sollte nämlich bei wachsender Entfernung kleiner werden. Wenn er es nicht wird, kann die Rotverschiebung *„weder ein Maß für Entfernung noch für Fluchtgeschwindigkeit sein, sondern eher vielleicht für die Größe der Objekte. "*
Wenn es aber der Fall wäre, dass Sc-I-Galaxien *„bei großen Entfernungen viel größer und leuchtstärker als bei geringen Entfernungen"* sind, wären auch diese *„**folglich nicht als Einheitskerzen zu benutzen.** "*
Wenn die Objektwinkeldurchmesser mit wachsender Rotwinkelverschiebung nicht abnehmen, dann *„scheint nichts zusammenpassen zu wollen. "* Bei allem ständig neu Hinzukommenden *„werden die Dinge nur noch rätselhafter. "*
Ganz schwierig wird es bei *„exotischen Objekten wie den so genannten quasistellaren Radioquellen oder Quasaren"*, wo es noch deutlicher hervortritt. Fahr sagt:
„ Unter diesen Objekten scheint es einen ganzen Zoo von Individuen zu geben, die alle in ihrer Eigenart völlig unverstanden sind. " So deutet die enorme Flächenhelligkeit, verbunden mit erstaunlich großen Rotverschiebungswerten in ihren Emissionslinien, riesige Entfernungen an. Dann aber müssten nach der Urknallvorstellung Quasare zu den ältesten Gebilden im All gehören. [10]

10   Hans Jörg Fahr, „Der Urknall kommt zu Fall", Seiten 292-296

Wie Fahr weiter sagt, **scheint sich eine solche „eindeutige Alterslinie" nicht aufzeigen zu lassen.**

„Hier kommt man eher zu dem Schluss, dass gleiche Verhältnisse von morphologisch jüngeren und älteren Galaxien und Galaxienhaufen in allen Entfernungen des Universums, und das hieße zu allen zurückliegenden Zeiten, vorliegen. Hier findet man also eher ein völlig neues kosmologisches Prinzip bestätigt, dass der Kosmos überall und zu allen Zeiten den gleichen Vitalitätsstatus besitzt."

Was für dieses Prinzip und gegen die Urknalltheorie spricht, sind gerade die **Quasare** als solche Himmelskörper, die **aufgrund ihrer Entfernungen überhaupt keine höheren Elemente besitzen sollten.** Ihre Emissionslinien zeigen aber ganz etwas anderes an. In der Rekombinationsphase nämlich hätten sich nach der Urknalltheorie durch nukleare Kernverschmelzung (außer bei leichten chemischen Elementen vom Wasserstoff bis zum Bor) keine höheren Elemente bilden dürfen. **Damit sollten Sterne und Galaxien, die aus frühem kosmischem Material entstanden, keine höheren Elemente gehabt haben.**

Fahr:

*„**Dem widersprechen die Beobachtungen** allerdings gehörig: In fast allen Quasarspektren findet man Emissionslinien des Magnesiums, des Siliziums und des Schwefels, ähnlich wie auch in den Spektren von normalen Galaxien! **Das kann eigentlich nur bedeuten, dass Quasare trotz ihrer immensen Rotverschiebungen auch nicht älter oder jünger als andere Objekte im Weltraum sind.***

*Wenn unsere Milchstraße sich aus dem primordialen (uranfänglichen) Urknallmaterial gebildet hätte, das keine Elemente jenseits von Bor enthielt, so sollten die ersten Sterne, die sich in unserer Galaxie entwickelten, demnach auch keine Elemente jenseits von Bor aufweisen. In der Tat gibt es in unserer Galaxie solche Sterne, deren Metallgehalt oder prozentualer Anteil an Elementen oberhalb von Sauerstoff deutlich kleiner als derjenige unserer Sonne ist. Es gibt jedoch keine Sterne mit einem verschwindend geringen Metallgehalt. **Auch hier liegt also eine gesunde, vitale Mischung vor und keine eindeutige Alterssequenz!** Einen galaktischen Metallizitätsrückgang mit der Entfernung, also mit der Rotverschiebung, konnte man bisher niemals bestätigen."* [11]

Das passt auch nicht zu der Behauptung, dass im Ofen des Urknalls nur die leichten Elemente erzeugt wurden, weil mittelschwere und schwere Elemente unmöglich dort hätten gebacken werden können.

Noch verfänglicher ist eine weitere **Merkwürdigkeit bei Quasaren,** weil solche entdeckt wurden, **die keine Strahlung im Radiowellenbereich aussenden.** *„Seitdem unterscheidet man diese Objekte genauer in so genannte „QSRs" und „QSOs", also in quasistellare Objekte „mit" und „ohne" Radiostrahlung; Mitunter ist auch von radiolauten und radioleisen Quasaren die Rede."*

Bei weiteren Untersuchungen an QSO-Objekten auf der Grundlage eines von Hewitt und Burbidge veröffentlichten Himmelskataloges **erlebt man Schreckliches,** wie Fahr sagt.

*„Trägt man für die QSOs, die in dem 1987 veröffentlichten Himmelskatalog von Hewitt und Burbidge verzeichnet sind, in einem Diagramm die scheinbare Leuchtkraft gegen die Rotverschiebung auf, **so würde man aus dem dabei erscheinenden wild streuenden Punktefeld niemals eine Bestätigung für eine Relation zwischen Entfernung und Rotverschiebung entnehmen können.** Die Streuung der Datenpunkte tritt hier noch weit häufiger in Erscheinung als bei normalen Galaxien, bei denen wenigstens doch eine gewisse Tendenz zur Unterstützung der Hubblereaktion zu erkennen war."*

Man kann sich dem Eindruck nicht entziehen, *„als habe die Rotverschiebung dieser Objekte überhaupt nichts mit ihrer Entfernung zu tun."*

11   Hans Jörg Fahr, „Der Urknall kommt zu Fall", Seiten 303-305

Allerdings wird bei normalen Galaxien mit der Hubblereaktion *„einiger Erfolg erzielt."* Auch werden für die Hubblediagramme nur die hellsten Galaxien als kosmische Einheitskerzen benutzt, wodurch die Streuung geringer ausfällt. Nach Fahr wird jede Streuung jenseits von Rotverschiebungswerten von $z = 0,2$ *„dennoch wieder so erheblich, dass entweder jedes beliebige kosmologische Expansionsmodell gleichermaßen oder gar keines darin eine Bestätigung erfährt."* [12]

Dazu stellt, wie zuvor bereits an anderer Stelle schon aufgezeigt, Fahr auch fest, dass inzwischen sogar Objekte mit Rotverschiebungen von nahezu $z = 5$ gesehen worden sind, für die die Hubble'sche Näherung des optischen Dopplereffektes sowieso nicht mehr gültig ist. Er fragt sich:

*„**Haben wir demnach nicht wirklich Grund genug umzudenken?** Die Frage müsste dann doch sein, **ob diese weite Welt denn tatsächlich überhaupt einen gemeinsamen Anfang hat**, von dem alles ersichtlich geprägt ist, **oder ob sie nicht vielmehr viele verschiedene Anfänge und die diesen entsprechend zugeordneten Endstadien hier und dort im Universum hat.**"* [13]

Hans Jörg Fahr macht in seinem Buch den Vorschlag *„von einem urknall-generierten Universum demnach, zumindest versuchsweise, einmal ganz abzugehen, könnte unter solchen Auspizien* (aus obiger Perspektive gesehen) *durchaus angeraten sein. Wenn doch schon die Rotverschiebung der verschiedenen Himmelsobjekte zumindest zu gewissen Teilen keine Fluchtbewegung markiert, wenn darüber hinaus die Fluchtbewegungen an gleichen Orten im Universum ganz verschieden sind und schließlich überhaupt kein mit dem allgemein unterstellten Hubblefluss synchron expandierendes Substrat* (gemeint ist hier die Expansion des Univerums) *sich finden lässt, **warum dann nicht einfach konsequent werden und den Urknall als einen ausgemachten Spuk ansehen?**"* [14]

Also kein expandierendes Universum, auch nicht den auf Grund ewiger Expansion prognostizierten Wärmetod des Weltalles und damit auch keinen für unsere Erde.

Im Gegensatz dazu informiert uns Gottes Wort die Bibel darüber, dass unserer Erde als auch unserer kosmischen Umgebung eine Neuerschaffung bevorsteht. Über dieses Zukunftsereignis berichtet der Apostels Petrus. Die prophetische Information dazu steht in 2. Petrus 3, 4-8 und 10-13. Sie wurde wie folgt der Elberfelder Bibelübersetzung entnommen, die im Wesentlichen dem Grundtext entspricht:

„Denn seitdem die Väter entschlafen sind, bleibt alles so wie von Anfang der Schöpfung an.
***Denn denen, die dies behaupten, ist verborgen, dass von alters her Himmel waren und eine Erde**, die aus Wasser und durch Wasser Bestand hatte, (und zwar) durch das Wort Gottes.*
***Die jetzigen Himmel** und die (jetzige) Erde aber sind durch dasselbe Wort aufbewahrt und für das Feuer aufgehoben zum Tag des Gerichts und des Verderbens der gottlosen Menschen.*
*Es wird der Tag des Herrn kommen wie ein Dieb, an ihm **werden die Himmel** mit gewaltigen Geräuschen (Krachen) vergehen, die Elemente werden im Brand aufgelöst und die Erde und die Werke auf ihr (im Gericht) erfunden werden.*
***Wir erwarten** nach der Verheißung **neue Himmel** (was also nicht nur auf den unseren zutrifft) **und eine neue Erde**, in denen Gerechtigkeit wohnt."*

In den letzten Kapiteln des Neuen Testaments geht es in dieser Beziehung nicht um irgendeinen ominösen Omegapunkt, sondern um die Beschreibung der zukünftigen Wohnstätte der Geretteten, die dort in der Gemeinschaft mit Gott einen wunderbaren realen Neuanfang erleben. Allerdings lässt die Schilderung dieser großartigen neuen Welt das zukünftige Aussehen der Erde und auch des Himmelreichs nur erahnen. Aber schon bei

12   Hans Jörg Fahr, „Der Urknall kommt zu Fall", Seiten 297-299

13   Hans Jörg Fahr, „Der Urknall kommt zu Fall", Seite 82

14   Hans Jörg Fahr, „Der Urknall kommt zu Fall", Seiten 312 -313

diesen Beschreibungen, wenn auch mit unseren armseligen menschlichen Worten, haben wir es mit gedanklich sehr gut nachvollziehbaren Bildern zu tun und sind nicht darauf angewiesen, im Trüben des prognostizierten Wärmetod des Weltall zu fischen.

Auch auf unserer jetzigen Erde ist Gott an seinen Werken - an dem Geschaffenen - zu erkennen. D. h., Gott erwartet von uns Menschen, dass wir ihn - aufgrund dessen was zu sehen und zu erkennen ist - als den Schöpfer wahrnehmen. Dass bedeutet, dass das Leben nicht per Zufall in Selbstorganisation aus der Urzelle entstanden ist. In der Bibel findet man, besonders im Schöpfungsbericht dafür viele plausible Erklärungen, die allerdings keine naturwissenschaftlichen Beweise darstellen.

Auch in der Physik ist manchmal etwas nicht zu beweisen. Dies trifft z. B. besonders auf das Graviton zu, von der man annimmt, dass es als Elementarteilchen der Träger der Gravitation ist. Sein Vorhandensein kann man an unserem Körper durch die Gravitationskraft wahrnehmen, die universell ist, wie Stephen Hawkimg sagt. Und weiter:

Jedes noch so winzige Teilchen spürt - je nach seiner Masse und Energie - mehr oder weniger die Wirkung dieser Kraft. Aber von den vier Fundamentalkräften ist die Gravitation bei weitem die schwächste. Wir würden sie gar nicht bemerken, hätte sie nicht zwei besondere Eigenschaften. Sie kann über große Distanzen wirken und ist immer eine anziehende Kraft. Sie wird als anziehende Kraft wirksam, wenn sich die Massen der winzigen Elementarteilchen (wie beispielsweise die der Quarks im Atomkern) als Atome zu Himmelskörpern wie Erde und Sonne summieren. So wird die Massenanziehung zwischen Sonne und Erde dem Austausch von Gravitonen zwischen den Elementarteilchen zugeschrieben, aus denen die beiden Himmelskörper bestehen. [15]

Aber das Graviton experimentell nachzuweisen, hat man bisher vergeblich versucht. So lässt sich die Gravitationskraft für unserem dreidimensionalen Raum einfach nicht beschreiben.

Die Forscher Joel Scherk und John Schwarz haben 1974 aber nach Stephen Hawking gezeigt, dass sich beispielsweise mit Hilfe der String-Theorie die Gravitationskraft doch beschreiben lässt, allerdings nur unter Einbeziehung von zusätzlichen Dimensionen. [16]

Das Problem dabei ist: **Die String-Theorie funktioniert nur, wenn man einen mehrdimensionalen Raum (z. B 11 Dimensionen) zugrunde legt.** Im dreidimensionalen Raum hat sich das Graviton bisher nicht gezeigt.

Über diese Theorie ist nachvollziehbar, dass das Graviton wahrscheinlich auch zukünftig nicht im dreidimensionalen Raum nachzuweisen sein wird, da sein Zustandekommen offenbar auf die Wirkung zusätzlicher Dimensionen zurückzuführen ist. Kein Wunder ist es dann, wenn uns der experimentelle Nachweis nicht gelingt, da mehr als drei Dimensionen nur Gott zugänglich wären. Viele Dinge sind einfach so, wie sie sind (antrophisches Prinzip). Dieses Prinzip besagt, dass unser Universum nur deshalb beobachtbar ist, weil es alle Eigenschaften hat, die dem Beobachter Leben ermöglichen. Genau das ist im Schöpfungsbericht der Genesis beschrieben, in dem es um die Schaffung der Lebensbedingungen für Leben auf der Erde geht.

Das heißt, dass sich das Verständnis für die Dinge manchmal nur über den Glauben erschließt. Dies nach dem Motto: **Glaube, um zu verstehen!**

Die naturwissenschaftliche Forschung wird dadurch nicht im Geringsten behindert. Es würde der Forschung sogar guttun, wenn die Aussagen der Bibel überhaupt Berücksichtigung fänden, da manche dieser Phänomene unbeweisbar bleiben werden.

Meine liebe Frau hat mir einmal einen Zettel zugesteckt, auf dem zwei Sätze zu lesen waren, die Augustinus prägte:

*„Das Verständnis ist der Lohn des Glaubens. **Suche daher nicht zu verstehen, um zu glauben, sondern glaube, um zu verstehen**.* "Bei der naturalistischen Evolutionslehre, die das

15   Stephen Hawking, „Eine kurze Geschichte der Zeit", Seiten 95-96
16   Stephen Hawking, „Eine kurze Geschichte der Zeit", Seite 221

Wirken eines Designers kompromisslos ausschließt, heißt es im Gegensatz dazu, schließe jeglichen Glauben - auch wenn es die Fakten nahe legen - aus, um zu verstehen. Gottes Wille ist ein anderer und auf Glauben ausgerichtet. In Hebräer 11,6 heißt es dazu:
*„Aber ohne Glauben ist´s unmöglich, Gott zu gefallen; denn **wer zu Gott kommen will, der muss glauben**, dass er wirklich ist.“*
Das Schlimme ist, dass man einen immensen Aufwand an Design betreibt, der Zeit und Kosten verursacht, nur um beweisen zu wollen, dass er nicht existiert. So schließt das etablierte Denken sein Wirken kompromisslos aus. **Es wird allerhöchste Zeit, sich von dieser naturalistischen Sichtweise zu verabschieden.** Als ihr Bestandteil befindet sich die Lehre vom Urknall, wie sich auch an dem Vorstehenden gezeigt hat, sowieso seit langem schon in einer Sackgasse. Dies aus vielen verschiedenen Gründen. Außerdem führt diese Lehre dem Menschen nur die Sinnlosigkeit seines Lebens vor Augen. Denjenigen, die sich dies einreden lassen, wird dabei jede Zukunfsausicht verbaut. Mit dem Tod ist alles aus, heißt es in Bezug auf die Zukunft!

In meinen Büchern habe ich versucht mich kritisch mit diesem unhaltbaren Zustand auseinanderzusetzen. Ich bin sehr dankbar dafür, dass ich dabei auch auf Forschungsergebnisse vieler Wissenschaftler und auch auf Überlegungen anderer Personen zurückgreifen konnte.

Kapitel 6
Die Problematik bedeutender weltgeschichtlicher Ereignisse für Langzeit-
interpretation

6.1 Das Weltereignis Sintflut

6.1.1 Die große Flut und ihre Folgen

Die Wasser nahmen überhand

Bei der Beschäftigung mit dieser Thematik geht es um das weltumfassende Ereignis der Sintflut. Die Beschreibung des Geschehens finden wir in der Bibel in 1. Mose 7-8.
Es begann an dem Tag, an dem Noah mit den Seinen in die Arche ging und endete an dem Tag, an dem die Erde wieder vollkommen trocken geworden war, und er mit den Seinen die Arche wieder verlassen konnte. Dieses Geschehen vollzog sich inerhalb von genau 377 Tagen und nahm seinen Anfang als Noah im Alter von 600 Jahren mit seiner Familie in die Arche ging. SiebenTage später - am siebzehnten Tag des zweiten Monats *brachen alle Brunnen der großen Tiefe auf und die Fenster des Himmels öffneten sich*, *und vierzig Tage und Nächte fiel Regen auf die Erde"* (1. Mose 7,11-12). Auch die nachfolgenden Bibeltexte entsprechen denen der überarbeiteten Übersetzung Martin Luthers vom Jahr 2009.

Interessant ist, dass das Öffnen der Brunnen der großen Tiefe an erster Stelle genannt ist. Die gewaltigsten Wassermassen, die zur Flut führten, entstammten - zusätzlich zu den abgeregneten des Wasserbaldachins am Erdenhimmel - dieser Quelle. Wie entscheidend gerade die unterirdischen Brunnen für das Bild der nachflutlichen Topographie und ihrer marinen fossilierten Fauna und Flora auf der Erde waren, wird noch das Thema sein.
Nur durch die von Gott angelegten Wasserbestände in den Meeren, in der großen Tiefe der Erde und am Firmament des Erdenhimmels zusammen also konnten alle Berge überflutet werden. In welcher Zeit und wie hoch genau, darauf gibt uns schon die nächste verkürzte Textstelle von 1. Mose 7, 17-24 die Antwort:
*„ Und die Sintflut war 40 Tage auf Erden. Und die Wasser nahmen überhand und wuchsen so sehr auf Erden, dass alle hohen Berge unter dem ganzen Himmel bedeckt wurden, fünfzehn Ellen hoch gingen die Wasser über die Berge, so dass sie bedeckt wurden. Da gingen alle Lebewesen unter, die sich auf Erden regten und alles, was auf Erden wimmelte **und alle Menschen**. Alles was Atem des Lebens in seiner Nase hatte, alles was auf dem Trockenen, lebte, das starb. Und die Wasser wuchsen gewaltig auf Erden 150 Tage. "*

Die Angabe, dass die Wasser 150 Tage gewaltig wuchsen, bedeutet, dass, auch wenn die Regenfälle nur 40 Dage dauerten, die Hauptquelle, nämlich die Brunnen der großen Tiefe, nicht versiegte. In weiteren 110 Tagen sorgten diese durch ein ständiges erneutes Ausfließen für Höchststand. Dabei füllten sich die druckfreien Leerräume dieser Brunnen naturgemäß mit Treibgut, wenn sie nicht vorher schon einstürzten. Andere Leerräume, die einstürzten, bildeten tiefe Senken, in denen sich oberhalb dieser ebenfalls viele Dinge ablagerten, was außerdem zu einem Fallen des Wasserstands führte, wozu ein ständiger Ausgleich durch die Brunnen der Tiefe erfolgte. Viele unterirdische Räume öffneten so ihre Pforten, aus denen unter hohem Druck die Wassermassen austraten. Nach diesen 157 Tagen (150 + 7) wird der weitere Verlauf in der Bibel so geschildert:
„Da gedachte Gott an Noah und an alles wilde Getier und alles Vieh, das mit ihm in der Arche war; und ließ Wind auf Erden kommen, und die Wasser fielen. Und die Brunnen der großen Tiefe wurden verstopft samt den Fenstern des Himmels, und dem Regen vom Himmel wurde gewehrt. Da verliefen sich die Wasser von der Erde und nahmen ab nach 150

Tagen. Am siebzehnten Tage des siebten Monats ließ sich die Arche nieder auf dem Gebirge Ararat." (1.Mose 8, 1-4, nach der Lutherübersetzung 1984).
Gesagt wird, dass ab diesem Zeitpunkt die Brunnen der großen Tiefe verstopft wurden, was bedeutete: Kein weiteres Wasser konnte mehr aus den Erdräumen herausfließen. So verliefen sich nun die Wasser ins Erdinnere, in dem dieses heute noch in großen Mengen vorzufinden ist. Außerdem enthalten ganz offenbar die heutigen Weltmeere viel mehr Wasser, als dies bei den Urmeeren der Fall war, die Flachmeere waren. Die heutigen Ozeane entstanden im Zuge der Sintflut. Dazu später mehr.

Bemerkenswert ist, dass Wind aufkam. Unter den klimatischen Gegebenheiten, die auf der Urerde herrschten, gab es weder Wind noch Regen, denn ansonsten hätte sich der Wasserbaldachin schon vor der Sintflut entleert. Es gab davor wahrscheinlich keine vereisten Pole, weil die Erdachse noch geradestand und Treibhausatmosphäre herrschte. Näher beschrieben wird diese Situation schon in **Buch Teil 1, Punkt 1.2.2**, Unterpunkt „Es werde eine Wölbung über dem Wasser".
Es besteht die berechtigte Annahme, dass die Erdachse vor der Sintflut noch senkrecht stand und nicht die heutige Schräglage von 23 Grad besaß, wodurch eine Vereisung der Pole nicht eintreten konnte. Dies wird noch näher beschrieben unter **Punkt 6.3**, „Die Eiszeit (Schneezeit) - Ergebnis einer globalen Katastrophe?" Deshalb gab es auf der Urerde auch noch keine Jahreszeiten, denn es ist doch sehr merkwürdig, dass Gott in 1. Mose 8,22 extra darauf hinweist, weil er zu Noah sagte:
„Solange die Erde steht, sollen nicht aufhören Saat und Ernte, Frost und Hitze, Sommer und Winter, Tag und Nacht."
Weshalb wurde dies von Gott extra betont, wenn dies eine Selbstverständlichkeit war?
Es dauerte also 150 Tage, bis die Wasser abgeflossen waren. Es vergingen (nach 1. Mose 8,5-15) nochmals 70 Tage, bis Noah, nun ein Jahr später, am siebenundzwanstigsten Tag des zweiten Monats, als die Wasser vertocknet waren, mit seiner Familie die Arche verlassen konnte.

Die Bibel spricht bezüglich des Gebietes, das er betrat, vom Gebirge oder dem Land Ararat und nicht direkt von einem Berg mit diesem Namen, wo die Arche landete. War der eigentliche Landplatz möglicherweise der Berg Cudi im „Cudi Dagh" Gebirge im Südosten der Türkei, der sich 300 Kilometer südlich befindet und nur ca. 2000 Meter hoch ist? Über Jahrtausende war der Berg das Pilgerziel von Gläubigen. Welche Bewandtnis dies und anderes hat beschreibt Timo Roller in seinem Buch „Das Rätsel der Arche Noah". [1]

---

1   Timo Roller, „Das Rätsel der Arche Noah", 2014 SCM R. Brockhaus im SCM-Verlag GmbH & Co. KG

Meinungsbilder zum Sintflutgeschehen

Literarisch hat zu diesem Geschehen eine umfangreiche Meinungsbildung stattgefunden. Von einigen an diesem Prozess beteiligten Autoren wird deren Sichtweise nachstehend vermittelt. Es würde aber den Rahmen meines Buches sprengen, wollte man das ganze Spektrum der Sintflut-Überlieferung darstellen.

Manfred Stephan und Thomas Fritzsche machen in ihrem gemeinsamen Buch zum Thema „Sintflut und Geologie" die Aussage, dass die biblische Sintflut-Überlieferung bezüglich geowissenschaftlicher Fragen und der Rekonstruktion der mit der Sintflut einhergehenden Vorgänge einen erheblichen Interpretationsspielraum zulässt. Sie kommen zu folgender, das Geschehen näher charakterisierenden Aussage:

„Die biblische Sintflutüberlieferung lässt bezüglich geowissenschaftlicher Fragen und der Rekonstruktion der mit der Sintflut einhergehenden Vorgänge einen erheblichen Interpretationsspielraum zu. Aus diesem Grunde und aufgrund der Schwierigkeiten, mit den Daten stimmige Sintflutmodelle zu konstruieren, wird dafür plädiert, statt einer Sintflut-Geologie eine weiter gefasste biblisch-urgeschichtliche Geologie zu betreiben. In ihrem Rahmen bleibt zunächst offen, welche Gesteinseinheiten direkt mit dem Sintflutjahr zusammengebracht werden können. Vielmehr wird nach dem Zusammenhang der gesamten biblisch bezeugten Urgeschichte (1. Mose 1-11) mit den geowissenschaftlichen Daten gefragt."

Ein also im Zusmmenhang der gesamten biblischen Urgeschichte gesehener weiterer Zeitrahmen, ermöglicht auch nachflutliche Vorkommnisse zu berücksichtigen, die noch von anderer geologischer und topographischer Art waren. Einer Bildung aller Schichtfolgen im Flutjahr, sagen sie, stehen geologische Funde entgegen. **So bietet eine erweiterte Betrachtungsweise den Blick für die Möglichkeit der Sedimentbildung im weiteren Rahmen der Urgeschichte.** [2]

Von ihrer Beschaffenheit her gab es vor der Sintflut auch Berge, die überflutet wurden. Es ist anzunehmen, dass es danach ganz anders aussah, weil in Folge abfließenden Wassers die neue Erdoberfläche über weite Strecken eingeebnet wurde. Außerdem dürfte es während der Flut viele Erdbeben, Vulkan- und Erdkrustenbrüche gegeben haben, die für gewaltige Tsunami-Riesenwellen mit Verschüttungen sorgten. Selbst wenn sie zunächst in den geologischen Schichten des Kambriums (Paläozoikums) eingelagert wurden, können sie durch viel spätere nachflutliche kataklysmische Ereignisse stufenweise in verschiedenen anderen geologischen Schichten z. B. des Silurs, Karbons bis hin zur Kreide geschüttet worden sein. Das schließt also nicht aus, dass Fossilien und Artefakte, die während der Sintflut verschüttet wurden, auch erst in späteren geologischen Schichten auftauchen.

Erwähnt werden soll schon an dieser Stelle, dass alpine Bergmassive erst nach der Flut entstanden sein dürften. Was vorher noch im Meer war, erhob sich unter der Wirkung enormer Kräfte zu großen Höhen. Dazu später noch mehr. Dies erklärt, warum Reste von fossilen marinen Spuren auch auf den Bergspitzen heutiger alpiner Berge zu finden sind, die sich vor der Gebirgsauffaltung eben auf dem Meeresboden befanden.

Hans Joachim Zillner schildert in seinem Buch „Darwins Irrtum" solche bedeutsamen Erscheinungen, die er aber ausschließlich auf die Sintflut zurückführt. In Bezug auf das im Satz zuvor Gesagte, können diese Spuren auch das Ergebnis ganz anderer kataklysmischer Vorkommen sein, die ebenfalls stattgefunden haben. Er aber sagt:

„Die gigantischen Flutwellen haben in den höheren Lagen der Alpen, im Himalaja

---

2   Manfred Stephan und Thomas Fritzsche, „Sintflut und Geologie", 1. Auflage 2000, Studiengemeinschaft Wort und Wissen e. V., Hänssler Verlag, Seite 14

und anderen Gebirgen fossile marine Spuren hinterlassen, die fast jeder Wanderer kennt.
Reste von großen Schiffen und Steinanker *fand man in Höhenlagen von 4000 bis 5000 m in Ostanatolien (Türkei) auf dem Berg Ararat, dem eventuellen Landeplatz der Arche Noah.* " [3]
Die Entstehung von Resten großer Schiffe und Steinanker weisen eher daraufhin, dass sie Gegenstände sind, die erst nach der Sintflut im Gebrauch standen und der Landeplatz kann, wie gesagt, auch der Berg Cudi Dagh gewesen sein.

Auch der Geologe und Biologe Joachim Scheven macht für die auf den hohen Bergen aufgefundenen Reste nicht die Sintflut verantwortlich, sondern dass erst nach dieser der Meeresboden durch die rasante Auffaltung der alpinen Gebirgswelt aus dem Wasser zu Bergspitzen angehoben wurde.

Sowohl zum Flutgeschehen als auch zu dem anderen Ereignis der Gebirgsauffaltung, haben wir aus der Bibel nachstehend die sich auf beide Geschehnisse beziehende Äußerung eines Psalmisten:

"Mit Fluten bedecktest du es (das Erdreich*) wie mit einem Kleide, und die Wasser standen über den Bergen. Aber vor deinem Schelten flohen sie, vor diesem Donner fuhren sie dahin. Die Berge stiegen hoch empor, und die Täler senkten sich herunter zu dem Ort, den du ihnen gegründet hast"* (Psalm 104, 6-8).

Erhält der Psalmist hier durch den Geist Gottes Einblick in Gottes besondere Handeln oder war auch er bezüglich des Aufsteigens der Berge sogar ein Zeitzeuge? Somit können biblische Personen Augenzeugen dieser Vorkommnisse gewesen sein. Dann haben dies wahrscheinlich auch andere Menschen zu ihren Lebzeiten wahrgenommen. Mehr zur alpinen Auffaltung der Hochgebirge nach der Sintflut und den Hintergründen in **Punkt 6.3** Die „Eiszeit" (Schneezeit) - Ergebnis einer globalen Katastrophe? und **7.3** „Katastrophismus nicht allein die Ursache für die Schichtenbildung".

Und, diese Vorgänge ereigneten sich nicht vor Millionen von Jahren, sondern innerhalb kürzester Zeit vor erst einigen 1000 Jahren. Aber auch wenn die Sintflut eine entscheidende Rolle z. B. bei der Entstehung von Sedimentschichten und Gesteinsformationen einnahm, dürfte also ein Teil dieser Vorgänge nicht direkt dem Sintflutjahr zuzuordnen sein.

Genau zu dieser Einschätzung kommt z. B. Manfred Stephan erneut in seinen zusammenfassenden „Thesen zur biblischen Urgeschichte, Sintflut und Geologie", ***dass nämlich „alle Schichtgesteine mit fossilen Tierresten (mindestens seit dem Kambrium) in der vergleichsweise kurzen Zeitspanne zwischen Sündenfall des Menschen (1. Mose 3) und Abraham (1. Mose 11) entstanden sein müssen."***

In seinem Artikel stellt er sich, bezogen auf die Sintflut, zunächst die Fragen:
Wie könnte die Abfolge der Schichten mitsamt den eingelagerten Vulkan- und Tiefengesteinen in dem einen Sintflutjahr gebildet worden sein? **Und wie vollzog sich** die geordnete Abfolge der Fossilien und Gesteine, bewirkt durch bloße Wassersortierung, Unterbrechungen in der Ablagerung (wie fossile Riffe, zahllose besiedelte bzw. durchwühlte Schichten) oder trockengefallene Schichten (Trockenrisse, Tierfährten, Durchwurzelung, Sauriernester) bzw. Austrocknungsphasen, wodurch Salzlager entstanden sein könnten?
Und bringt es nochmals zusammenfassend auf den Punkt:
„Die Schwierigkeit, alle eingetretenen geologischen Gegebenheiten ganz allein der Sintflut zuzuschreiben, bedeutet nicht, dass sie die einzige Ursache für die erwähnten Ereignisse gewesen sein muss." [4]

Der Geologe Martin Ernst sagt in einem Artikel im factum „Eigentlich eine Zumutung", wie solche Formationen von Ablagerungsgesteinen in Hinblick auf die Dynamik ihrer Entstehung allerdings während der Sintflut zustande gekommen sein könnten:

3   Hans Joachim Zillmer, „Darwins Irrtum", Seite 205
4   Manfred Stephan, „Thesen zur biblischen Urgeschichte, Sintflut und Geologie",
       Wort+Wissen-Diskusions-Beiträge 2/02

„Betrachten wir z. B. eine Wand mit schlecht sortierten, zum Teil sehr großen und schweren Gesteinsgeröllen - wie etwa die schweizerische und süddeutsche so genannte Nagelfluh. Nach heutiger geologischer Kartierung können wir auf die verschiedenen ursprünglichen Herkunftsgebiete rückschliessen. Die jeweiligen Gerölle wurden aus dem ursprünglichen Gesteinsverband gewaltsam herausgemeißelt oder herausgelöst und über eine große Strecke rasant transportiert.

*Wenn wir anhand der Größe einiger transportierter Blöcke die anfängliche Wassermenge und Strömungsgeschwindigkeit berechnen, erinnert mich das an die Dynamik des im Jahre 1996 in Island stattgefunden Gletscherverlaufs. Unter dem größten Gletscher auf Island, dem Vatnajökull, war ein Vulkan ausgebrochen und brachte innerhalb von Stunden bis Tagen gewaltige Eismengen zum Abschmelzen mit enormen Wassergüssen. Bilddokumente zeigen uns, wie die ungestümen und brutalen Wassermengen den Gletscherlauf in einen rapiden Schlammstrom verwandelten. **Hausgroße Blöcke**, die aus dem Gesteinsverlauf herausgerissen worden waren, **wurden ins Meer transportiert**. Reste davon blieben auf den Sanderflächen bei Skaftafell liegen.* [5]

Im Vergleich zu den beobachteten Abtragungsprozessen dürften zur Sintflut nachträgliche Prozesse, wie die Auffaltung der Hochgebirge, noch um einige Dimensionen gewaltiger gewesen sein. **Auch Ernst gelangt zu der Einsicht, dass Menschen in der Vergangenheit zu Zeugen solcher Prozesse wurden.**

Dem Sintflutjahr kann, gemäß Joachim Scheven, wegen der der Sintflut später erst nachfolgenden Auffaltung der alpinen Gebirge tatsächlich nur ein Teil der Schichtgesteine und sonstigen Schichtungen zugeordnet werden. Die Sintflut spielte eine entscheidende Rolle für die Art ganz bestimmter Schichtungen. Am Beispiel von solchen soll jetzt gezeigt werden, was sich entgegen der Auffassung der konventionellen Geologie wirklich vollzogen hat.

Einerseits brach über den entleerten Räumen die Erde ein und es bildeten sich riesige Senken mit Füllungen, anderseits wurden die leeren Brunnen aber schon während der ersten 150 Tage aufgefüllt. Während dieser Zeit hat sich dabei unter der Erde beim Auffüllen der riesigen Leerräume, d. h. bei dem Einschwemmen von Füllgut, Gewaltiges zugetragen. Das abfließende Wasser brachte, wie Scheven sagt, Schwimmwälder mit sich, wodurch z. B. die Steinkohleflöze entstanden, die sich übereinander lagerten. Auf diese Weise legte sich ein Kohleflöz über den anderen. Überall in der Welt liegen karbonische Steinkohlen in Stockwerken als Flöze übereinander. In Form von Tsunamis brachte Flutwelle auf Flutwelle auch die Pflanzenmatte mit sich. Im Ruhrgebiet unter Tage gibt es an manchen Stellen 200 Kohlenflöze, was bedeutet, dass diese Steinkohle übereinander gelagert bis in eine Tiefe von 1000 m reicht. Aber wie kam der Inkohlungsprozess zustande?

Dies dürfte durch Schwingungen geschehen sein, was deshalb sehr schnell ging, weil die Erde sich in ständiger Bewegung befand. **Die traditionelle historische Geologie glaubt** aber im Gegensatz dazu, **dass dieser Prozess Jahrmillionen in Anspruch genommen habe.** Die Inkohlung der Holzbestandteile oder des Humus zu Steinkohle wäre unter Sauerstoffabschluss, bei hohem Druck und hoher Temperatur bewirkt worden, und dies habe Jahrmillionen in Anspruch genommen. Unter diesen Bedingungen ist wohl kaum Kohle zustande gekommen.

Ein erfolgreicher Versuch aber war der von Huck und Karweil (1962). Die Forscher unterwarfen das Material, das zu Kohle verwandelt werden sollte, einem „dynamischen", das heißt schwingenden Druck. Dabei lösten sich zwischen Kohlenstoff und Wasserstoff die chemischen Bindungen innerhalb der Lignin- und Zellulose-Moleküle auf, und es entstand molekularer Kohlenstoff, vergleichbar mit dem Endprodukt der natürlichen Inkohlung. Dieser Vorgang ereignete sich innerhalb von Minuten und Sekunden, wie Scheven auch sagt.

5   Martin Ernst, „Eigentlich eine Zumutung", factum-Magazin 1/2010, Seiten 32-33

Bei Versuchen mit Dampframmen an Tannenpfeilern ist beobachtet worden, wie sich das Innere der Pfähle unter den Schlagsalven der Ramme in Steinkohle verwandelte.

Es darf angenommen werden, dass die beim Einstürzen der Brunnen der Tiefe ausgelösten Erdbeben die bereits eingelagerten Sedimentlasten in unaufhörliche Schwingungen versetzt haben. Die **Umsetzung** der verschütteten Schwimmwälder **in Kohle** bedurfte daher keiner langen Zeiten, sondern **geschah außerordentlich schnell**.

Die Entstehung mancher Gebirgsformationen wird auch auf Einschläge von Kometen oder Asteroiden zurückgeführt. Solche ringförmigen Anhöhen sind durch Satellitenaufnahmen entdeckt worden. Auch im Dschungel von Honduras soll sich derartiges ereignet haben. Als Vorkommen dieser Art werden das Nördlinger Ries, das Steinheimer Becken und der Golf von Mexiko genannt.

Die Stadt Nördlingen im Ries liegt 430 m über dem Meeresspiegel in einer Senke. Die das Ries umgebende Höhe hat zwischen 530-665 m über dem Meeresspiegel (lt. Straßenatlas).

Zu dreiviertel rund um den Golf von Mexiko sieht es ähnlich aus. In Mexiko zieht sich die Sierra Madre Oriental zwischen Monterey und Oaxaca de Juarez hin. Der Abstand Küste-Gebirgszug beträgt meist zwischen 70-140 km. [6]

Die Bergkette findet ihre Fortsetzung in der Sierra Madre de Chiapasund weiter in den Nachbarstaaten Cuchumatana und Belice (Maya Mountains).

Dave Balsinger und Charles E. Sellier jr. beschreiben als profunde Kenner in Sachen Arche Noah in ihrem Buch „Die Arche Noah" das gewaltige, 24 Kilometer Durchmesser betragende, zwischen dem in der Schwäbischen und Fränkischen Alb liegende, Nördlinger Ries. Sie sagen, dass es durch einen wahrscheinlich niedergegangenen Meteoriten entstand. [7]

Welche Wirkungen gingen von den besonderen Wasserquellen der Sintflut aus?

Obwohl die beiden entscheidenden Quellen bereits mehrmals erwähnt wurden und also schon bekannt sind, werden jetzt noch einmal einige Betrachtungen dazu vorgenommen.
Zunächst der Text aus 1. Mose 1,6-10:
*Und Gott sprach: es werde eine Feste zwischen den Wassern, die scheide zwischen den Wassern. Da machte Gott die Feste und schied das **Wasser unter der Feste von dem Wasser über der Feste**. Und es geschah so. Und Gott nannte die Feste Himmel. Und Gott sprach: Es sammle sich das Wasser unter dem Himmel an besondere Orte, dass man das Trockene sehe. Und Gott nannte das Trockene Erde, und die Sammlung der Wasser nannte er Meer"* (Luthertext von 1984).
Ergänzend zu 1. Mose 1,6-10 soll in 1. Mose 7,11 soll die zweite wesentliche Quelle über die Herkunft des Wassers nochmals vor Augen geführt werden:
*Es „öffneten sich **die Schleusen des Himmels** (erste Quelle), und **die Quellen der großen Tiefe** brachen aus der Erde hervor"* (zweite Qelle).
Das besagt also, dass es nach der Trennung der Wasser bedeutende Wassermassen in der Atmosphäre gab (über der Feste), und anderes in den großen Brunnen der Tiefe (unter der Feste). Das heißt, dass es zusätzlich zum Wasser auf der Erde noch welches in atmosphärischen Regionen und in den unterirdischen Räumen der großen Tiefe gab.

Die Schleusen des Himmels (erste Quelle)

Bei den Schleusen des Himmels geht es um den Wasserbaldachin in der Atmosphäre.
In **Buch Teil 1, Punkt 1.2.2** wurde schon erwähnt, was Balsinger und Sellier in ihrem Buch

6   „Die Welt" Straßenatlas International, 2001 Falk Verlag
7   Dave Balsinger und Charles E. Sellier jr., „Die Arche Noah", Schon Verlag Wien Düsseldorf, 1. Auflage 1979, Seiten 92-93

„Die Arche Noah" beschreiben, nämlich, dass in vorsintflutlicher Zeit z. B. die Atmosphäre ihrer Vermutung nach drei- bis fünfmal so viel Wasserdampf enthielt wie heute, der sich in der unteren Troposphäre konzentrierte. Man vermutet außerdem, der Wasserdampfbaldachin habe eine Dicke von 1000 bis 1500 Meter gehabt und sich in 1500 bis 3000 Meter Höhe über dem Meeresspiegel befunden.

Die Quellen (Brunnen) der großen Tiefe (zweite Quelle)

Diese besondere Wasserquelle der Sintflut findet so gut wie keine Erwähnung in der Literatur, auch nicht in der christlichen. Wegen ihrer besonderen Bedeutung ist nachstehender Bericht zustande gekommen.

Zu dem Wasser in der Troposphäre kam also auch das Wasser aus der Tiefe der Erde. Diesen. „Brunnen" kommt eine große Bedeutung zu. Was aus ihnen herauskam war nicht nur Wasser.

Zu diesem Ergebnis kommt Joachim Scheven, der dazu bei seinen Forschungen Bedeutsames herausfand, und dokumentierte dies auch in seinen Büchern.

Er gelangt auf der Basis seiner Beobachtungen zu der Überzeugung, dass das gesamte >>marine Paläozoikum<<, vom Kambrium bis zum >>marinen<<Karbon, in Wirklichkeit keine Abfolge einzelner >>Meere<< aus fernsten Erdzeitperioden darstellt, sondern dass all sein Material den Brunnen der großen Tiefe entstammt, die sich beim Beginn der Sinflut über die Erde entleerten.

Es handelte sich dabei um hochentwickelte Flora und Fauna, die zu Tage gefördert wurde. Die Lebensräume dieser vollendet gestalteten Tiere, die ihre Spuren hinterlassen haben, lagen somit in den Brunnen der großen Tiefe. Beim sich Entleeren der unterirdischen Brunnen hat sich jenes Nacheinander ergeben, das auf der Zeittafel der historischen Geologie als gültige Abfolge des marinen Paläozoikums festgeschrieben ist.

Zu diesen Tieren gehören solche, die in den geologischen Zeittafen fälschlicherwiese als im Zuge der Evolution entstandene betrachtet werden. Dabei geht es z. B. um Trilobiten, Stachelhäuter (Echinodermen, wie Sterntiere, Seelilien, Seeigel und einige andere), Segelquallen; Brachiopoden, Lungenfische, Panzerfische, Leboliten, Muscheln Schwämme, Krebse, Schnecken, Korallen usw., wie sie von der historischen Geologie **als ziemlich erste von der Evolution hervorgebrachte Lebewesen bezeichnet werden.**

Diese Organismen, **welche die unterirdischen Lebensräume bevölkerten** und als deren Auswurf sie vom Kambrium bis zum Karbon überliefert sind, waren Bewohner einunddesselben Wassersystems. Unübersehbar zahlreich sind die Überlappungen des Auftretens von paläozoischen Korallen, Brachiopoden, Trilobiten usw. innerhalb der einzelnen Systeme. Es ist zwecklos, das, was vor Augen ist, leugnen zu wollen, wie Joachim Scheven es formuliert.

Außerdem waren diese Brunnen, als riesige unterirdische wassergefüllte Hohlräume, auch ein wichtiger Bestandteil des vorsintflutlichen Wasserkreislaufs. Seit dessen Zusammenbruch verläuft dieser Kreislauf über die Atmosphäre.

Die Wirkung der Wassermengen dieser Brunnen der großen Tiefe machen als Bestandteil der Erdkruste, die durch die Flut ausgelösten geologischen Erscheinungen überhaupt erst verständlich.

Die Brunnen der Tiefe waren belebt. Der größte Teil ihrer Bewohner bstand aus Filterorganismen. Viele dieser Organismen, wie beispielsweise Korallen, Seelilien und Brachiopoden dienten dazu, vorher das Wasser zu reinigen.

Exkurs zu dem heutigen Wasservorrat der Erde

Der Wasserbaldachin, den es vor der großen Flut gab, ist nicht mehr vorhanden. Unsere heutigen Wasserreserven befinden sich deshalb entweder auf oder unter der Erde. Verdunstete

Wassermassen regnen ab. Seit dem Zusammenbruch des vorsintflutlichen Wasserkreislaufs, verläuft dieser über die Atmosphäre zur Erde hin und aus ihr wieder zurück.

Allerdings befindet sich in unseren heutigen Meeren wesentlich mehr Wasser als in den ehemaligen Urmeeren. Da kein Wasser einfach verschwinden kann heißt das, dass das Wasser, was nicht auf der Erde verblieben ist, wieder unter die Erde zurückgeflossen sein muss. Was ständig geschieht und auch vorher geschehen ist. Deshalb ist nicht verwunderlich, dass Wissenschaftler herausgefunden haben, dass es unter der Erdoberfläche gewaltige Wasservorräte gibt.

Im factum-Magazin 3/15 berichtet Heinz Gstrein darüber, dass Wissenschaftler der University of Alberta in Edmonton, Kanada, und der Goethe-Universität Frankfurt überzeugt davon sind, dass in bestimmten Schichten unter der Erdoberfläche gigantische Wassermengen vorhanden sind. Im Artikel ist dazu zu lesen:

*„Die Forscher gehen davon aus, dass im Erdinneren mindestens so viel Wasser ist, wie sich in den Weltmeeren befindet. **Es könnte aber auch sechsmal mehr sein.** Die Forschungen wurden im Fachmagazin >>nature<< veröffentlicht. Lediglich in einer relativ dünnen Schicht zwischen etwa 410 und 670 Kilometern Tiefe, die den oberen vom unteren Erdmantel trennt, können riesige Wassermengen gespeichert werden, denn dort ändert sich die Struktur der Minerale. Eine spezielle hochexplosive Vulkanart, so genannte Kimberlite können Material aus Hunderten von Kilometern in nur wenigen Stunden an die Erdoberfläche befördern. **Der bisher einzigartige Fund des Minerals Ringwoodit brachte die gewünschte Information an die Erdoberfläche.** Dieses Mineral bildet sich erst bei einem Umgebungsdruck, der einer Tiefe von mindestens 520 Kilometern entspricht. Es ist das häufigste Mineral in dieser Tiefe und wird als eines der beiden wichtigsten Wasserspeicher gehandelt. **Mit dem nun bekannten Wasserpotential im Erdinneren wäre es ohne weiteres möglich, eine Flut zu erklären, die auch alle heutigen Berge übersteigen könnte.** *[8]

Bei Wikipedia fand ich am 01.10.2015 einen Artikel von den Autoren Steve Jacobsen und Nadja Podbregar zum Thema: „Wasser im Erdmantel bestätigt". Ob die Ringwoodit-Probe tatsächlich repräsentativ für riesige Wasservorkommen im Erdinneren stand oder nicht, war zunächst noch nicht ganz sicher, erklärt Steve Jacobsen von der Northwestern University in Evanston, einer der Erstautoren.

Im Artikel heißt es:

„Das fehlende Indiz für so viel Wasser im Erdmantel liefern nun Jacobsen, der Seismologe Branden Schmandt von der University of New Mexiko in Albuquerque und ihre Kollegen. "

Sie berichten, dass bei den Bedingungen, die in der Übergangszone des Erdmantels herrschen, sich das Ringwoodit in Mineralformen umwandelt. Gesagt wird, dass noch etwas geschah:

*„Auf dem winzigen Mineralbröckchen bildeten sich Zonen, in denen das Mineral geschmolzen war. **Für diese so genannten Dehydrations-Schmelzen ist das im Ringwoodit gebundene Wasser verantwortlich,** wie die Forscher erklären. **Fehlt das Wasser, tritt diese Form des Schmelzens nicht auf.** Genau dieses Dehydrations-Schmelzen wiesen die Forscher im Erdmantel nach. Dies gelang mit Hilfe des US-Array und einem dichten Netzwerk von mehr als 2000 über die USA verteilten Seismometern. Wenn sich die Erdbebenwellen durch das Erdinnere ausbreiten, werden sie durch verschiedene Gesteinsarten, aber auch festes und geschmolzenes Gestein auf charakteristische Weise verändert. Das Seismometer-Netz fängt diese veränderten Wellen auf und erlaubt so eine Art Röntgenblick in den Erdmantel. Und dieser enthüllte tatsächlich ein Schmelzen des Gesteins in 660 Kilometer Tiefe, und damit an der Unterkante der Übergangszone im Erdmantel.*

[8]   Heinz Gstrein, factum-Magazin 3/15 auf den Seiten 32-33

>>*Wir haben Belege für ein umfassendes Schmelzen des Mantelgesteins unter Nordamerika entdeckt - genau in der Tiefe, in der Ringwoodit dehydratisiert wird*<<, *sagt Jakobsen. Dieses Reservoir in der Tiefe wird durch abtauchendes Gestein von der Oberfläche gespeist und gibt seinerseits Wasser ab, wenn das Gestein wieder an die Oberfläche gelangt.* >>*Jetzt sehen wir endlich Belege für einen solchen, die ganze Erde umfassenden Wasserkreislauf*<<, *konstatiert Jacobsen.*"

Steve Jacobsen sagt, dass dreimal so viel Wasser wie in allen Weltmeeren zusammen in der Erde gespeichert sein könnte. Wenn also nur von dem Dreifachen und nicht Sechsfachen (wie oben angegeben) ausgegangen wird, kann man folgende gigantische Wassermnege errechnen.

Gemäß Wikipedia beträgt das Wasservolumen sämtlicher Ozeane 1,338 Milliarden Kubikkilometer. Das Dreifache davon entspricht dann 4,014 Milliarden Kubikkilometern (Steve Jacobsen, Northwestern University, Evanston, Science, 10.1126/science, 1253358).

Wenn manche Wissenschaftler davon ausgehen, dass die Urerde so hohe Berge wie die heutigen nicht besaß, ist bei etwas mehr als 4 Milliarden Kubikkilometern durchaus denkbar, dass sie völlig überflutet wurden.

6.1.2 Die Rolle der Arche des Noah

Das sonderbarste Schiff der Weltgeschichte

Diesen Titel trägt der Sonderdruck aus Fundamentum 3/2000, der Zeitschrift der Staatsunabhängigen Theologischen Hochschule Basel. Werner Gitt legt in der Arbeit dar, dass die Arche hinsichtlich ihrer Konstruktionsmerkmale wie >>*hohe Schwimmstabilität bei gleichzeitig sparsamem Materialeinsatz*<< die bestmöglichen Abmessungen aufweist und sagt:
„Das Ergebnis ist höchst erstaunlich, aber aus der Sicht des biblischen Glaubens dennoch geradezu erwartet. Kein anderes als das biblisch bezeugte Breiten-zu-Höhen-Verhältnis hätte ausgeführt werden dürfen, um die beiden Einflussgrößen - hohe Schwimmstabilität und möglichst geringer Materialeinsatz - optimal zu kombinieren. Noah konnte diese mathematischen Rechnungen nie und nimmer durchführen.“ [9]
Es geht um die Beantwortung der Frage, ob man der Kastenkonstruktion der Arche nach derzeitigem schiffbautechnischem und mathematischem Kenntnisstand die notwendige Schwimmstabilität nachweisen kann. Seine Arbeit hat gezeigt, dass dies möglich ist. Wer an Details interessiert ist, sollte sich das Buch beschaffen. Nachfolgend kann ich im Rahmen meiner Arbeit nur auf einige wesentliche Aussagen hinweisen.

Für die Größe der Arche sind zunächst einmal die Transportbedingungen ausschlaggebend. Was musste in welcher Menge transportiert werden? Sie musste Platz für die zu transportierenden Landlebewesen gemäß 1. Mose 6, 18-21 und den erforderlichen Nahrungsvorrat für mehr als ein Jahr bieten.
Um die Größe der Arche zu bestimmen, sind genaue Maßangaben erforderlich. Die Bibel nennt diese in 1. Mose 6,15:
„Und mache sie so: Dreihundert Ellen sei die Länge, fünfzig Ellen die Breite und dreißig Ellen die Höhe.“
Gitt sagt, dass die seit dem Altertum im Gebrauch befindliche Elle als weltweit verbreitete Längeneinheit ganz unterschiedlich gebraucht worden ist. Die damals gebräuchlichen Ellenmaße besaßen Längen von 51,72 cm (Nippur-Elle), 49,5 cm (Ammatu-Elle, Babylon), 52,5 cm (königliche Elle, Ägypten) und die Pechys-Elle 46,2 cm (Griechenland). Der Brockhaus spricht von allgemein gebräuchlichen Ellenmaßen von 50-80 cm, in England 114,3 cm und in Frankreich sogar 118,8 cm. [10]

In seiner Berechnung setzt Gitt das kleinste Ellenmaß von 0,4375 m an, das aus der Länge des Siloahtunnels in Jerusalem errechnet wurde. Auf dieser Basis errechnen sich Schiffsmaße von 131 m (300 Ellen lang), 22 m (50 Ellen breit) und 13 m (30 Ellen hoch).
„Das ergibt einen Rauminhalt von 131 m x 22 m x 13 m = ca. 37500 m^3 oder eine Bruttotonnage von 13250 BRT.
Die drei Decks haben eine Fläche von 3 x 130 m x 22 m = 8650 m^2, und das entspricht 1,2 Fußballfeldern. Bis 1850 gab es in der gesamten Weltgeschichte kein Schiff, das größer als die Arche war.“ [11]

Zu den Anforderungen an die Konstruktion führt Gitt aus, dass das Schiff nicht dafür

---

9   Werner Gitt, „Das sonderbarste Schiff der Weltgeschichte“, Sonderdruck der Zeitschrift Fundamentum 3/2000 der Staatsunabhängigen Theologischen Hochschule Basel, Immanuel Verlag, 2001, Seite 2
10   Brockh. Enzykl., Band 6, 1988, Seite 318
11   Werner Gitt, „Das sonderbarste Schiff der Weltgeschichte“, Seite 8

bestimmt war, eine bestimmte Geschwindigkeit zu erzielen, noch einen Hafen anzusteuern. So waren weder Ruder, Masten noch Segel vonnöten. Das Schiff war also nicht manövrierfähig. Wir können glauben, dass hierbei Noah mit Gottes Hilfe fuhr. So genügte die allereinfachste Bauform, also ein kastenförmiges Gebilde. Allerdings musste das Schiff schwimm- und hochseetauglich sein.

Mit seinen Berechnungen zum Materialeinsatz weist Gitt nach, dass Gott ökonomisch mit den Noah zur Verfügung stehenden Ressourcen, umgegangen ist. [12]

Wegen der rechnerischen Details muss für den Interessenten wieder auf die Lektüre des Buches verwiesen werden.

Im Zusammenhang mit den auf das Schiff einwirkenden **Kraftwirkungen** handelt es sich um die folgenden, die Verschiebungen in verschiedene Richtungen bewirken.

Eine **Längsbewegung** durch einen Antrieb war nicht gegeben, hat aber durch Windeinwirkung wohl trotzdem stattgefunden. Ähnlich dürfte es in Bezug auf **Querbewegung**, also bei seitlicher Verschiebung des Schiffes gewesen sein.

Die **Tauchbewegung** kommt durch die Beladung zustande. Die ihr entgegenwirkende Kraft ist der Auftrieb. Bei der Tauchbewegung ist das Zurückkommen in die Ausgangslage gegeben, weil die Kräfte immer wieder in einen Gleichgewichtszustand zu gelangen trachten. Daneben können Drehbewegungen auftreten, also ein Drehmoment.

Beim **Gieren** entsteht ein Drehmoment, bei dem sich das Schiff um die eigene Achse drehen will. Bei diesem Vorgang tritt keine Rückstellkraft auf, die bemüht ist, die alte Lage des Schiffes wiederherzustellen.

Beim so genannten **Rollen** vollführt ein Schiff eine Längsbewegung die bewirkt, dass wegen eines dabei auftretenden Drehmoments ein Kippen oder Schräglage, die zum Kentern führt, auftreten kann. Für diese Drehbewegung gibt es aber eine Rückstellkraft. Besonders dieses Rückstellmoment ist für die Schwimmstabilität von tragender Bedeutung.

Ein Schiff kann auch **Stampfen**. Es entsteht dann ein Drehmoment, das um die horizontale Querachse wirkt. Es geht dabei um jenes Auf und Nieder in der Längsrichtung des Schiffes.

Der Seemann bezeichnet diese Bewegung als **Schlingern**. Durch Rückstellbewegung wird auch hier wieder die Ausgangslage hergestellt. [13]

Mit Hilfe eines speziell für diese Zwecke ermittelten Diagramms konnte die ingenieurmäßig beste Arche gefunden werden.

Nachdem die für Berechnung des Materialeinsatzes und der Schwimmstabilität grundlegenden Gleichungen und notwendigen Formeln hergeleitet wurden, konnten nun beliebige Fallstudien durchgeführt werden, die zuließen, das Schwimmverhalten für die unterschiedlichsten Archen auch grafisch darzustellen und in Form von Fallbeispielen durchzuspielen. [14]

Der Wert für die Schwimmstabilität wurde mit Hilfe der Integralrechnung, und der des Materialaufwands mit Hilfe der Differentialrechnung gefunden. Die Wiedergabe der hierfür erforderlichen Formeln und Rechengänge würde überfordern, weil hier nur erreicht werden soll, dass die prinzipielle Vorgehensweise verstanden wird. Auf der Basis der Rechnungen wurde mit den mit der Infinitesimalrechnung gefundenen Funktionen weiter auf graphischem Wege - über die geometrische Darstellung in den Kurven - die technisch optimale Lösung erarbeitet. Es geht dabei um die Ermittlung des optimalen Breiten-zu Höhen-Verhältnisses bei möglichst geringem Aufwand von Material und guter Schwimmstabilität. Unter Zuhilfenahme der Mathematik wird also das optimale Breiten- zu Höhen-Verhältniss (B/H) für die Arche gefunden. Es ist wichtig, noch einmal herauszustellen, dass alle Kurven auf exakten

12 Werner Gitt, „Das sonderbarste Schiff der Weltgeschichte", Seiten 18-19
13 Werner Gitt, „Das sonderbarste Schiff der Weltgeschichte", Seiten 21-22
14 Werner Gitt, „Das sonderbarste Schiff der Weltgeschichte", Seite 27

Berechnungen beruhen. So konnte auf diesem Wege das Verhältnis B/H präzise bestimmt werden.

Gitt sagt in der Schlussbemerkung, dass also nur zwei Zahlenwerte abgeschätzt werden mussten.

Als **erste Annahme** der Wert für **die relative Schwerpunkthöhe** y_G/H. Es ist das Höhenverhältniss der Lage des Schwerpunktes y_G zur Höhe H des Kastens.

Dafür wurde angenommen, dass die großen Tiere und die Nahrungsvorräte hätten im untersten Deck eingelagert gewesen sein müssen, um den Schwerpunkt der geladenen Arche möglichst tief nach unten zu drücken. Je tiefer der Schwerpunkt, desto schwimmstabiler verhält sich ein Schiff. So lässt sich dies durch eine geschickte Ladungsverteilung beeinflussen.

Die zweite Annahme betrifft die relative Eintauchtiefe h_O/H. Es ist das Höhenverhältniss der Lage der Ladung h_O zur Höhe H des Kastens.

Mit weiteren technischen Überlegungen, und mit der Hilfe von Computern, gelang es daher nachzuweisen, dass die in der Bibel genannten Abmessungen die besten sind.

Wenn kritische Theologen meinen, man habe vom Gilgamesch-Epos den biblischen Bericht abgekupfert, dann lässt sich leicht nachweisen, dass die im Epos beschriebene Arche, die in einer Würfelform mit sieben Stockwerken und 120 Ellen (ca. 53 Meter) Kantenlänge angegeben ist, ein völlig schwimmuntaugliches Unikum darstellt. [15]

Näheres zu den Maßen dieser Arche und den übersetzten Text des Gilgamesch-Epos in **Punkt 6.4 „Relikte der Sintflut - antike Überlieferungen der Menschheit".**

Passten alle Tiere in die Arche Noah?

So lautet der Titel eines von Wort und Wissen in der Homepage www.wortundwissen.de als Diskussionsbeitrag 4/90 veröffentlichten Artikels von Fred Hartmann und Reinhard Junker. Der Artikel befasst sich im Wesentlichen mit den zwei Fragen:

     1. Wie sah die Arche aus, und wie groß war sie?
     2. Wie viele Tiere musste Noah mit an Bord nehmen?

Während die erste Frage bereits im vorstehenden Abschnitt eingehend behandelt wurde, wird in diesem Abschnitt nur die 2. Frage untersucht. Die Autoren weisen darauf hin, die Aussage, *„ die Arche sei für das Rettungsunternehmen **viel zu klein gewesen,** kann entkräftet werden, nicht mehr und nicht weniger. "*

Neben noch anderen Fragen ist die Zweite eine der herausragenden, für die eine Beantwortung gewagt wurde. Verschiedene andere müssen in diesem Abschnitt unbeantwortet bleiben. Dabei geht es z. B. um folgende:

Wie konnten Süss- und Salzwasserfische die große Flut überstehen? Wie konnten die Tiere sich nach dem Ausstieg aus der Arche weltweit verbreiten und beispielsweise nach Australien gelangen? Wie wurde die Arche beheizt, belüftet und beleuchtet? Wie konnten acht Leute die vielen unterschiedlichen Tiere versorgen? Wie konnte Noah die Nahrungsbeschaffung für die Versorgungsansprüche dieser Tiere bewerkstelligen, alle erforderliche Nahrungsmittel beschaffen und auch in der Arche unterbringen? Da die Sintflut stattgefunden hat, muss er es gekonnt haben.

Auch wenn viele wirbellose Tiere außerhalb der Arche überleben konnten, dürfte es aber nicht bei allen wirbellosen Tieren der Fall gewesen sein. Auch hier entstehen Fragen, auf die uns der biblische Text keine Antwort gibt. Die Autoren sagen auch, dass methodisch das

15   Werner Gitt, „Das sonderbarste Schiff der Weltgeschichte", Seite 47

geheimnisvolle Wirken Gottes nicht erfassbar ist, da allenfalls regelhafte („naturgesetzliche") Abläufe untersucht werden können. Aber die Untersuchung zeigt, dass es möglich ist, Unmöglichkeitsbehauptungen zurückzuweisen.

Wie viele Tiere musste Noah an Bord nehmen?

Darüber macht die Bibel zwar unterschiedliche Aussagen, die aber nicht als Widersprüche aufzufassen sind. *„Die Unterschiede können als Ergänzungen und Weiterführungen gedeutet werden."* Es ist notwendig, in Bezug auf welche Tiere und wie viele den genauen biblischen Wortlaut in 1. Mose 6, 19-20, 7, 2-3 und 7,13-14 zu zitieren.

„Und du sollst in die Arche bringen von allen Tieren, von allem Fleisch, je ein Paar, Männchen und Weibchen, dass sie leben und bleiben mit dir. Von den Vögeln nach ihrer Art, von dem Vieh nach seiner Art und von allem Gewürm auf Erden nach seiner Art: von dem allen soll je ein Paar zu dir hineingehen, dass sie leben bleiben.

Von allen reinen Tieren nimm zu dir je sieben, das Männchen und sein Weibchen, von den unreinen Tieren aber je ein Paar, das Männchen und sein Weibchen.

Desgleichen von den Vögeln unter dem Himmel je sieben, das Männchen und sein Weibchen, um das Leben zu erhalten auf dem ganzen Erdboden.

Wir erfahren hier, dass Gott selbst die Anweisungen gibt und so in allem dafür sorgt, dass das Unternehmen zum Erfolg führt.

„An eben diesem Tage (dem Beginn der Flut) *ging Noah in die Arche mit Sem, Ham und Jafet, seinen Söhnen, und mit seiner Frau und den Frauen seiner Söhne; dazu alles wilde Getier nach seiner Art, alles Vieh nach seiner Art, alles Gewürm, das auf dem Erdboden kriecht, nach seiner Art und alle Vögel nach ihrer Art, alles was fliegen konnte, alles, was Fittiche hatte."*

Als die Flut begann, war Noah 600 Jahre alt, erfahren wir aus 1. Mose 7,6. Ob Noah vermögend war, wissen wir nicht. Immerhin hätte er sich mit Gottes Hilfe in fast 600 Jahren eine einträgliche Existenz aufbauen können, die ihn vielleicht zu einem reichen Mann machte. Aber trotzdem war die logistische Problematik der ihm gestellten Aufgabe gewaltig. Dazu gehörte die Beschaffung der Baumaterialien und kurz vor Beginn der Flut die des Futterbedarfs. Den Holzbedarf sollte Noah in Form von Tannenholz abdecken und zum Abdichten Pech verwenden (1. Mose 6, 14). Eines ist klar, die Angaben über die Größe der Arche erfuhr er von Gott. Woher hätte er, der wahrscheinlich vom Schiffbau keine Ahnung hatte, die für die erforderliche gute Schwimmfähigkeit der Arche optimalen Maße wissen sollen? Wie hätte er wissen können, um wie viele der zur Aufnahme bestimmten Tiere einschließlich des notwendigen Futterbedarfs, auch vom Volumenbedarf her, es sich handeln werde? Die Tiere sind ihm erst kurz vor Beginn der Flut von Gott zugeführt worden.

Neben dem Erhalt der Arten sollten einige Tiere als Opfertiere dienen (1. Mose 8,20). So sollte Noah also folgende Tiere mit an Bord nehmen:

Von allen Landtieren allgemein:	1 Paar
Von allen zeremoniell reinen Tieren:	7 Paare
Von allen Vögeln:	7 Paare

Kann man die Menge der mitzunehmenden Tiere zahlenmäßig erfassen?

Um Aufschluss über die anstehenden Tierarten und über deren Umfang zu erhalten, haben die Autoren nachstehende 2 Tabellen erstellt.

Tabelle 1: Anzahl der Arten		**Tabelle 2**: Anzahl der Biospezies, die außerhalb der Arche überleben konnten	
Säugetiere	3.700	Alle Fische	20.600
Vögel	8.600	Alle Manteltiere (z. B. Seescheiden)	1.700
Reptilien	6.300	Alle Stachelhäuter (z. B. Seeigel)	6.000
Amphibien	2.500	Fast alle Weichtiere (z. B. Muscheln)	130.000
Fische (inkl. Rundmäuler)	20.600	Alle Hohltiere (z.B. Quallen)	9.000
Manteltiere (z. B. Seescheiden)	1.700	Alle Schwämme	5.000
Stachelhäuter (z. B. Seeigel)	6.000	Alle Einzeller	27.000
Gliederfüßler (z. B. Insekten)	1.000.000	insgesamt	199.300
Weichtiere (z. B. Muscheln)	130.000		
Platt- und Fadenwürmer	25.000		
Ringelwürmer	17.000		
Hohltiere (z. B. Quallen)	9.000		
Schwämme	5.000		
Einzeller	27.000		
insgesamt	1.262.400		

Die Autoren äußern sich dahingehend, dass die Gesamtzahl der heute lebenden Tierarten auf mindestens eine Million und mehr geschätzt wird (gemäß Tab. 1). Hätte Noah diese Anzahl gliederfüßler (Insekten) an Bord nehmen müssen, wäre die Arche sicher nicht groß genug gewesen. Zu bedenken ist auch, dass viele Wasserlebewesen außerhalb der Arche überleben konnten (gemäß Tab. 2). Viele Großtiere konnten auch als noch sehr junge und dann noch relativ kleine Tiere, **wie z. B. Dinosaurier**, in die Arche gelangen. Sie hätten allerdings die Zeit nach der Flut nicht sehr lange überlebt.

Joachim Scheven ist der Auffassung, dass die Dinosaurier nach der Sintflut auch den Anfang der Wege Gottes bildeten, aber dass das Zeitalter der Dinosaurier spätestens mit der Zerteilung der Erde und den damit verbundenen Katastrophen in den Tagen Pelegs (1. Mose 10,25) endete.[16]

So gesehen waren nicht Meteoriten oder sonstige andere vermutete Ereignisse die Ursache für das Aussterben der Dinaosaurier, sondern die Zerteilung der Erde und die damit verbundene weltweite alpine Gebirgsauffaltung, die zu katastrophalen topografischen Veränderungen führte.

Es gibt aber diesbezüglich noch eine andere Sichtweise. Nach dieser kam es zu einer drastischen Veränderung des Klimas. Von daher konnten, die evtl. aus der Arche stammenden sehr jungen Saurier - wenn es sie überhaupt gab, nur noch eine kurze Zeit überleben, nämlich nur solange dies ihr Kreislauf mitmachte.

Bereits in **Buch Teil 1, Punkt 1.2.2** wurde dargestellt, dass vor der Sintflut völlig andere klimatische und atmosphärische Gegebenheiten auf der Erde geherrscht haben müssen. Es ist verständlich, dass Tiere dieser Größe kreislaufmäßig (unter den neuen klimatischen Verhältnissen nach der Flut) auf Dauer nicht überlebensfähig gewesen wären.

Was Fred Hartmann und Reinhard Junker schreiben, dass Saurier wie alle Echsen lebenslang (also sehr langsam wachsen), anders als Säugetiere, unterstützt das zuvor Erwähnte.

Der Brockhaus erwähnt den Saurier **Doplodocus, der eine Länge von bis zu vierzig Metern und ein Gewicht von sogar mehr als 80 Tonnen besaß.**[17]

Von **Elefanten** weiß man, dass sie sich kreislaufmäßig bereits im Grenzbereich befinden. Im Harrenberg Kompaktlexikon Band 2 werden die Maße dieser größten Landsäugetiere mit

16   Joachim Scheven, „Schatz im Acker, Fußstapfen des lebendigen Gottes", S. 215-216
17   Brockh. Enzykl., Band 5, 1988, Seite 516

einer Höhe von 3,5 m, Länge von 5,5-7,5 m Länge und 6 Tonnen Gewicht angegeben.[18]
Danach hätte der erwähnte Dinosaurier mehr als das 13-fache an Gewicht gehabt. Dies erfordert einen Kreislauf, bei dem die Blutversorgung bis in die fernsten Äderchen aufrechtzuerhalten unter den neuen klimatischen Verhältnissen nicht mehr möglich war.

Anzumerken ist noch, dass nach Hartmann und Junker nicht alle in Tabelle 2 enthaltenen Biospezies für eine Mitnahme in der Arche in Frage kamen, weil sie außerhalb der Arche überleben konnten.

Des Weiteren ist in diesem Zusammenhang auch zu bedenken, dass *„die meisten Arten bei Gliederfüßlern vorliegen (ca. 1 Million), die in der Regel sehr klein sind und wenig Platz wegnehmen. Darüber hinaus ist aber fraglich, ob Wirbellose (zu denen die Gliederfüßler gehören) überhaupt mit in die Arche mussten, Nach dem Bericht von Genesis 6, 19f mussten die Land- und Lufttiere, in denen Odem ist, in die Arche. Es bleibt offen, ob damit nur die lungenatmenden Tiere gemeint sind, nicht dagegen tracheenatmende Tiere wie Landinsekten."*

Wie viele Tiere waren nun höchstens an Bord?

Die Tabelle 3:

	Individuen nach Biospezies gerechnet	Biospezies pro Grundtyp	Individuen nach Grundtypen gerechnet	ausgestorb. Grundtypen (Anz. d. Indiv.)	Grundtypen in der Arche (Anz. d. Indiv.)
Vögel (je 7 Paare)	120.000	ca. 50	2.400	4.800	7.200
Säugetiere (i. a. je 1 Paar)	8000	ca. 20	400	800	1.200
Reptilien plus Amphibien (je 1 Paar)	18.000	ca. 30	600	1.800	2.400

Die Zahlen sind abgerundet.

Dave Balsinger und Charles E. Sellier jr. kommen in ihrem Buch „Die Arche Noah" auf den Verbleib von Insekten zu sprechen und sagen:
„Die meisten Insekten vermehren sich durch Eier, und folglich konnten viele die Katastophe überleben. Ferner deutet manches daraufhin, dass viele Insekten sich auf Treibholz durch die Sintflut hindurch retteten. Außerdem ist leicht vorstellbar, dass etliche Insektenarten mit in der Arche waren, vielleicht als blinde Passagiere." [19]
Ähnlich äußerten sich Hartmann und Junker, in dem sie sagen, dass wirbellose Tiere eigentlich nicht in die Arche zu kommen brauchten, weil sie (größtenteils oder vollständig) in der Lage sind, durch Dauerstadien wie z. B. widerstandsfähige Eier zu überleben oder z. B. auf schwimmenden Vegetationsresten.
Es scheint also nach dem biblischen Bericht sowie aufgrund biologischer Fakten erlaubt zu sein, die Wirbellosen (Insekten, Krebse, Spinnen, Würmer, Weichtiere usw.) bei den vorstehenden Abschätzungen außer Acht gelassen zu haben, wie die Autoren sagen.
Fazit:
Die Höchstzahl der mitzunehmenden Wirbeltierarten (Säugetiere, Vögel, Reptilien und Amphibien) gemäß Tabelle 1 betrug ca. 21.100 (3.700 Säugetiere, 8.600 Vogelarten, 8.800

---

18   Harrenberg Kompaktlexikon Band 2, Verlags- und Mediengesellschaft mbH & Co KG Dortmund 1994, Seite 746

19   Dave Balsinger und Charles E. Sellier jr, Econ Verlag Wien-Düsseldorf, 1. Auflage *1979, Seite 198*

Reptilien und Amphibienarten). Wirbellose können außer Betracht bleiben. "
Die Zahlen der Spalte 1 entsprechen den über die Anzahl Paare hochgerechneten Zahlen, die in Summe max. 146.000 Wirbeltierindividuen ausmachen, die Noah in der Arche mitnehmen musste. Zur **Spalte 2** kann gesagt werden, dass nicht bekannt ist, wie viel Grundtypen es gibt. Es kann aber angenommen werden, dass Noah beispielsweise von allen hundeartigen (Hund, Wolf, Schakal, Fuchs usw.) nur ein Paar, oder von allen fasanenartigen (Königsfasan, Jagdfasan, Haushuhn, Truthahn usw.) nur sieben Paare und auch von den anderen die jeweils vorgeschriebene Anzahl von Paaren mitnahm. Diese Tiere dürften sich später an Land über Mikroevolution zu der heutigen Vielfalt entwickelt haben. Bekannt ist, dass allein in den letzten 250 Jahren 200 neue Hunderassen gezüchtet wurden, die voneinander bekanntlich außerordentlich verschieden ausgefallen sind. Die Grundtypenforschung steht erst am Anfang.

Die Aussage ist:

„Man kann nach bisherigen Ergebnissen aber praktisch sicher sein, dass bei den Vögeln durchschnittlich mindestens 50 Biospezies zu einem Grundtyp gehören, bei Säugetieren mindestens 20 und bei den Reptilien und Amphibien mindestens 30.

Teilt man jeweils die in Spalte 1 angegebenen Zahlen durch die in Spalte 2 der Grundtypen, dann erhält man in Spalte 3 die Anzahl der Individuen nach Grundtypen. Spalte 3 summiert ergeben ca. 3.400 Individuen. Dabei ist nicht mal berücksichtigt, dass die Amphibien größtenteils auch außerhalb der Arche überleben konnten. "

Nun kommt nun die **Spalte 4 der Tabelle 3** zur Betrachtung. Es muss berücksichtigt werden, dass eine Reihe Grundtypen ausgestorben sind. Diese müssen auch in der Arche vorhanden gewesen sein. Dafür gibt es zwingende Gründe, wie dies die Autoren ebenfalls betonen:

„Rechnen wir mit doppelt so vielen ausgestorbenen Grundtypen bei Säugern und Vögeln (es sind deutlich weit weniger bekannt), bei Reptilien und Amphibien mit dreimal so viel, so erhalten wir - siehe Tab. 3 bei Addition der Spalten 3 und 4 in Spalte 5 - in Summe 10800 Individuen, die in der Arche untergebracht werden mussten - bei hoch angesetzter Abschätzung. Mit diesen Informationen können wir prüfen, ob die Arche für diese Anzahl ausgereicht hatte."

Nochmals zurück zu den Maßen der Arche, die mit 135 m x 22,5 m x 13,5 m leicht verändert gegenüber denen sind, die Werner Gitt ausgerechnet hatte, so ergibt sich unter Berücksichtigung der drei Stockwerke eine Ladefläche von 9000 m^2 und ein Ladevolumen von ca. 40000 m^3. Ausgehend von einer Ladefläche von 33 m^2 und einem Ladevolumen von 74 m^3 für einen normalen Güterwagen der Bundesbahn, entspricht dies auf der Grundlage der vorstehenden Zahlen einer Ladefläche von ca. 280 Güterwagen und einem Ladevolumen von ca. 550 Güterwagen.

Würden von der Bundesbahn z. B. Schafe transportiert werden, so lautet die Transportvorschrift pro Waggon 121 ungeschorene oder 138 geschorene Schafe. Ausgehend von unseren 280 Güterwagen könnten unter Zugrundelegung von deren Ladefläche 33880 ungeschorene Schafe auf der Arche Platz gefunden haben.

In **Tabelle 4** finden wir auf der Basis des großzügig angesetzten durchschnittlichen Raumbedarfs eines Säugetiers von (3,375 m^3), einem Vogel von (0,125 m^3) und einem Reptil oder Amphib von 1 m^3 für die Anzahl der mitzunehmenden Tiere den benötigten Platz.

Tabelle 4: Platzbedarf in der Arche

	durchschnittlicher Platzbedarf	insgesamt benöt. Platz
Vögel	0,125 m³	900 m³
Säugetiere	3,375 m³	4.040 m³
Reptilien u. Amphibien	1 m³	2.400 m³
insgesamt		**7.340 m³**

Fred Hartmann und Reinhard Junker sagen abschließend:

„Denn beispielsweise sind nur ungefähr 90 Arten von Landsäugetieren größer als Schafe, weit über 1300 dagegen kleiner als eine Ratte. Auf der Basis der Zahlen aus Tab. 3 und der durchschnittlichen Zahlen für den Platzbedarf ergibt sich für den insgesamt benötigten Platz für die in der Arche mitzunehmenden Tiere ca. 7500 m³ (Tab. 4). Das sind weniger als 20% des Rauminhaltes der Arche" (genau: 7500 geteilt durch 40000 mal 100 = 18,75 %).

Schon aus dem vorangegangenen Abschnitt wissen wir, dass Noah nach dem biblischen Bericht von Gott die Auflage hatte, Zwischenkammern einzubauen, was eine enorme Erweiterung der Kapazität mit sich brachte. Die Autoren sagen, dass man sich denken kann, *„dass Käfige für Vögel und kleinere Tiere übereinandergestapelt wurden. Angesichts dieser Berechnungen ergibt sich die groteske Frage, ob die Arche nicht zu klein, sondern eher zu groß war. Aber man muss bedenken, dass Noah und seine Familie über ein Jahr in der Arche bleiben mussten und so gesehen die Arche auch gleichzeitig Lebensraum für Tier und Mensch war, und da braucht man schon etwas mehr Raum als nur einen Platz zum Hinlegen."*

Unterbringungsprobleme können die Glaubwürdigkeit der biblischen Geschichte also nicht erschüttern. Auch gibt es weder wegen der Größe und Form der Arche noch hinsichtlich ihrer Schwimmstabilität Grund, die Sintflutgeschichte in Frage zu stellen.

6.2 Die Erde im Umbruch

Vorliegende Untersuchungsergebnisse zeigen, dass sich weltweit eine Verschiebung der Kontinente und Orogenese (alpine Gebirgsbildung) ereignet hat. Im Rahmen eines Interviews, das im factum-Magazin abgedruckt wurde, befragten Carl Wieland und Don Batten den amerikanischen Geophysiker und Experten für Plattentektonik John Baumgardner zu diesem Ereignis. Der Artikel trägt die Überschrift: „Blick in die Tiefen der Erde". Baumgardner äußerte sich dahingehend, dass es mittlerweile überzeugende Beweise zugunsten eines Kontinentalaufbruchs und einer umfangreichen Plattentektonik gibt. Baumgardner sagt:

*„Die Akzeptanz dieser Konzepte ist ein erstaunliches **Beispiel einer wissenschaftlichen Revolution**, die sich zwischen 1960 und 1970 ereignete. Sie führte allerdings nicht weit genug, weil ein Großteil der Geowissenschaftler die Belege für die Katastrophentheorie, d. h. **großflächige schnelle Veränderungen**, überall in den geologischen Aufzeichnungen vernachlässigten und unterdrückten. Der heute von den Wissenschaftlern angewendete Zeitmaßstab ist viel zu lang."* [1]

Der Geophysiker und Meteorologe Alfred Wegener war der Auslöser dieser neuen Entwicklung. In der P.M. 12/2005 beschreibt Hans Wille in einer Biografie zu Alfred Wegener dessen Auffassung zur Kontinentaldrift und sagt, dass die Kontinetalverschiebung lange Zeit kein Thema war. Alfred Wegener vertrat im Jahre 1912 zum ersten Male öffentlich diese revolutionäre Theorie vor der Geologischen Vereinigung in Frankfurt. Dort sagte er, dass nach seiner Auffassung die einzelnen Kontinente unabhängige Schollen sind, die auf den unter ihnen liegenden Platten, die die Erdkruste bilden, aufliegen.

Es können die Schollen auf der Kruste quasi schwimmen. Die Kontinente haben also im Lauf der Erdgeschichte ihre Position zueinander verändert - und verändern sie weiterhin.

Als Wegener seine Theorie von der Kontinentalverschiebung vorstellt, ist schon bekannt, dass es Verwandtschaften zwischen lebenden und fossilen Pflanzen- und Tiergesellschaften auf den fast 5000 Kilometer voneinander entfernten Kontinenten Europa und Amerika gibt. Alfred Wegener feilt unbeirrt weiter an seiner Theorie. Je länger er forscht, desto mehr Argumente bestätigen seine Hypothesen." [2]

Zwar fanden seine Hypothesen dahingehend volle Bestätigung, dass sich ausgehend von einem Urkontinent bis heute eine gewaltige Plattentektonik ereignet hat, dass diese aber eine sehr lange Zeit benötigt hätte. Die Veränderungen hätten sich durch schwimmen der Kontinentplatten auf der Kruste - ausgehend von einem Urzustand - sehr langsam und nach und nach zugetragen, **was aber so nicht zutrifft, wie noch ausgeführt werden wird.**

Nun zu der weiteren Entwicklung der Dinge ab 1970.

Der Brockhaus Enzyklopädie wird entnommen, dass im Zuge einer Weiterentwicklung 1970 eine neue geotektonische Theorie (von Bird und Dewey) eingeführt wurde. Der Erklärungsversuch für den Aufbau und die Entwicklung der Erde basiert aber weiter auf einer gemächlichen Plattenverschiebung. Wie betont wird, hätten dies sogar geophysikalische, petrologische und geologische Untersuchungen im ozeanischen Bereich, die mit Hilfe von Tiefbohrungen und Ermittlungen mit Tauchbooten vorgenommen wurden, bestätigt.

„Danach besteht die Erdkruste und die den obersten Teil des Erdmantels umfassende Lithosphäre aus einer Reihe mehr oder weniger starrer, 70-100 km dicker Tafeln und Platten, die auf der fließfähigen, bis zu 300 km Tiefe reichenden Unterlage des oberen Erdmantels, der Asthenosphäre (Lowvelocity-Zone) bewegt werden." [3]

1   Carl Wieland u. Don Batten, „Blick in die Tiefen der Erde", factum-Magazin 11/12/1997, Seiten 18-20
2   Hans Wille, „Der Eismann", P.M. 12/2005, Seiten 64 + 67
3   Brock. Enzykl., Band 17, 1992, Seiten 238-240

Auch diese Erklärung bevorzugt die Theorie des Schwimmens der Schollen (dicker Tafeln und Platten) auf der Erdkruste. Es wird noch deutlich werden, dass die Dinge in der Vergangenheit anders abgelaufen sind, weil die in der Natur auf breiter Front vorgefundene geologische Wirklichkeit nicht mit dieser Theorie für die Plattentektonik übereinstimmt. **Deshalb wird sehr bezweifelt, dass sich die Kontinente allein durch ihr Schwimmen auf der Erdkruste verschoben hätten und dazu Jahrmillionen gebraucht hätten.**

Genau dies tut der Naturwissenschaftler Hans Joachim Zillmer in seinem Buch „Irrtümer der Erdgeschichte", was er zunächst in folgende Fragen kleidet:

„Kann ein Kontinent überhaupt versinken? Gibt es Subduktionszonen nicht, ist auch die Theorie der Plattentektonik schlichtweg falsch, denn der sich angeblich andauernd neu bildende Ozeanboden würde nicht vernichtet, woraus ganz andere Schlüsse gezogen werden müssten.

*Die bei Erdbeben entstehenden S-Wellen und die Art und Weise wie diese reflektiert werden, lassen Rückschlüsse auf die Struktur zu. Amerikanische Forscher benutzten eine besondere Fototechnik und erstellten eine Computersimulation des Erdinneren. **Dabei wurden Strukturen in 2900 Kilometern Tiefe identifiziert, die als Reste alter Meeresböden gedeutet wurden.** Man war verwundert, dass sie sich bis zum 2000 Kilometer tiefer liegenden Kern vorgearbeitet hatten.*

Die Frage ist eigentlich, ob Erdkrustenteile nicht durch katastrophische Umstände in das Erdinnere befördert wurden." [4]

Eine Antwort darauf gibt Baumgardner in einem Artikel im factum-Magazin 11/12/1997 mit der Begründung, dass das Felsgestein unter dem Meeresboden kälter und daher dichter als das *„darunter liegende Gestein ist, wodurch das Absinken in das Erdinnere gefördert wird."*

Es kam *„zu einem sich steigerndem Gleit- und Rutscheffekt - je schneller die Blöcke sinken, desto heißer werden sie, wodurch sie wiederum schneller sinken.*

*Sobald dieser Prozess begonnen hat, läuft er mit großer Wahrscheinlichkeit bis zum Ende durch und **erneuert so alle bestehenden Böden innerhalb weniger Wochen und Monate.**"* [5]

Letztlich führten katastrophisch abgelaufene Plattenverschiebungen in Verbindung mit Subduktionsvorgängen zur Orogenese (Gebirgsbildung) - mit kurzfristiger Verformung der Erdoberfläche, vertikalen und horizontalen Verlagerungen der Gesteine, mit Faltung, Bruchtektonik, Deckenbau, Vulkanismus, Gesteinsmetamorphose (Gestaltsveränderung von Gesteinen) und seismischer Aktivität. [6]

Baumgardner sieht dies, wie die meisten Amerikaner, allerdings nur im Zusammenhang mit der Sintflut, wenn er sagt:

„Von starker Beweiskraft ist, dass es eine massive Katastrophe entsprechend der Genesisflut gegeben hat. Sie brachte große und schnelle Verschiebungen der Kontinentalplatten mit sich. Meine Schlussfolgerung ist, dass der einzige Mechanismus, der eine derartige Katastrophe verursachen konnte, ohne die Erde dabei völlig zu zerstören, sich im Erdinneren abspielen musste. Ich bin überzeugt, dass damit ein rasches Absinken des vorflutlichen Meeresbodens verbunden war, wodurch die Platten zu Beginn der Flut auseinandergerissen wurden." [7]

Zweifelsfrei ist für die beiden Wissenschaftler, dass, was immer sich auch wo und wann zugetragen hat, **sich katastrophisch und sehr schnell ereignete und nicht Jahrmillionen in Anspruch nahm.** Das wird noch deutlicher werden.

4   Hans Joachim Zillmer, „Irrtümer der Erdgeschichte", Verlag Langen Müller, 4. Auflage 2006, Seiten 85-86

5   Carl Wieland u. Don Batten, „Blick in die Tiefen der Erde", factum-Magazin 11.12/1997 Seite 19

6   Brockh. Enzykl., Band 16, 1991, Seite 280

7   Carl Wieland u. Don Batten, „Blick in die Tiefen der Erde", Seite 18

Carl Wieland u. Don Batten beurteilen die Vorgänge so, dass *„die Erdkruste aus einzelnen, riesigen >>Platten<<, auf denen die Kontinente liegen und sich gegenseitig verschieben können, besteht. Wo die Platten auseinanderdriften, entstehen Dehnungsfugen (Sea-Floor-Spreading), in denen aufsteigende vulkanische Schmelzen unter dem Wasser Schwellen bilden, deren Umgebung sich durch hohe Erdbebentätigkeit und starke Wärmestrahlung auszeichnet. Durch das Übereinanderschieben von Platten werden die darüber liegenden Sedimente gestaucht und zu Kettengebirgen oder Inselbögen aufgefaltet. "* [8]

Auch aus dieser Schilderung geht hervor, dass es sich in jedem Fall um katastrophisch abgelaufene Vorgänge mit Orogenese und umfangreiche Plattenverschiebung gehandelt haben muss.

Angemerkt wird von den beiden Autoren, dass die Amerikaner um Baumgardner die Kontinentalverschiebung, Gebirgsauffaltung und das Übereinanderschieben von Platten als **Ereignisse innerhalb der großen Flut sehen, während Europäer dies eher mit der Vorstellung verbinden, dass die Vorgänge sich erst nach der Sintflut zugetragen haben.**

Genau dies vertritt z. B. der Geologe und Biologe Joachim Scheven und sagt, dass sich seiner Auffassung nach, **Plattenverschiebung und alpine Gebirgsauffaltung erst nach der Sintflut ereignet haben.** Zu dieser Einschätzung kommt er auf der Basis seiner Forschungen, deren Ergebnisse er in vielen seiner Bücher dokumentiert hat. Dazu sagt er zunächst überleitend, dass die Erde vor der Sintflut völlig anders aussah als heute. Sie bildete eine zusammenhängende Landmasse mit einzelnen voneinander getrennten Meeren. Das Aufbrechen der Brunnen der Tiefe bewirkte dann sowohl Schüttung als auch eine primäre Auffaltung von fossilhaltigen Gebirgen.

Stark zu bemängeln ist bei allen Interpreten, wie schon geagt auch bei christlichen, dass bedeutende biblisch bezeugte Vorkommnisse für die Sintflut - wie die „Schleusen des Himmels" und die „Quellen der großen Tiefe " - kaum Erwähnung finden.

Viele in den Gesteinen enthaltene Artefakte und Fossilien wurden nicht während der Sintflut abgesetzt. Nach dieser kamen in den geologischen Schichten von Perm, Trias, Kreide, Tertär und Quartär, also in den Jahren darauf, noch viele andere hinzu. Ihre Entstehung, die auch dem Wiederaufbau der Biosphäre der Erde diente, ist aber auf ein ganz anderes Ereignis zurückzuführen.

Die eigentliche Ursache ist auf ein weiteres Gerichtshandeln Gottes zurückzuführen, das für ihn mit dem Vorgang der Zerteilung der Erde zusammenhängt. Dieser Vorgang wird in der Heiligen Schrift im Zusammenhang mit der Geburt Pelegs zum Ausdruck gebracht (1. Mose 10,25). Der Name Peleg ist chaldäisch und bedeutet soviel wie >>Erdbeben<< oder >>Zerteilung<<. Ich kann auch von daher nachvollziehen, dass sich die wesentliche Plattenverschiebung und alpine Gebirgsauffaltung tatsächlich erst nach der Sinflut vollzogen haben.

Interessant ist, dass auch die Brockhaus Enzyklopädie ausführt, dass die weltweite Veränderung der Topographie unserer Erde letzlich auf katastrophischen Geschehnisssen beruht, wie beispielsweise ein Abtauchen von Erdmassen ins Erdinnere.

Wörtlich:

„Durch Verschluckung oder Subduktion wäre das Erdkrustenmaterial der Tiefe zugeführt und aufgeschmolzen worden. An diesen Plattengrenzen habe sich in der Vergangenheit die Gebirgsbildung über Geosynklinale (meererfüllte Senkungszone), Orogenese (Gebirgsbildung) und Heraushebung vollzogen. "

Auch andere **Dehnungsstrukturen der Erdkruste** hätten sich innerhalb der Kontinente ausgebildet, so riesige, lang gestreckte Grabensysteme. Sie wären mit Aufwölbung und Aufreißen der Erdkruste und explosiveffusivem Vulkanismus verbunden gewesen. So sei die

8   Carl Wieland u. Don Batten, „Blick in die Tiefen der Erde", Seite 19

Annahme berechtigt, dass es durch die Entstehung und Vertiefung solcher Gräben zur
Zerspaltung der aufliegenden Kontinentmasse kam und dann Meerwasser eindrang.
Gebirgsbildung würde in erster Linie an den Plattengrenzen stattfinden, wobei sich Abtauch-
bzw. Absenkvorgänge vollziehen (wie zuvor bereits beschrieben). Eine solche Absenkung ist
durch lang gestreckte Tiefseegräben, Vulkanismus und Erdbeben markiert. Die Alpen und das
Himalaja-Gebirge könnten, so wird angenommen, beim Zusammenstoß von zwei
kontinentalen Platten entstanden sein. [9]
Dass sich diese Gebirgsauffaltung in der Vergangenheit sehr schnell vollzogen haben muss,
wird aber mit keinem Wort erwähnt. Auch nicht, dass sich dies erst in jüngster Vergangenheit
ereignet hat.

Die Erörterungen zeigen, dass für die auf der Grundlage von Wegeners Forschungen
eingeführte neue geotektonische Theorie ganz erhebliche Korrekturen möglich sind. Aber
auch dafür, dass sich der Umbruch der Erde anders abgespielt hat, als dies die traditionelle
historische Geologie im Schlepptau der naturalistischen Evolutionslehre wahrhaben will. Dies
bezieht sich besonders auf die Eiszeit, die nun das Thema ist.

9   Brockh. Enzykl., Band 17, 1992, Seite 240

6.3 Die „Eiszeit" (Schneezeit) - Ergebnis einer globalen Katastrophe?

Erst die **Ereignisse nach der Sintflut** führten zu den Erscheinungen, die bis heute unter dem Begriff „Eiszeit" kursieren. Es kam im Zuge der Plattenverschiebung und alpinen Gebirgsauffaltung, in bestimmten Hemisphären, besonders in Ländereien in Polnähe, zu Vereisungen. Dies geschah in Begleitung des sich vollziehenden gewaltigen Umbruchprozesses. Verursacht durch die bei diesen Vorgängen unter Wasser entstehende Wärmeenergie verdunsteten enorme Wassermengen, die zu starken Schneefällen führten.
Außerdem mag die damit verbundene vulkanische Tätigkeit unvorstellbare Gas- und Staubmengen hervorgebracht haben, die die Sonne verfinsterten, was starke Klimaveränderungen verursachte. Die Folge waren Kälteeinbrüche in Form von Impaktwintern, die einen plötzlichen Erfrierungs-Prozess durch Schockgefrierung auslösten. Nur auf diese Weise lassen sich eigentlich die Tierfunde in den arktischen Gebieten und Sibiriens erklären, z. B. von Mammuts, deren Fleisch noch für Hunde genießbar war, und in deren Mägen und Mäulern man noch unverdaute Nahrung vorfand. Diese Tiere müssen von der enormen Kälte überrascht und im Nu und massiv eingefroren sein. Es ist naiv anzunehmen, dass diese und auch andere Tiere, deren Reste man in den arktischen Gebieten auffand, noch geraume Zeit eine Überlebenschance gehabt hätten, was manchmal propagiert wird. Dies trifft insbesondere auf Tierarten zu, die heute nur in tropischen Gegenden leben, deren Skelette man aber in arktischen Zonen fand. Dies wiederum weist gegenüber heute darauf hin, dass auf der Urerde einmal tatsächlich völlig andere Klimaverhältnisse vorherrschten. So dürfte es keine Jahreszeiten gegeben haben.
Wovon hätten Tiere dieser Art nach dem katastrophischen Kälteeinbruch denn weiterleben sollen? Solche Fossilien entstehen in der Regel durch Impaktwintereinbrüche oder durch schnelle Verschüttungen. Was auf einer Oberfläche ohne Eis verblieben ist, dürfte restlos verwest sein.

In der Brockh. Enzykl. wird geschildert, dass ca. 28 % der Festlandfläche vergletscherte. Betroffen war die Nordhalbkugel. Die Eismassen breiteten sich vom skandinavischen Hochgebirge aus und erreichten die norwegische Küste, anderseits über das Becken der heutigen Ostsee Russland, Polen und das norddeutsche Tiefland und den Rand der Mittelgebirge. Auch der Nordseeraum war betroffen, ebenfalls die Alpen wie auch andere Hochgebirge. Dort im Nordseeraum vereinigte sich das Inlandeis mit dem von Irland und Schottland ausgehenden britischen Eisschild. Danach war auch Nordamerika mit Eis überzogen. In Sibirien und vielen anderen Gebirgen fand offenbar nur Gebirgsvergletscherung statt.
Zur Ursache für die Eiszeitentstehung gibt der Brockhaus an, dass ihr wahrscheinlich viele Faktoren zu Grunde liegen. Hingewiesen wird auf die Möglichkeit der Verschiebung der Erdbahnelemente (Milankovic-Theorie). Auch auf eine Änderung der Solarkonstante und Eintauchen des Sonnensystems in eine kosmische Staubwolke. Ferner werden genannt: ungeheure Vulkanausbrüche, wodurch die Atmosphäre durch Staubmassen beeinträchtigt wurde, sowie **durch tektonische Hebungen aufkommende hohe Mengen an Wasserdampf** (Wasserdampfschwankungen) und von Kohlendioxid in der Atmosphäre. [1]
Wodurch sollten diese und andere Erscheinungen wohl anders entstanden sein als durch katastrophale Einwirkungen, woran der Brockhaus nicht zweifelt?

Als falsch zu beurteilen ist die von der Schulwissenschaft vertretene Meinung, die von mehreren Eiszeiten ausgeht. Aus den nachfolgenden Gründen **muss bezweifelt werden, dass mehrere Eiszeiten stattgefunden haben und auch, dass es eine weitere Eiszeit geben**

---

1   Brockh. Enzykl., Band 6, 1988, Seiten 238-240

könnte.

Unter dem Titel „Eiszeit und Sintflut" schreibt der Meteorologe Michael J. Quard im factum-Magazin, dass ca. 60 Theorien zum Thema Eiszeit entstanden sind. Besonders die Milankovic-Theorie, eine wegen veränderter Exzentrizität der Erdachse auftretende Klimaschwankung, wurde als Lösungsansatz für diese Problematik vorgeschlagen. Letztere basiert auf der geringen Veränderung der Sonnenbestrahlung, die durch periodische Abweichungen der Erdumlaufbahn entstehen. Die Hauptperiode in Bohrkernen wurde korreliert (in Beziehung gebracht) mit der 100000-Jahr-Periode (nach offizieller Zeitrechnung) der Erdbahnexzentrizität. Dies verändert aber die Sonneneinstrahlung um höchstens 0,17%, ein winzig kleiner Effekt. Die Meteorologen fanden dabei also heraus, dass dieser Effekt allein zu schwach ist, um eine Eiszeit entstehen zu lassen. Die Hauptursache für die schnelle Vereisung der Pole dürfte darin zu suchen sein, dass sich die Erdachse in ihre heutige Lage neigte.

Quard sieht eine wesentliche weitere Ursache für eine Vereisung in der riesigen Menge an Niederschlägen, also im Entstehen erheblicher Feuchtigkeitsmengen und kommentiert aus seiner Sicht die Verhältnisse so:
„Die Verdunstung über dem Meer ist von der Lufttemperatur, der Luftfeuchtigkeit, der Unstabilität der Luft und der Windgeschwindigkeit abhängig. Sie ist indirekt proportional der Wasseroberflächentemperatur. Bei einer Differenz von 10 Grad Celsius zwischen Luft und Wasser und einer relativen Luftfeuchtigkeit von 50 % verdunstet siebenmal mehr Wasser bei 30 Grad Celsius Wasseroberflächentemperatur als bei 0 Grad Celsius".

Anmerkung:
Dies mag auch ein Grund gewesen sein. Eine stärkere Wirkung dürfte aber von den Hebungen durch die Gebirgsauffaltung ausgegangen sein, die sich unter Wasser vollzogen, wodurch große Wärmemengen erzeugt wurden, die erst zu den für eine schnelle Eisbildung erforderlichen Feuchtigkeitsmengen führten. Bei diesen Temperaturverhältnissen haben sich auch viele Stürme entwickelt, die die Feuchtigkeitsmengen rasant transportierten, was extreme Schneefälle auslöste.

Da es sich wohl um ausgedehnte Winterstürme gehandelt hat, und dabei der meiste Schnee im kälteren Teil des Sturmes gefallen sein durfte, *„kann angenommen werden, dass über den kalten Landmassen doppelt so viel Schnee gefallen ist wie über dem Ozean".*[2]
Die in der Eiszeit entstandenen Sedimente im Tertiär und Quartär stammen praktisch alle von der letzten und einzigen.
Quard weiter:
Die Ablagerungen sind *„dünn in den inneren Gebieten und nicht übermäßig stark an der Peripherie. Grundmoränen können manchmal rasch abgelagert worden sein, speziell an den Enden der Gletscher. **Dabei weisen die wichtigsten Eigenschaften der Grundmoränen auf eine einzige Eiszeit hin.** Pliozäne Fossilien sind selten in vergletscherten Gegenden.*
Wenn es mehrere Eiszeiten gegeben hat, ist es eigenartig, besonders weil alle großen Tieraussterben nach der letzten stattgefunden haben."[3]
Außerdem weist Quard noch auf Folgendes hin:
Es gibt auch eine andere Sichtweise, die besonders kühle Sommer und reichliche Schneefälle im Winter für eine der Ursachen hält. Es ist problematisch, das Auftreten einer Eiszeit damit zu begründen. Dies widerspricht sich, denn gerade kühlere Luft enthält weniger Wasser.

2   Michael J. Quard, „Eiszeit und Sintflut", factum-Magazin Nov./Dez. 1988, Seite 511
3   Michael J. Quard, „Eiszeit und Sintflut", factum-Magazin Nov./Dez. 1988, Seite 512

Als die hauptsächlichen Ursachen für die Entstehung der Eiszeit werden auch von Quard aber tektonische Hebungen (Orogenese) und Senkungen (Absinken des vorsintflutlichen Meeresbodens) erwähnt.

In einem weiteren Artikel im factum-Magazin Januar 1994, sechs Jahre später, kommt Michael J. Quard zu neuen Erkenntnissen, und auf eine sich daraus ergebende neue Sicht zu sprechen. Er sagt, dass, um das Eiszeiträtsel lösen zu können, ein neuer Weg begangen werden muss. Notwendig sei, dass man die klimatologischen und geologischen Daten neu interpretiert. Wörtlich:

„Wir schlagen daher gegenüber dem, was in den letzten 100 Jahren üblich war, eine radikal neue Lösung vor. Dies ist ein Paradigmenwechsel innerhalb der Geschichtswissenschaft."

Wie inzwischen auch andere Wissenschaftler, sieht er, dass der **Mechanismus**, der zur Eiszeit führte, **ohne jeden Zweifel katastrophischer Art gewesen sein muss** und nicht auf normalen Prozessen beruhte. Nicht neu ist, dass er die Eiszeit weiterhin als unmittelbare Folge der Sintflut versteht. **Dies würde auch mit anderen klimatischen Verhältnissen nach der Flut zusammenhängen**, so dass sich als Folge unmittelbar nach ihr eine Eiszeit entwickelte. Und Quard sagt weiter:

„Es ist noch nie bewiesen worden, dass die Sintflut nur eine Fabel ist. Es gibt Beweise dafür, dass einmal eine gigantische Flut die Erde überschwemmte. Zum Beispiel sind durch riesige kraftvolle Strömungen viele Sedimentschichten übereinander abgelagert worden, ohne die geringsten Erosionsspuren zwischen den Schichten zu hinterlassen. Die Flut ist mit einem ausgedehnten Vulkanismus verbunden. Eine riesige Wolkendecke von Staub und Aerosolen muss anschließend noch während mehreren Jahren in der Atmosphäre verblieben sein. Aus dem Erdinneren kam Wasser für die Flut. Das heiße Wasser aus der Tiefe hat sich mit dem Meerwasser vermischt, das - verglichen mit heute - an sich schon relativ warm war. Die gewaltigen Umwälzungen in der Erdkruste, die mit dem heraufquellenden Wasser aus der Tiefe verbunden waren, und das ablaufende Flutwasser haben das Ozeanwasser durchmischt. Konsequenterweise waren die Ozeane nach der Flut von Pol zu Pol und von unten bis oben warm. Der durch die Flut hervorgerufene Abkühlungsmechanismus, zusammen mit dem warmen Wasser des Ozeans, führte zu einem „Schneeangriff" oder einer schnellen Eiszeit." [4]

Dieser wiederum vermehrte die Reflektion von Sonnenenergie in den Weltraum und führte zu einem weiteren großen Temperatursturz. Impaktwinter in der Folge erzeugten die über die Polregionen hinausgehende Vereisung." [4]

Quard verknüpft die Ereignisse auch bei seiner neuen Vorstellung wieder unmittelbar mit der Sintflut. Die für die Eisbildung notwendige Verdunstungsmenge führt er allein auf das warme Wasser der Ozeane und den durch die Flut hervorgerufenen Abkühlungsmechanismus zurück. **Um dies hervorzubringen sind aber vor allem große Wärmemengen erforderlich, die eine ganz andere Ursache gehabt haben dürften.**

Wie schon im vorstehenden Punkt angesprochen wurde, kommt Biologe und Geologe Joachim Scheven zu der Überzeugung, **dass dies erst nach der Sintflut geschah.** Er nennt eine Reihe von Fakten, die sehr eindrucksvoll dokumentieren, was sich in dieser Beziehung zugetragen hat.

Scheven geht dabei auch von einer „schnellen" Eiszeit aus. Er sagt, dass die Vereisung, wie von der konventionellen Wissenschaft angenommen, **langsam, d. h. durch Jahrtausende hindurch fortgeschritten sein soll, mit für ihn absoluter Sicherheit nicht zutrifft.**

Es habe eine besondere Energiequelle gegeben, die das Meerwasser in großem Ausmaß

---

4 Michael J. Quard, „Wurde die Eiszeit durch die Sintflut verursacht", factum-Magazin Januar 1994, Seite 32

verdampfen ließ. Die wärmeren Breiten der Erde wurden daraufhin mit einem gewaltigen Regen überzogen, die kühleren Breiten dagegen mit Eis.
Woher kam die plötzlich auftretende Wärme?
Die Wärmequelle war als geologische Spätfolge das Ergebnis einer globalen Katastrophe auf der ganzen Welt erst nach der Sintflut. Diese ereignete sich durch Plattentektonik, d. h. durch die Verschiebung der Kontinentalplatten, wobei die Gebirge sich an den Plattengrenzen auffalteten. Näheres dazu in **Punkt 7.3** „Katastrophismus der Sintflut nicht allein die Ursache für die Schichtenbildung".
Die Vorgänge spielten sich unter Wasser ab, das die Kühlung der aufsteigenden Gesteinsmassen übernahm. Die dabei entstehende Wärmeenergie trat in Form von gewaltigen Dampfmassen in Erscheinung, die in der Atmosphäre in eiskalte Höhen aufstiegen. In Folge stellten sich dabei Niederschläge ein, die innerhalb von nur einigen Monaten oder Jahren ganze Länder mit Eis bedeckten. In bestimmten Gebieten der Erde dürfte es dadurch sogar zu Schockgefrierungen gekommen sein, worauf besonders die in Sibirien vorgefundenen, eingangs schon erwähnten, Tierfunde hinweisen.

Diesen Ereignissen muss noch ein anderes kosmisches Ereignis vorausgegangen sein, das zwar zum Vereisen der Polregionen führte, wodurch es aber nicht sofort zur Eiszeit als Schneezeit kam.
Im Verlaufe der Sintflut muss es zum **Kippen der Erdachse** aus ihrer ursprünglich senkrechten Lage gekommen sein, wodurch es zur Vereisung der Polregionen gekommen ist. Diese damals entstandene Schräglage besitzt unsere Erde ja heute noch. Sie ist für die Entstehung der Jahreszeiten, die es dann vorher nicht gegeben hätte, verantwortlich.
Die um 66 Grad und 33 Minuten gegen die Eliptik (Erdbahn) geneigte Erdachse lässt, gemäß dem Brockhaus, die Jahreszeiten erst entstehen, wobei die Bahnbewegung der Erde auf einer nahezu kreisförmigen Ellipsenbahn um die Sonne geschieht. Wörtlich:
„Die unterschiedliche Sonnenhöhe im Laufe eines Jahres führt zu wechselnder Bestrahlungsintensität (die flach auftreffenden Sonnenstrahlen im Winter wärmen weniger als die steil auftreffenden Sonnenstrahlen im Sommer) und zu wechselnder Bestrahlungsdauer (im Sommer steht die Sonne wegen der größeren Mittagshöhe länger am Horizont als im Winter)." [5]

Der Naturwissenschaftler Hans Joachim Zillmer bietet in seinem Buch, „Irrtümer der Erdgeschichte" **als Diskussionsgrundlage** eine naturwissenschaftliche Erklärung für das Zustandekommen der Erdneigung an. Er führt dieses Ereignis auf **„Elektrogravitation"** zurück.
Der Autor stellt dazu folgendes zu Diskussion:
„Wirkte die Erde in der Erdvergangenheit als eine Art Kondensator, könnte eine Ursache für die Erdachsenverschiebung gefunden sein. Zu Lebzeiten der Dinosaurier stand die Erdachse noch gerade (eisfreie Pole). Jede Art von bekannten mechanischen Kräften, außer einer Planetenkollision, wäre zu gering gewesen, um die große Masse der Erdkugel in eine Kippbewegung zu versetzen."
Zillmer stellt deshalb die Frage:
*„Kann sich der **Bielefeld-Brown-Effekt** auf unserer Erde ereignet haben?"* Und sagt weiter:
„Im Lexikon der Physik (1988) wird bestätigt:" >>*Formal kann ein isolierter elektischer Leiter (Konduktor) als Kondensator (Gerät zum Speichern von Elektrizität) mit zweitem Belag im Unendlichen aufgefasst werden*<<.
Zillmer erklärt, wie es passiert sein könnte:
*„Betrachten wir die **urzeitliche Wasserschale** unter der damaligen Erdkruste als einen*

5   Brockh. Enzykl., Band 6, 1988, 493 und 494

*guten Leiter. Setzen wir die Drainageschale als die eine geladene Ebene und die Sonne oder auch ein eventuell freies elektrisches Feld wie auch einen anderen Planeten als den entgegengesetzt geladenen Leiter (als zweiten Belag), dann ergibt sich aus der Änderung des sehr großen Spannungsunterschiedes **unter Berücksichtigung des „Bielefeld-Brown-Effekts" - nach der Maxwellschen Theorie - und katastrophischer Umstände** eine erstaunliche Folge: Die Erdachse neigt sich. Unter dieser Voraussetzung ist keine mechanische Kraft notwendig, die anderseits ungeheuer groß sein müsste."* [6]

An Zillmers Diskussionsbeitrag könnte etwas dran sein, denn praktisch könnte sich dies, besonders unter der Wirkung katastrophischer Umstände, wie folgt zugetragen haben:
Gewaltige Wassermassen befanden sich im Zuge der Sintflut schließlich auf der Erde. Gab es doch neben riesigen Wassermassen in den Meeren darüberhinaus ebensolche auch in der Atmosphäre in Form des von Gott geschaffenen Wasserbaldachins (1. Mose 1,7). Im Zuge des Sintflutgeschehens regnete dieser ab. Es entleerten sich gleichzeitig zusätzlich ebenso die Brunnen der großen Tiefe (1. Mose 7,11). Diese Wassermassen zusammen könnten dazu geführt haben, dass sich eine überdimensionale Drainageschale auf der Erde bildete. So könnte es wegen großer Turbulenzen während des Sintflutgeschehens durch Reibung zu unermäßlichen elektrischen Aufladungen gekommen sein, wodurch ein starkes elektromagnetisches Feld entstand. Durch ein diesem gegenüberstehendem Gegenfeld im Kosmos könnte sich nach den Regeln der Maxwellschen Theorie folgendes zugetragen haben: Gemäß dem Brockhaus handelt es sich bei der Maxwellschen Theorie um eine des elektromagnetischen Feldes, wobei jedes unterschiedliche Feld eine eigene Realität besitzt. Nach dieser Theorie wirken elektrische Ladungen und Ströme mit Hilfe dieser Felder aufeinander. Wichtig ist dabei, dass die Verknüpfung elektrischer Felder in der Weise geschieht, dass sie eine Wirkung aufeinander hervorzubringen vermögen, was versucht wurde zu beschreiben. Nach dieser Theorie kommen den elektromagnetischen Feldern tatsächlich Energie, Impuls und Drehimpuls zu. [7]
Definiert wird beispielsweise ein elektrisches Feld als elektrischer Zustand eines Raumes, d. h. ein seine Feldstärke repräsentierendes Feld. Es wird erzeugt von ruhenden oder bewegten elektrischen Ladungen als seinen materiellen Quellen. [8]
Im Rahmem dieser Aussage sieht Zillmer die Erde in der Form eines frei aufgehängten Kondensators, der unter elektrischer Spannung stand, weil sich ein erhebliches Potential an Elektrizität auflud. Sobald die Erde als Kondensator unter dieser Spannung stand, erfolgte eine Vorwärtsbewegung in Richtung seines negativen Pols.
Um dies anders zu bewirken, dazu wären heftige Einschläge größerer Asteroiden nicht in der Lage gewesen, höchstens ein nahe an der Erde vorbeiziehender Himmelskörper mit einer bewegten elektrischen Ladung von der notwendigen Größenordnung. Für den allmächtigen Gott wäre dies alles sicher kein Problem gewesen, denn er spricht und es steht da!
Interessant ist, dass eine physikalische Erklärung für ein solches Phänomen möglich ist.
Abschließend zu diesem Thema ist zu bemerken:
Weil die Bedingungen für die Entstehung einer „Eiszeit" besondere sind, kann es nur eine „Eiszeit" gegeben haben. Wie insgesamt aus obigen Aussagen hervorgeht, ist deshalb der **Begriff „Schneezeit" der bessere gegenüber dem der „Eiszeit".**

6   Hans Joachim Zillmer, „Irrtümer der Erdgeschichte, Seite 293-294
7   Gemäß der Brockh. Enzykl., Band 14, 1991, Seite 346
8   Gemäß der Brockh. Enzykl., Band 6, 1988, Seite 26

6.4 Relikte der Sintflut - antike Überlieferungen der Menschheit

Sintflut-Überlieferungen aus aller Welt haben die Forscher Lücken erstmals 1869 und Riem um 1925 zusammengestellt. Dem Buch von Fred Hartmann „Der Turmbau zu Babel, Mythos oder Wirklichkeit?" sind die **Abbildungen 6.1 und 6.3** entnommen. Sie vermitteln einen beeindruckenden Überblick über die Fülle der Überlieferungen und den Ort ihrer Entstehung.

Dabei fällt auf, dass besonders die Erzählung betreffend **Abbildung 6.1** weltweit verbreitet ist, und es keinen Kontinent gibt, in dem sie nicht aufgetaucht ist. In seinem Buch führt Hartmann die Vorkommnisse auf, die sich aus den vergleichenden Auswertungen Riems ergeben.

Abbildung 6.1 zeigt ein hoch interessantes Bild von der Verbreitung der Sintfluterzählungen. Wir können annehmen, dass der Sintflutbericht von Noah selbst bzw. einem seiner Söhne aufgeschrieben wurde und gehört so von Anfang an zum überlieferten Allgemeinwissen, das auch nach der Völkerwanderung Allgemeingut der sich ausbreitenden Menschheit blieb.

Dass eine Völkerwanderung stattgefunden hat, erscheint auch als zweifellos. Die dieses Ereigniss auslösenden Ursachen wie Turmbau und Sprachenverwirrung fanden, wie **Abbildung 6.3** zeigt, ebenfalls weltweite Verbreitung. Allerdings sind die antiken Berichte darüber nicht so umfangreich wie diejenigen in der nun zunächst folgenden **Abbildung 6.1**.

Abbildung 6.1: Orte in der Welt an denen Sintfluterzählungen gefunden wurden [1]

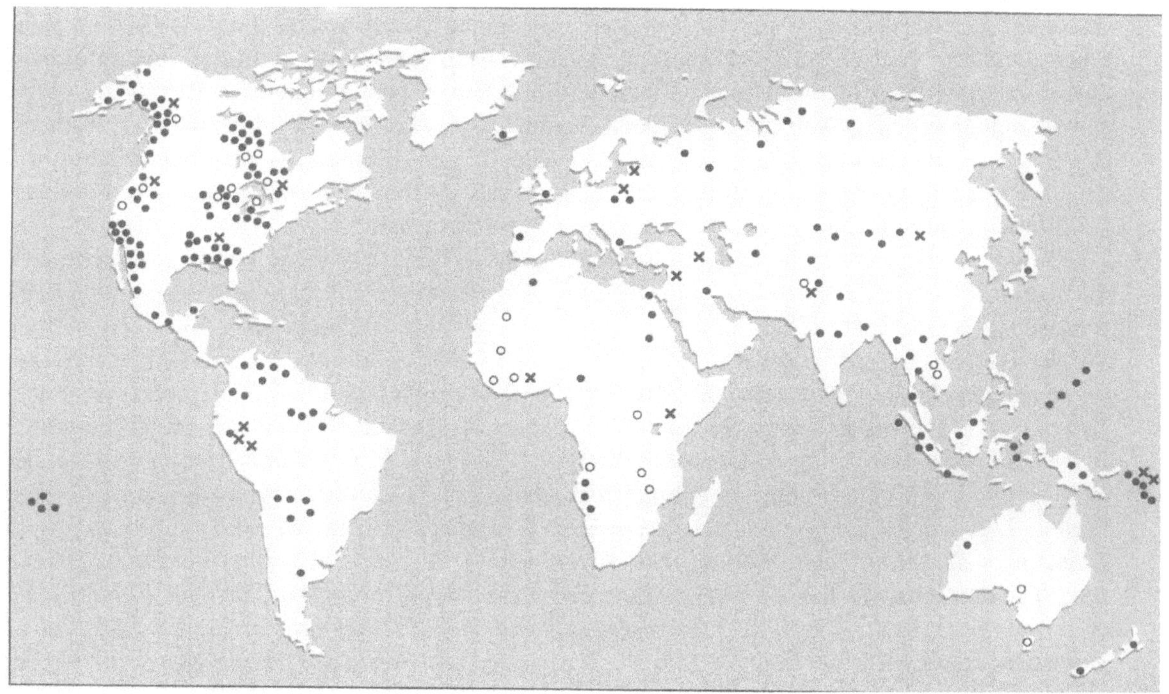

Legende zu Abbildung 6.1:
• ausführlicher Bericht
o Andeutung einer Flutsage
x Regenbogensage
Nach Riem (1925) und Strickling (1972)

1   Fred Hartmann, „Der Turmbau zu Babel - Mythos oder Wirklichkeit?",
     Hänssler-Verlag Holzgerlingen, 2. Auflage 2002, Seiten 84-85

Die vergleichenden Auswertungen Riems können wie folgt zusammengefasst werden:

Die Sintflut wird bezeichnet als

Flut	77x
Überschwemmung	80x
Schnellfall	3x
Regen	58x
Folge von Erdbeben	5x
Blut	2x
Tränenflut	1x
Brand	16x
Summe	242x

Die Art der Rettung geschah

durch ein Fahrzeug	72x
durch Flucht auf einen Berg	42x
in einer Höhle oder einem Baumloch	5x

Ursache der Flut

Verschulden von Menschen	53x
Rache eines erzürnten Gottes	22x
Zauberei	3x
ein böser Geist oder Dämon	2x

Überwiegend wird die Art der Rettung durch ein Fahrzeug (72x), und die Ursache der Flut wird durch Verschulden des Menschen (53x) angegeben.

In seinem Buch „Von Ewigkeit zu Ewigkeit" gibt Gian Luca Carigiet die dem **Gilgamesch-Epos** entnommene Sintflut-Überlieferung wieder. Die Übersetzung zeigt die Unstimmigkeit zum biblischen Bericht in mehrerlei Beziehung eindeutig. Dabei geht es z. B. um die völlig schwimmuntauglichen Abmessungen der Gilgamesch-Arche, um die viel zu kurze Andauer des Regens (nur ca. sieben Tage), darum, dass der Regen allein nicht ausgereicht hätte, die gesamte Erde zu überdecken, schließlich noch um das Auftauchen einer Schwalbe. Zunächst nachstehend der von Carigiet wiedergegebene Übersetzungstext:

*»Gilgamesch (dieser war ein sumerischer König, der in der 1. Dynastie von Uruk gelebt hat), ich werde dir ein Geheimnis offenbaren, und zwar werde ich dir ein Geheimnis der Götter erzählen«. So spricht Utnapishtim zu Gilgamesch und erzählt dann, wie die Götter beschlossen hatten, eine Sintflut über die Menschen kommen zu lassen, und wie Ea, der Gott der Weisheit, ihm dies verraten hatte und ihm befahl: >>Brich dein Haus ab, baue ein Schiff! Gib deinen Besitz auf und versuche, dein Leben zu retten! Bringe Samen von allen lebendigen Wesen in das Schiff<<. Utnapishtim erzählt Gilgamesch und den Menschen, welche Beschreibung die Götter ihm gegeben hatten und wie er sich an die Arbeit machte: >>Am fünften Tag brachte ich die ersten Balken. **Die Grundfläche war ein »iku« (3600 m²), 120 Ellen war die Höhe der Wände, 120 Ellen war jede Seite des Daches. Sechs Decks übereinander brachte ich an.**<< Nachdem das Pech aufgetragen war, brachte Utnapishtim alles an Bord: Besitz, Familie, Verwandte und die Tiere. Dann schloss er die Tür, und es begann zu regnen. Dieser Regen nahm solch gewaltige Ausmaße an, dass sogar >>die Götter zusammenschreckten wie Hunde und vor Angst zu kriechen begannen<<. Als jedoch der siebte Tag anbrach, nahmen die Stürme und die Wasserflut an Heftigkeit ab. Das Meer wurde still, der Sturm legte sich, die Wasserflut hörte auf. >>Ich schaute aus auf das Meer, alles war ruhig. Ich bückte mich, setzte mich hin und weinte.<< Dann erzählt Utnapischtim, wie das Fahrzeug auf dem Berg Nisir zum Stillstand kam. **Am siebten Tag danach sandte er eine Taube aus, danach eine Schwalbe und schließlich einen Raben:** >>Der Rabe flog weg, und als er sah, dass die Wasser abgenommen hatten, flog er herum, fraß etwas, krächzte und kehrte nicht wieder. Dann sandte ich alle Vögel aus in die vier Windrichtungen und opferte ein Schlachtopfer.<< Weil Utnapishtim als Auserkorener unter den Menschen die*

Katastrophe überlebt hatte, segnete einer der Götter, der Kriegsgott Enlil, ihn und seine Frau und sprach: >>Bis jetzt ist Utnapishtim nur ein Mensch gewesen: doch nun sollen er und seine Frau uns Göttern gleich sein<<. [2]

Hinsichtlich der Frage: Bibel oder Babel - was ist ursprünglich? - sieht Hartmann keine zwingenden Gründe, die außerbiblischen Überlieferungen als die ursprünglichen anzusehen. Eher ist das Gegenteil der Fall! Von diesem Epos die biblische Schilderung der Sintflut abzuleiten ist - vor allem aus naturwissenschaftlichen Gründen - geradezu abenteuerlich. Dies wird auch transparent an Studien, die der Assyriologe Werner Papke durchgeführt hat. Hartmann sagt in diesem Kontext, dass dieser in seinem Buch „Die Sterne von Babylon" überzeugende Gründe für das Ältersein der biblischen Sintflut-Überlieferung vorbringt. Durch seine Forschungen, vornehmlich der Übersetzung der Keilschrifttafel MUL.APIN gelang es Papke, den babylonischen Sternenhimmel des 24 Jh. v. Chr. zu rekonstruieren und anhand der Sternbilder Einzelheiten aus dem Gilgamesch-Epos zu identifizieren.
Hartmann sagt dazu:
„Mit dieser Entdeckung konnte er im Vergleich zur Genesis an verschiedenen Beispielen deutlich machen, **dass das Gilgamesch-Epos ein vom biblischen Vorbild abgewandelter Bericht sein muss.** *Was hat Papke herausgefunden? In der Bibel sendet Noah zum Ende der Flut einen Raben und drei Tauben aus, um zu ermitteln, ob schon irgendwo Land in Sicht war. Der babylonische Sintflutheld Utnapishtim sendet ebenfalls Rabe und Taube aus,* **aber zusätzlich eine Schwalbe.** *Dieser Unterschied scheint unwesentlich, spielt aber für das Verständnis der babylonischen Sintflutüberlieferung eine entscheidende Rolle. Taube und Rabe haben beide Geschichten gemeinsam, aber was bedeutet die Schwalbe im Gilgamesch Epos? Die Antwort findet man am babylonischen Sternenhimmel.*
Eine Taube gibt es dagegen am babylonischen Fixsternhimmel nicht, und der Rabe hat in der babylonischen Sintflutgeschichte auch nichts zu suchen, weil er in einer ganz anderen Himmelsregion steht. Es gibt also auf der Basis der babylonischen Astronomie keinen Grund, Rabe und Taube in der Sintflutgeschichte zu erwähnen. Dass sie dennoch genannt werden, liegt nach Papke darin begründet, dass beide Vögel zum festen Bestandteil eines älteren und allgemein bekannten Sintflutberichtes gehörten. Der Schreiber des Gilgamesch-Epos musste Rabe und Taube erwähnen und konnte darauf nicht verzichten, weil sie allgemein bekannt waren. **Aus astronomischen Gründen wurde dann die Schwalbe hinzugenommen.** *Die Konsequenz dieser Überlegung:* **Der Bericht ohne Schwalbe muss der Ältere sein** *und das ist die biblische Sintflutgeschichte."* [3]
Akkadisch war die semitische Sprache Babyloniens und Assyriens. Sie ist bezeugt in Keilschrifturkunden seit etwa ca. 2500 v. Chr. Die Kunst der Akkadzeit in Mesopotamien, die die sumerische Kunst fortführte, ist in der Rollsiegelkunst und in Werken der Bildkunst überliefert. Sie zeichnet sich durch hohe plastische und realistische Wiedergabe auch der Einzelheiten aus. [4]
Dass das Schrifttum noch älter sein dürfte, ist in Buch Teil 3, Kapitel 8 Thema.
Abbildung 6.2 zeigt ein akkadisches Rollensiegel, das einen zusätzlichen Einblick ermöglicht in den bemerkenswerten Erkenntnisstand in der Astronomie schon zu dieser Zeit.
Der schon in dieser Abbildung eingezeichnete **Planet Pluto wurde erst 1930 entdeckt.**
Woher besaßen die Sumerer die Kenntnisse über den Planeten Pluto? Dasselbe gilt für die erdfernen äußeren Planeten Uranus, erst im Jahr 1781 von Friedrich Wilhelm Herschel entdeckt. Schließlich fand man auch den Planeten Neptun. Man hatte schon vermutet, dass es

2   Gian Luca Carigiet, „Von Ewigkeit zu Ewigkeit", Christliche Verlagsgesellschaft Dillenburg, 2001, Seiten 193-194
3   Fred Hartmann, „Der Turmbau zu Babel - Mythos oder Wirklichkeit?", Seiten 48-50
4   Brockh. Enzykl., Band 1, 1986, Seite 275

ihn geben muss. Die Astronomen J. C. Adams und der Franzose U. J. J. Leverrier schlossen dies Mitte des 19. Jahrhunderts aus Unregelmäßigkeiten in der Bahn des Uranus. Im Jahre 1846 schließlich gelang es dem deutschen Astronom Johann Gottfried Galle, den fehlenden Planeten Neptun an der zuvor rechnerisch ermittelten Stelle zu sichten. [5]

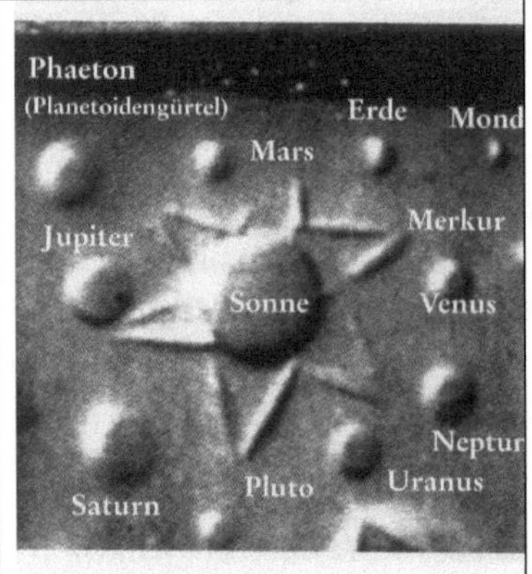

Abbildung 6.2: [6]
Akkadisches Rollensiegel (ca. 4500 v. Chr.)
Es zeigt unser Sonnensystem mit 11 anstatt den uns bekannten 10 Planeten (ohne Pluto inzwischen 9), wenn man den Mond einbezieht.
Zwischen Mars und Jupiter wurde an der Stelle des Planetoidengürtels ein großer Planet eingezeichnet. Dieser Planet ist mit dem Namen Phaeton bezeichnet. Auch fällt der Planet **Pluto**, eingezeichnet allerdings **in verkehrter Position,** auf. Bei Phaeton geht es um den bis zur Stunde von den Astronomen gesuchten 12. Planeten X.

Wir können davon ausgehen, dass das Rollensiegel aus der Zeit nach der Sintflut, aber vor dem Turmbau stammt, wo sich „alle Welt" in Mesopotamien nach der Sintflut und vor der Sprachenverwirrung angesiedelt hatte. Auch kann angenommen werden, dass die Menschen schon vor der Sintflut bereits eine Schrift entwickelt hatten.

Fred Hartmann äußert sich zur Bezeugung des Turmbauereignisses eines antiken Schriftstellers:

„Auch der antike Schriftsteller und jüdische Geschichtsschreiber Josephus Flavius hätte den Sinn der Urgeschichte völlig falsch verstanden, wenn es nicht als geschichtliches Ereignis aufzufassen wäre, denn in seinen „Jüdischen Altertümern" stellt er das Turmbauereignis und auch die anschließende Sprachverwirrung als faktisch dar." [7]

Er schildert sie wie folgt:

>>In seiner Turmbaugeschichte war es Nebrod (Nimrod), ein Nachkomme Noes (Noahs), der zum Tyrannen wurde und die Menschen dazu überredete, sich von Gott abzuwenden. Er wollte, sofern Gott die Erde mit einer erneuten Flut bedrängen wollte, sich mit dem Bau eines Turmes rächen, der so hoch sein sollte, dass ihn die Wasserflut nicht übersteigen könnte.

Josephus schreibt weiter:

Die Menge pflichtete den Absichten Nebrods bereitwillig bei, da sie es für Feigheit hielt, Gott noch zu gehorchen. Und so machten sie sich an die Erbauung des Turms, der bei unverdrossener Arbeit schnell in die Höhe wuchs. Obgleich nun Gott ihr unsinniges Benehmen sah, wollte er sie doch nicht vertilgen, wiewohl sie durch Erinnerung an die Sintflut eigentlich auf bessere Gedanken hätten kommen können und also eine solche Strafe wohl verdienten, sondern er verwirrte die Sprache und entzweite sie so, dass der eine den anderen nicht verstehen konnte. Der Ort des Turmbaus aber wird wegen der Verwirrung der Sprache, die früher bei allen dieselbe war, Babylon genannt, denn auf Hebräisch heißt Babel >>Verwirrung<< (Josephus, S. 31f).

Außerdem beruft sich Flavius auf andere antike Quellen (hier Sibylla), die er zur Ergänzung seiner Ausführungen wie folgt zitiert:

>>Des Turmbaus und der Sprachenverwirrung gedenkt Sibylla mit folgenden Worten: Da alle

5 „Astronomie - Eine Einführung in das Universum der Sterne", Komet-Verlag GmbH, Köln, Seiten 126 und130

6 Hans Joachim Zillmer, „Darwins Irrtum", Seiten 208-209

7 Fred Hartmann, „Der Turmbau zu Babel - Mythos oder Wirklichkeit?", Seite 71

Menschen eine und dieselbe Sprache redeten, begannen sie, einen sehr hohen Turm zu bauen, als wollten sie auf ihm in den Himmel steigen. Die Götter aber erregten einen Sturm, der den Turm umstürzte, und gaben jedem eine besondere Sprache.<< [8]

Hartmann erwähnt, dass die Theologen der historisch kritischen Forschung beurteilten, *„dass der mit archaischen Denkstrukturen und polytheistischen Elementen durchsetzte Gilgamesch-Epos einschließlich seiner Sintfluttradition älter sein müsse als der biblische Sintflutbericht und **möglicherweise** dem(n) biblischen Verfasser(n) als Vorlage diente."* [9]

Wie falsch diese Auffasung auch aus naturwissenschaftlichen Gründen ist, wurde schon deutlich. Unter **Punkt 6.1.2** - „Die Rolle der Arche Noah" - wurde bereits anhand der unterschiedlichen Bauart der in der Bibel und dem Gilgamesch-Epos geschilderten Schiffe deutlich gemacht, dass die Einschätzung der Theologen schon von daher grundlegend falsch ist. **Eine Arche in Würfelform wäre eine nicht schwimmfähige Fehlkonstruktion gewesen.** Dieser kritisch-religionsgeschichtliche Ansatz ist nur verständlich **vor dem weltanschaulichen Hintergrund der Evolutionslehre,** die wahrscheinlich **viele Theologen nachvollziehen, um sich** vor ihren sowohl andersdenkenden und auch atheistischen Kollegen anderer Wissenschaften **nicht lächerlich zu machen.** Ein anderer nachhaltiger Grund stellt die Tatsache dar, dass seit langem schon **die Bibel für diese Theologen nicht mehr Gottes Wort ist.** Dies führt zur Beliebigkeit bei der Auslegung der Heiligen Schrift. Verwunderlich ist deshalb nicht mehr, dass z. B. die evangelischen Kirchenleitung (EKD) und die ihr zugeordneten Gremien dem Zeitgeist jede mögliche Tür öffnen, wobei ihre Lehre - in Bezug auf die Abweichung vom Wort Gottes der Bibel - **inzwischen eindeutig Irrlehre darstellt.**

Der Gilgamesch-Epos wurde nach dem Brockhaus im Jahr 1872 von George Smith auf Tontafeln gefunden und entstammt der alten Bibliothek des babylonischen Königs Assurbanipal von Ninive (668-626 v. Chr.). Gilgamesch war ein sumerischer König der 1. Dynastie, der ca. um 2600 v. Chr. lebte. Aber, wie schon an anderer Stelle ausgeführt, sind alle Jahreszahlen bezogen auf diese Zeit umstritten. Der Brockhaus berichtet weiter, dass der Stoff der Gilgamesch-Dichtung irgendwann zwischen dem 3. und 1. Jahrtausend v. Chr. in sumerischer, akkadischer und hethitischer Sprache überliefert wurde. [10]

Gemäß **Abbildung 6.1** liegen die verschiedensten Überlieferungen dieses Geschehens weltweit vor. Dabei dürfte es sich um Berichte von Personen handeln, die Noah kannten. Zu den überlieferten Relikten der Sintflut zählt schließlich auch die 1940 gefundene ca. 3750 Jahre alte Tontafel des mesopotamischen Königsohns Atrahasis.

Wie dazu in einem Artikel von Philipp Saller im P. M. Magazin beschrieben wird, **hätte Atrahasis von Gott eine Bauanleitung für ein rundes, mehrstöckiges Boot erhalten,** das größtenteils dem der Arche Noah entspräche. Dies geht aus der von dem britischen Keilschrift-Experten Irving Finkel entzifferten Tontafel hervor. Finkel behauptet in diesem Artikel, dass der Bericht über die Arche Noah im Alten Testament (AT) wohl abgekupfert sei. Dies mit der Begründung, dass sowohl Gilgamesch-Epos als auch Atrahasis-Epos älter als 3500 Jahre seien, das Alte Testament einschließlich der fünf Bücher Mose aber erst im 6. Jahrhundert v. Chr. verfasst worden sei. **Der Beweis für diese Behauptung wird nicht geliefert.** [11]

Genau das Gegenteil dürfte nämlich der Fall sein. Es gibt archäologische Belege dafür, dass der Exodus nicht wie üblicherweise angenommen um 1230 v. Chr., sondern bereits ca. 1450 v. Chr. stattfand. Mose war zu diesem Zeitpunkt 80 Jahre alt und schrieb seine Schriften etwa

8   Fred Hartmann, „Der Turmbau zu Babel - Mythos oder Wirklichkeit?", Seiten 19-20

9   Fred Hartmann, „Der Turmbau zu Babel - Mythos oder Wirklichkeit?", Seite 41

10   Brockh. Enzykl., Band 8, 1989, Seite 526

11   Philipp Saller, „Als die Welt ertrank", P. M. Magazin 10/2014, Verlag Gauner + Jahr AG & Co KG, Seiten 89-90

zwischen 1450 bis 1410 v. Chr., d. h. während der Wüstenwanderung des Volkes Israels. Sicher ist, dass Mose schreiben konnte. Schon im 2. Jahrtausend v. Chr. wurde von den Israeliten zum Schreiben ein Alphabet benutzt, was u. a. in den Fundstätten Serabit el Chadim nachgewiesen werden konnte. Diese archäologischen Befunde, ergeben, dass die Israeliten als ägyptische Sklaven sogar lange vor Mose schon alphabetisch schreiben konnten. Tatsache ist, dass das Alphabet zur Zeit der Zehn Gebote existiert haben muss, denn etwas anderes als ein Alphabet hätte Gott beim Beschriften der Steintafeln nicht nutzen können. Hieroglyphen und auch andere gebräuliche Schreibweisen, hätten dort niemals Platz gehabt. Dazu siehe Buch Teil 3 Punkt 8.1 „Das Phänomen der Bibel und ihre kulturgeschichtliche Bedeutung", Unterpunkt „Wann und von wem wurde die Thora geschrieben?".

Mose war auch in Bezug auf die Sintflutgeschichte sicherlich nicht auf andere Epen angewiesen gewesen, **wie es ihm tendenziös sogar von Theologen stets unterstellt wird.** Dies, weil ihm gerade dazu schriftliche Berichte seiner Vorväter wie z. B. von Sem (ältester Sohn Noahs) und Abraham vorgelegen haben dürften. Stammten sie doch sämtlich aus Mesopotamien, wo man nachweislich noch vor den Ägyptern zu schreiben verstand, was wohl besonders auf schriftliche Abfassungen beispielsweise vom Schöpfungsbericht und dem Geschlechtsregister zutrifft, das bis zu Adam reicht. So gesehen müssen die ersten fünf Bücher des AT einschließlich des Flutberichts sogar als wesentlich älter als die Niederschriften der beiden oben erwähnten Epen angesehen werden.

Zudem ist bei den beiden anderen Epen völlig zweifelhaft, dass mehrstöckige Schiffe weder in Würfelform wie beim Gilgamesch-Epos noch in runder Form überhaupt schwimmfähig gewesen. Dies verhält sich ganz anders bei der rechteckigen Kastenform der Arche Noah, wie dies Werner Gitt in seinem Buch „Das sonderbarste Schiff der Weltgeschichte", gemäß **Punkt 6.1.2**, eindrücklich nachweisen konnte.

Als nächstes folgt in **Abbildung 6.3** ein Bild über die ebenfalls weltweite Verbreitung der in 1. Mose 11 bezeugten Ereignisse vom Turmbau zu Babel und der Sprachenverwirrung.

Abbildung 6.3 Orte in der Welt zu Aussagen über Turmbau u. Sprachenverwirrung [12]

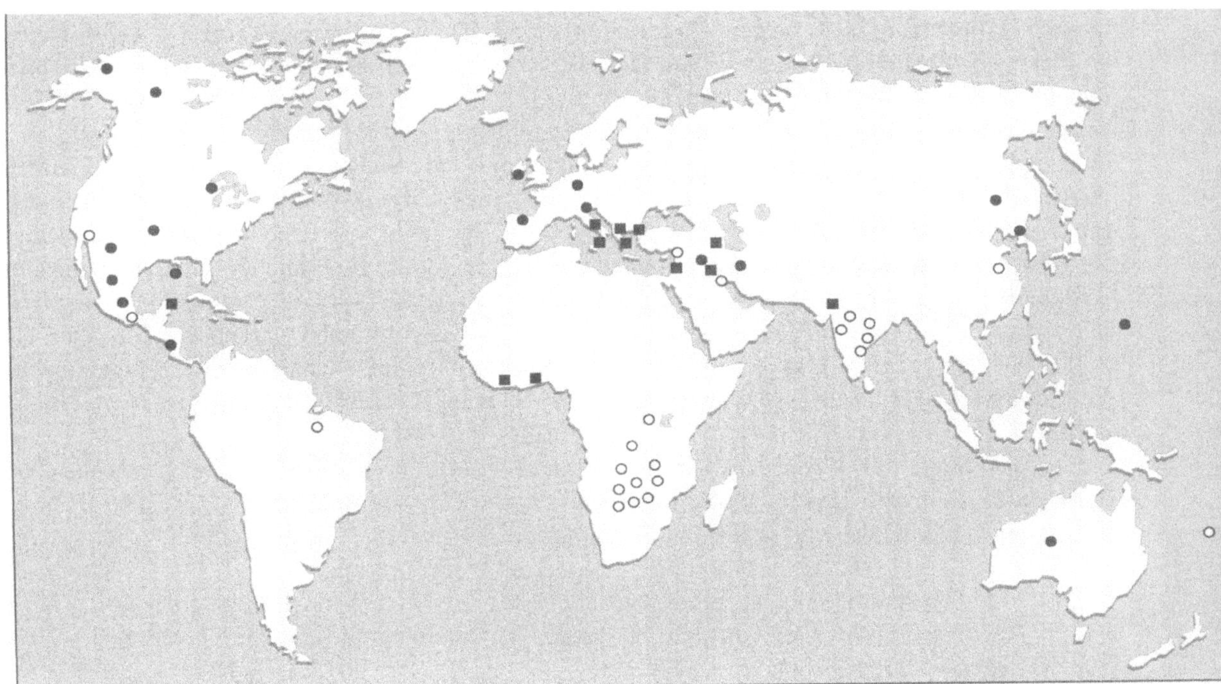

12   Fred Hartmanns, „Der Turmbau zu Babel Mythos oder Wirklichkeit?", Seite 53

Legende zu Abbildung 6.3:
o   Turmbau-Überlieferung
●   Ursprache-Überlieferung
■   Turmbau und Ursprache in einer Geschichte

Aus großen Teilen der Welt gibt es Überlieferungen auch zum Turmbau und zu einer gemeinsamen Ursprache, die erkennen lassen, dass man schon sehr früh schriftkundig war. Hartmann:

„Turmbaugeschichte und Kulturgeschichte stimmen überein, weil Sumer/Mesopotamien tatsächlich als die Wiege der Kultur gilt. Ohne erkennbare Entwicklung - also ohne jeden Übergang - entstanden dort Städte mit Mauern, Tempeln und Palästen, Handwerkzeuge, **Zeugnis von der ersten nachweisbaren Hochkultur der Menschheit,** *während zeitlich in Randgebieten - wahrscheinlich entstanden durch Migration (Wanderung) von - Teilpopulationen - neolithische (jungsteinzeitliche) Stein-Kulturen existiert haben. “* [13]

In einer Tabelle zur Entwicklung der Weltbevölkerung, die im Brockhaus zu finden ist, wird die Weltbevölkerung noch 8000-6000 v. Chr. mit 5-10 Millionen Menschen angegeben. [14] Bemerkenswert ist, dass Schätzungen dieser Art kaum zutreffend sind, weil für die Entwicklung der Menschheitsgeschichte die frühesten Aufzeichnungen bei den Sumerern vor ca. 3500 v. Chr. aufgefunden wurden und nicht einmal für diesen Zeitpunkt, meines Wissens, Angaben über Bevölkerungszahlen vorliegen.

Ganz anders müsste es nämlich aussehen, wenn gemäß der Evolutionslehre die Menschheitsgeschichte vor 2-2,5 Millionen Jahre (nach offizieller Zeitrechnung) wirklich begonnen hätte. Wie die Dinge historisch liegen **ist es so, als habe es erst** ab den plötzlich entstehenden Hochkulturen **eine Bevölkerungs-Entwicklung gegeben.** Das passt nicht zu einer, die angeblich Millionen Jahre betrug. Besonders im nachfolgenden **Kapitel 7** wird dem Leser deutlich vor Augen geführt, dass Flora, Fauna und der Mensch **keine Millionen Jahre für ihre Entwicklung benötigt haben,** weil im nächsten Kapitel gezeigt werden kann, dass z. B. der Mensch über alle Erdzeitalter hinweg, also von Anfang seiner Existenz an, die Erde bevölkerte. Der Beginn dieses Ereignisses liegt jedoch allerhöchstens 10000 Jahre zurück. Nach der biblischen Chronologie seit ca. 7300 Jahren - gemäß der griechischen Septuaginta-Bibelübersetzung (LXX) aus der aramäisch-hebräischen Bibel ins Altgriechische und seit 6045 Jahren - gemäß der masoretischen Bibel-Text (MT), einer hebräischen Textversion des Tanach, der hebräischen Bibel. Der Tanach ist das Lehrbuch der jüdischen Bibel. Die Septuaginta enthält unter dem Bibeltext von 1. Könige 6,1 die Anmerkung:

„Die unterschiedlichen Angaben beruhen auf divergierenden chronologischen Systemen in MT und LXX. “

Im nächsten Kapitel 7 kann, unter Punkt 7.10 - anhand allerdings nur weniger Funde von Artifakten als Zeugnisse menschlichen Lebens - gezeigt werden, dass es auch vor der Sintflut Menschen gegeben haben muss. Artifakte und Fossilien aus dieser Zeit dürften sich auch in höheren Schichten angesiedelt haben. So z. B Fossilien von Dinosauriern, die nur unter den Klimaverhältnissen vor der Sintflut überleben konnten und deren Knochen durch katastrophale Umschichtungen dorthin kamen.

13   Fred Hartmanns, „Der Turmbau zu Babel Mythos oder Wirklichkeit?“, Seiten 14-15
14   Brockh. Enzykl., Band 3, Seite 242-244

Kapitel 7
Die Problematik der Geologischen Zeittafel

7.1 Die Problematik der Alterszeitermittlung in der Geologischen Zeittafel

Die in den Geologischen Zeittafeln festgelegten Gesteinsalter liegen seit mehr als 100 Jahren unverändert fest. Man geht davon aus, dass das Alter der Gesteins- und Sedimentschichten Millionen von Jahren beträgt, und dass sich in dieser Zeit diese Körnchen für Körnchen relativ ungestört aufgeschichtet hätten. Von daher nimmt man an, dass die tieferen Schichten (Liegendes) älter sind als die höheren (Hangendes). Entsprechend wurde für Liegendes ein höheres Alter als für Hangendes geschätzt, dann natürlich auch für das an Einschlüssen Vorgefundene. Diese Altersbestimmung trifft aber nur zu, wenn die Ablagerung in den geologischen Schichten an diesen Stellen wirklich ungestört erfolgte. Sie ist dann aber fehlerhaft, wenn die geologischen Schichten selbst und die in ihnen vorgefundenen Artefakte und Fossilien an Flora und Fauna nicht an diesen Stellen gewachsen sind. **Tatsächlich sind die meisten Gesteins- und Sedimentschichten nämlich durch schnelle kataklysmische Umbildungen und Schüttungen entstanden.** So wird fälschlicherweise angenommen, dass sich diese Schichtungen in Jahrmillionen an Ort und Stelle gebildet haben. Weil dies nicht der Fall ist, kann niemand sagen, wie alt diese Schichtungen einschließlich ihrer Einschlüsse wirklich sind. Auch die zur Hilfe gezogenen Altersbestimmungen mit radioaktiven Isotopen, die aus vielen anderen Gründen problematisch sind, werden wegen zu großer Abweichungen von den in den Geologischen Zeittafeln geschätzten Altern von den Geologen häufig nicht akzeptiert. Dazu folgendes Zitat:

*„Wenn diese Messungen im Zusammenhang übereinstimmen, wird das Alter berechnet. Es ist aber möglich, dass trotzdem nicht das erwartete Alter herauskommt. Wenn das berechnete Alter nicht den erwarteten Wert aufweist, wird es nicht berücksichtigt. Man erwartet, dass das Alter der geologischen Formationen gleich dem radiometrischen Alter ist, **und wenn das radiometrische nicht mit dem geologischen übereinstimmt, wird es als ungültig betrachtet.***

Die Autoren Junker und Scherer sagen weiter:

*„Solange die Geologische Zeitskala aber über die Gültigkeit einer Datierung entscheidet, kann die Radiometrie nicht über die Richtigkeit der Geologischen Zeitskala befinden. Arthur Holmes, der Vater der Geologischen Zeitskala (Zeittafel) veröffentlichte im Jahre 1913 das Buch „Das Alter der Erde". **Darin legte er bereits die „absolute" Zeitskala fest und den Rahmen, in dem sich alle zukünftig akzeptierten Datierungsergebnisse bewegten.** In einem zweiten Buche mit dem gleichen Titel aus dem Jahre 1927 bestätigte er seine Zahlenangaben."* [1]

So bleiben die Festlegungen in den traditionellen Geologischen Zeittafeln in Bezug auf das Alter der abgelagerten Gesteine, Sedimente, Fossilien und Artefakte erhalten. Auch wenn dies durch hunderte unterdrückte Funde und mit der aus den Brunnen der großen Tiefe stammenden marinen Fauna und Flora des Paläozoikums widerlegt werden kann (z. B. auch durch die kambrische Explosion), ist bisher trotzdem kein Einlenken seitens des wissenschaftlichen Establishments zu erkennen.

Entgegen den Festlegungen in der Geologischen Zeittafel erhalten wir aber im Genesisbericht der Bibel die unmissverständliche Information über das gleichzeitige Erscheinen der Artenvielfalt. Ebenfalls einen Bericht darüber, wie die Bedingungen für Leben und das Leben selbst bis hin zum Menschen wirklich zustande gekommen sind.

---

1   Reinhard Junker und Siegfried Scherer, „Entstehung und Geschichte der Lebewesen",
     Seite 159

7.2 Gilt die Katastrophentheorie Cuviers als widerlegt?

Gemäß den Ausführungen in **Kapitel 6** wird davon ausgegangen, dass es schon vor und nach der Sintflut erhebliche Veränderungen und Umschichtungen in der Topografie unserer Erde gegeben hat. Die Vertreter der Evolutionslehre haben nach wie vor große Schwierigkeiten, Ereignisse dieser Art in ihren Aussagen und schriftlichen Darlegungen gebührend zu berücksichtigen. Vor allem die Katastrophe einer Sintflut, die der Erdplattenverschiebung und damit verbundenen alpinen Gebirgsauffaltung und in deren Folge die Eiszeit. Diese Ereignisse haben zu gewaltigen Umschichtungen geführt.

Wie der schottische Geologe Charles Lyell und der englische Theologe und Naturforscher Charles Robert Darwin wollen dies bis heute zahlreiche ihrer Anhänger nicht wahrhaben. Lyell versuchte heftig die Katastrophentheorie des französischen Naturforschers Georges Baron de Cuviers, der als der Begründer der wissenschaftlichen Paläontologie und der vergleichenden Anatomie gilt, zu widerlegen. So entstand das Lyell Dogma, an dem bis heute starrsinnig festgehalten wird, entgegen vieler geologischer Funde und Gegebenheiten.

Nochmals sei auch an dieser Stelle darauf hingewiesen:

Im Gegensatz zu Cuviers wird von Lyell vertreten, dass sich alles Körnchen für Körnchen über die Jahrmillionen langsam abgelagert habe. Diese Annahme ist wissenschaftlich längst nicht mehr haltbar, wie dies besonders auch im **Kapitel 6** nachgewiesen wurde. Die Evolutionstheoretiker benötigen für die Aufrechterhaltung ihrer Theorie neben den großen Zeiträumen eine ungestörte Schichtenbildung. Eine junge Schöpfung für die Lebensbedingungen von Flora und Fauna passt nicht in ihre Vorstellung und nicht in die derjenigen, die hartnäckig an dieser Lehre festhalten.

Der Naturforscher Hans Joachim Zillmer bringt dies in seinem Buch „Darwins Irrtum" auf den Punkt:

*„Die Anhänger des Darwinismus und der Evolution verneinen heftig eine kataklysmische Katastrophe **und stufen entsprechende Ereignisse als örtlich begrenztes Desaster ohne größere globale Auswirkungen ein**, da ein entsprechendes Szenario grundlegende Konsequenzen nach sich ziehen würde, die mit einer gleichförmigen Entwicklung nicht zu vereinbaren wären."* [2]

Anmerkung zur Sintflut:

Wie nachfolgend weiter belegt wird, kann die Entstehung der Gesteinsfolgen nicht allein auf das Jahr der Sintflut zurückgeführt werden. Nachgewiesenermaßen hat es durch viele umwälzende zusammenwirkende Ereignisse drastische Veränderungen in der Topografie unserer Erde gegeben. **So fanden gewaltige Umschichtungen, Verschiebungen und Hebungen zur Ablagerung von Gesteins- und Sedimentschichten auch noch nach der Sintflut statt.**

2   Hans Joachim Zillmer, „Darwins Irrtum", Seite 179

7.3 Katastrophismus der Sintflut nicht allein die Ursache für Schichtenbildung

Ab **Punkt 7.5** geht es in den Geologischen Zeittafeln um Flora und Fauna bis hin zum Menschen und um die zeitliche Enstehungsgeschichte ihrer Fossilien und Artefakte in den geologischen Gesteins- und Sedimentschichten vom Präkambrium bis zum Holozän.
In einem Diskussionsbeitrag über die biblische Kurzzeit-Erdgeschichte sagt Manfred Stephan, dass **die Ursache für das Entstehen großer kontinuierlich abgelagerter Sedimentmengen megakatastrophische Ereignisse darstellten, die sich nicht alle im Verlauf des Sintflutgeschehens vollzogen.** Er begründet die Vorgänge gegenüber den Ausführungen in **Punkt 6.1** nachstehend nun noch etwas präziser:

- *Besonders wichtig sind auch die detailliert geordneten Abfolgen zahlreicher abgestuft ähnlicher Fossilarten in übereinander liegenden Schichten (viele Leitfossilien).*
- *Der mindestens fünfmalige krisenhafte Wechsel der Fossilgemeinschaften in der Schichtenfolge („Big Fife"), z. B. am Ende des Ordoviziums oder in der Oberdevon, kann im Sintflutjahr nicht verstanden werden (vgl. Stephan & Fritzsche 2003, Seiten 102f).*
- *Die zahlreichen trockenfallenden Schichtoberflächen mit Trockenrissen oder Salzausblühungen belegen zumindest **kurzzeitige Sedimentationspausen.***
- *Wie Fußspuren (Fährtenzüge, Trittsiegel) belegen, waren zahlreiche Oberflächen in der Abfolge der Schichtgesteine **zumindest kurzfristig von Tieren besiedelt.***
- *Dazu gehören ebenfalls die Gelege (Nester mit Eiern) von Dinosauriern.*

Die Art dieser Schichtung deutet auf eine nacheinander erfolgte schnelle hin.
Manfred Stephan sagt, dass die Gesamtentstehungszeit aller fossilführenden Schichten z. B. vom Kambrium bis zum Quartär das Sintflutjahr beträchtlich überschreitet. Und **Wort und Wissen deshalb** für die Gesteinsbildung im Rahmen der biblisch-urgeschichtlichen Geologie **auch den weiteren Zeitrahmen der Urgeschichte noch wie folgt heranzieht:**
„Zahlreiche Schichtfolgen sind zwar sehr rasch abgelagert worden, aber es ist nicht möglich, sich über Tatbestände wie die genannten hinwegzusetzen. Es besteht jedoch die begründete Hoffnung, solche Befunde im vergleichsweise breiteren Zeithorizont der biblischen Urgeschichte zu erklären.
*Für biblisch-urgeschichtliche Geologie steht für geologische Modellbildungen der gesamte Zeitrahmen vom Sündenfall bis nach der Sintflut zur Verfügung. Die überaus schwierige Frage, welcher Abschnitt der Schichtenfolge das Sintflutjahr repräsentiert, **kann aus unserer Sicht nicht wirklich beantwortet werden.***"[3]
Nachstehend kann dargestellt werden, dass es geologisch nur schnelle Schichtungen in einem zeitlich begrenzten Rahmen gegeben hat, die sich erst nach der Sintflut zutrugen und im Wesentlichen dann mit der Schneezeit zum Abschluß gekommen sind.

Auch Joachim Scheven vertritt aufgrund seiner jahrzehntelangen Forschungsarbeit diese Auffassung. Er gelangt dabei ebenfalls zu grundlegenden Erkenntnissen bezüglich einer kurzfristigen Schichtenbildung. Nach ihm ist zu unterscheiden zwischen dem Übereinander von Flut- und Nachflutgesteinen. Dabei wechselten die Umstände bei der Ablagerung der Gesteine. Für ihr Zustandekommen ist immer Wasser verantwortlich gewesen. Doch keines dieser Gewässer habe auch nur eine entfernte Ähnlichkeit mit heutigen Meeren gehabt. Senkrecht abgelagerte Schichten seien eine Folge der Sintflut, horzontale dagegen sind Erscheinungen der Nachflutzeit. Das heisst, nicht alle fossil- und artefaktehaltigen Gesteine wurden während der Sintflut abgesetzt.
Es kamen auch in den Jahren danach, nicht aber in Jahrmillionen, sondern in einem

---

3   Manfred Stephan, Studiengemeinschaft Wort und Wissen, „Diskussionsbeiträge 2/03 über die biblische Kurzzeit-Erdgeschichte"

wesentlich kürzeren Zeitraum, noch viele weitere Schichtungen hinzu. So wäre es von der Beurteilung her irreführend, würde man diesen Schichtungen eine lange Entstehungsgeschichte unterstellen

Die untersten und ältesten Fossilien entstammen den Brunnen der großen Tiefe. Aus ihnen ist nicht allein Wasser geförder worden, sondern eine überaus reiche völlig fertig gestaltete marine Fauna und Flora. Es gibt auf der ganzen Erde keinen Ort, der nach dem Präkambrium nicht wenigstens ein weiteres Mal unter Wasser stand. Diese Tatsache als solche wird von Wissenschaftlern nicht in Frage gestellt. Wie zu beobachten ist, vollziehen sich auch heutige mit Wasserfluten verbundene katstrophale Ereignisse stets gewaltsam und kurzfristig. Bestritten wird, dass dieses Wasser etwas mit Sintflut zu tun hatte.
Zu unterscheiden ist zwischen gekippten und horizontalen Schichten. Den Kontakt zwischen diesen nennt man Diskordanz, d. h., wenn horizontale Schichten über solchen liegen, die durch Faltung steil gestellt sind. **Solches zeigt, dass sich die Erdoberfläche geneigt hat. Die paläozoischen Ablagerungen sind geneigt** und durch Faltung häufig steilgestellt. Dann sieht es so aus, als sei es mit dem Messer abgeschnitten worden. Das dürfte daran gelegen haben, dass die erodierende Gewalt neuer Überflutungen so groß war, dass die Oberkante der gefalteten Schmelzen davon im bereits verfestigten Zustand eingeebnet wurde. Mit Hilfe dieser Erscheinungen kann man den relativen Zeitpunkt von Faltungen bestimmen. Die Schichten des Paläozoikums sind vor der Ablagerung als Tröge steilgestellt worden. Es handele sich dabei um „Variskische Faltung".
Im Karbon endeten die 377 Sintfluttage. **Nur während dieser Zeit ist es nach Scheven so zu Steilschüttungen gekommen. Danach haben sich nur noch horizontale Tafelschüttungen ereignet.**
Anmerkung:
Für die traditionelle historische Geologie sind besonders aufrechte Verschüttungen von Holzstämmen ein großes Problem. Die Bedeutung dieser aufrechten Stämme ist klar. Da nämlich der aufrechte Stamm oben und unten gleich alt ist, sind es die umgebenden Steinschichten ebenfalls. Solche Verschüttungen gibt es in allen Karbonablagerungen. In **Punkt 4.10**, Unterpunkt „Versteinerte Baumstämme bestätigen rasche Entstehung geologischer Schichten", wurde ein Fall diese Art beschrieben. Derartige Funde belegen ihre außerordentlich rasche Entstehung
In **Punkt 4.14**, Unterpunkt „Funde von Saurierfossilien mit deutlich organischem Geruch", wird berichtet, dass die inzwischen weltbekannte Paläontologin und Molekularbiologin Mary Schweitzer einem versteinerten Oberschenkelknochen eines Tyrannosauriers Rex Abbauprodukte von Blut und sogar weiches Gewebe entnehmen konnte. Es ist sehr schwer vorstellbar, dass dies über lange Zeiträume erhalten bleiben konnte (das Alter des Sauriers wurde mit 80 Millionen Jahren angenommen). Mary Schweitzer konnte sogar Fragmente von Proteinen extrahieren. Die Fossilie muss durch kataklysmischeVorgänge an die Oberfläche befördert worden sein, bevor sie vorher unter Sauerstoffentzug schnell verschüttet wurde. **Es handelt sich wieder um einen Beweis dafür, dass die Altersfestlegungen in den Geologischen Zeittafeln einfach nicht stimmen können.**
Scheven sagt weiter:
Die Sedimentablagerungen sind also entweder Tafeln oder Tröge. Diese Unterscheidung ist zweckmäßig, weil diese in ihren Eigenschaften in groben Zügen den Verlauf der Erdgeschichte widerspiegeln. Trogablagerungen liegen fast nie horizontal und sind meistens steilgestellt. Typische Erkennungszeichen von Tafelgesteinen sind ihre horizontalen Lagerungen. Tafelablagerungen bleiben in ihrer Mächtigkeit meist unter 500 Metern Trogablagerungen können dagegen den 10 bis 20-fachen Betrag erreichen. Plötzliche Absenkung entsteht, wenn die Erdkruste z. B. über einem Hohlraum zusammenbricht. Dies geschah durch die Brunnen der großen Tiefe, durch deren Entleerung umfangreiche

Hohlräume entstanden, die manchmal zusammenstürzten. Die Absenkung und sofortige Verfüllung von Trögen von 10-20 km Tiefe innerhalb weniger Wochen wird auf diese Weise vorstellbar. Sie entstehen auch durch Erdkrustenfaltungen, wodurch große Wasserbewegungen ausgelöst wurden. Zu unterscheiden sind drei Hauptphasen von Faltungsvorgängen, die Gebirgsfaltung darstellen, und die Scheven wie folgt definiert:

Kaledonische Faltung:
Krustenbewegungen im Zeitraum vom Mittelkambrium bis zum unteren Devon. Die Bewegungen waren eine direkte Folge des Aufbrechens der Brunnen der großen Tiefe. Sie setzten sich mit der Variskischen Faltung bis zum Ende des Altpaläozoikums fort.

Variskische Faltung:
Die Erdkrustenbewegungen vom oberen Devon bis zum Karbon.

Alpidische Faltung:
Die letzte und stärkste Episode ist **Bewegungen der Erdkruste**, die das heutige Aussehen der Erde entscheidend geprägt haben. Sie wurden ausgelöst durch die Zerteilung der Erde und bezeichnen den Übergang vom Mesozoikum zum Känozoikum (Erdneuzeit). Alle großen Kettengebirge und heutigen Vulkane gehen auf die Alpidische Faltung zurück. **Dabei geht es im Wesentlichen um horizontale Schüttungen nach der Sintflut.**

Trogablagerungen sind auf kaledonische und variskische Faltung beschränkt. Durch sie sind keine Hochgebirge entstanden. **Es ist die Zeit des Paläozoikums** vom Kambrium-Silur über Devon bis zum Karbon, **sie umfaßt die 377 Tage der Sintflut** auf Erden, in der es zu Steilschüttungen kam. Das Abfließen der Sintflutgewässer führte zu horizontalen Deponien und schließlich zur Einebnung der Erdoberfläche, aber nicht zu einer völligen. Übrig blieben aber viele Wüsten und Flachmeere.

Erst in der Zeit von Perm, Trias, Jura und Kreide kommt es nur noch zu Plattenschüttungen, verursacht durch starke Wasserströmungen. Dies geschieht durch die Alpidische Faltung, die die jüngeren horizontalen Tafelablagerungen umfaßt. Alle Hochgebirge auf der Erde entstanden während dieser letzten Faltungsphase. Als dieses Material aufgeschichtet wurde, herrschte eine starke Strömung, so dass jeder Vorgang sehr schnell zum Abschluss kam. Nur unter sofortigem Luftentzug versteinern Fossilien. Besonders katastrophale Strömungen ereigneten sich durch Kontinentaldrift und alpidische Gebirgsauffaltung nach der Sintflut. **Dies geschieht weltweit durch gigantische Plattenverschiebungen,** die zu diesen Gebirgsauffaltungen führen, während denen auch unsere heutigen - sehr tiefen Ozeane - entstanden. Dieses Geschehen **löste Schockgefrierungen und schließlich die so genannte Eiszeit aus.** Durch Bewegungen der Erdkruste wurde auch die des Meeresbodens aufgerissen. Das war mit Überflutungen und Materialtransport verbunden, der sich in nacheinander entstehenden Schichten ablagerte. Ohne diese umfangreichen Faltungen und Hebungen hätte es die Schneezeit nie gegeben, da wie besonders aus **Punkt 6.3** „Die „Eiszeit" (Schneezeit) - Ergebnis einer globalen Katastrophe?" schon bekannt ist, in den Wassern ungeheure Dampfmengen frei wurden, die gewaltige Eisregen verursachten. Die Schneezeit dürfte aber nicht länger als schätzungsweise 300 Jahre gedauert haben, wie Scheven sagt.

Viele der vorstehenden Angaben wurden den mir zur Verfügung stehenden vier Büchern von Joachim Scheven entnommen. Es handelt sich dabei um folgende Bände:
„Der Schatz im Acker", „Vor uns die Sintflut", „Das gotländische Silur", „Ehe denn die Berge wurden", Verlag Kuratorium lebendige Vorwelt e.V., Hofheim a. Taunus.

Sowohl die Schichtenbildung als auch die Eiszeit (Schneezeit) vollzogen sich nach dem biblischen Zeitrahmen innerhalb eines Zeitraums von etwas mehr als ca. 5000 Jahren v. Chr., der mit der Schöpfung des Lebens auf unserer Erde begann.

Im Folgenden wird die genaue Schilderung der geschichtlichen Vorgänge, die nach der Bibel im Zuge der Teilung der Erde zu den gigantischen Schichtenbildungen nach der Sintflut führten und die ein Gerichtshandeln Gottes darstellten.

Dieses Ereignis, das sich weltweit vollzog, hat nach 1. Mose 10,25 zu den Lebzeiten eines Mannes mit dem Namen Peleg stattgefunden. Dem Vater, der den Namen Eber trug, wurden zwei Söhne geboren, von denen einer Peleg hieß, *„denn in seinen Tagen wurde geteilt das Land“,* wie diese Selle wörtlich im hebräischen Grundtext lautet.

Im Verlaufe von Pelegs Lebenszeit vollzog sich in vorstehendem Sinne die Alpidische Faltung, die an den verschiedensten Orten in der Welt auftrat. Sie nahm hunderte von Jahren in Anspruch, so dass sogar biblische Personen Zeitzeugen waren.

Die Frage ist in diesem Kontext, was mit der Formulierung **„denn in seinen Tagen wurde geteilt das Land“** gemeint ist. Die meisten Ausleger sagen, es sei damit die Besitznahme der Erde durch Menschen im Zuge der Sprachenverwirrung und Völkerwanderung angesprochen. Eine andere Auffassung ist, dass durch ein Gerichtshandeln Gottes katastropische Verhältnisse zu einer „Zerteilung der Erde“ führten. Für Joachim Scheven ist nur diese Sicht möglich.

Bei der Formulierung *„wurde geteilt das Land“* ist gedanklich tatsächlich auch eher die Annahme nachzuvollziehen, dass da etwa ge- oder zerteilt wurde, denn bei einer Völkerwanderung geht es ja um Inbesitznahme und nicht um Teilung. Mit wem hätte man teilen sollen, denn da war ja niemand. Bei Zerteilung dagegen lässt sich gedanklich eher ein Teilen verstehen, das mit **Gericht** zusammenhängt, besonders wenn man Folgendes bedenkt:

Unmittelbar nach der Sintflut siedelten nämlich die Nachkommen Noahs in Mesopotamien. Dort entstanden die ersten Hochkulturen, sogar noch vor denen der Ägypter. Einer von ihnen, der maßgeblich damit zu tun hatte, war der Urenkel Noahs, Nimrod, dessen Vater Kusch von Ham, einem der drei Söhne Noahs, abstammte. Gesagt wird, dass Nimrod der erste große Machthaber auf Erden nach der Flut war, von dem in 1. Mose 10,10 zu lesen ist

Und Kusch zeugte Nimrod. Und der Anfang seines Reichs war Babel, Erech, Akkad und Kalne im Land Schinar. “

Um zu verstehen, warum es später zu einer Zerteilung der Erde und damit zu einem erneuten Gerichtshandeln Gottes nach der Sintflut kam, nachstehend in 1. Mose 11.1-9 die Schilderung der ersten Manifestation einer großen Versündigung gegen Gott:

„Alle Welt hatte eine einzige Sprache und dieselben Worte. Als sie nun nach Osten zogen, fanden sie eine Ebene im Land Schinar und wohnten dort. Und sie sagten zueinander: >>Wohlauf, lasst uns Ziegel streichen und hart brennen!<< Und sie nahmen Ziegel als Stein und Erdharz als Mörtel und sagten: >>Wohlauf, lasst uns eine Stadt und einen Turm bauen, dessen Spitze bis in den Himmel reicht, damit wir uns einen Namen machen: sonst werden wir über die ganze Erde zerstreut<<.

Da fuhr der Herr hernieder, um die Stadt und den Turm zu sehen, die die Menschenkinder bauten. Und er Herr sagte: >>Sieh, es ist ein Volk, und sie haben alle eine Sprache, und dies ist der Anfang ihres Tuns; nun wird ihnen nichts verwehrt werden können von allem, was sie sich vorgenommen haben zu tun.

Wohlauf, lasst uns herniederfahren und dort ihre Sprache verwirren, so dass keiner die Sprache des anderen versteht<<!

So verstreute sie der Herr über die ganze Erde, so dass sie aufhören mussten, die Stadt zu bauen.

Daher hat sie den Namen Babel, weil der Herr dort die Sprache aller Länder verwirrt hat und von dort hat der Herr sie über die ganze Erde zerstreut. “

Wichtig zu wissen ist, dass von Nimrod weitere Städte gebaut wurden. Die Heilige Schrift berichtet, dass Nimrod auch die Stadt Ninive - die spätere Hauptstadt der Assyrer - baute, von der so viel Böses ausging, dass Jona von Gott den Auftrag erhielt, die Menschen zur Buße zu führen. Das in diesem Fall gelang.

Die Vergehen Nimrods sind sicher nicht die einzigen geblieben. Was sich ansonsten an gerichtsreifer Handlungsweise noch unter den in aller Welt zerstreuten Menschen inzwischen abgespielt haben mag, bleibt verborgen. Aber um die Schilderung von Gottesgericht handelt es sich bei dem Geschehen, wenn in der nachstehenden Psalmstelle beschrieben wird, dass sich dabei sogar die Grundfesten der Berge bewegten und des Erdbodens Grund aufgedeckt wurde. Erhält David hier durch den Geist Gottes Einblick in Gottes besondere Handeln, oder war er bezüglich dessen sogar noch ein Zeitzeuge?

Er beschreibt dies in Psalm 18,8-16 so:

„Die Erde bebte und wankte und die Grundfesten der Berge bewegten sich und bebten, da er (Gott) zornig war. Rauch stieg auf...und verzehrend Feuer..., Flammen sprühten von ihm aus. Er neigte den Himmel...und Dunkel war unter seinen Füßen. Er machte Finsternis ringsum zu seinem Zelt, in schwarzen dicken Wolken war er verborgen. Aus dem Glanz vor ihm zogen seine Wolken dahin mit Hagel und Blitzen.
Da sah man die Tiefen des Wassers und des Erdbodens Grund wurde aufgedeckt vor deinem Schelten, Herr, vor dem Oden und Schnauben deines Zornes. "

Hatte das doch mit Gericht zu tun? Zeigte Gott David, was er hatte geschehen lassen? Die Dinge, die er schildert, sind kataklysmische Begebenheiten, die mit gewaltigen topographischen Veränderungen zu tun hatten. Deshalb wohl betete er in Psalm 60,4 erschüttert von dem, was ihm zu Bewußtsein gelangte:

„Gott, der du die Erde erschüttert und zerrissen hast, heile ihre Risse; denn sie wankt."

Die weltweit aufzufindenden z. Teil gewaltigen Gesteinsbrocken und -gerölle, die man an Stellen finden kann, an denen man sich fragt, wie sie denn dahin gelangen konnten, zeugen von all diesen Vorkommnissen, die auf Bewegungen mit gewaltiger Schubkraft schließen lassen.

Erfuhr David dabei auch, **dass sich die Erdachse in ihre heutige Lage gedreht hatte**, weil im Text von *„Er* (Gott) *neigte den Himmel"* davon die Rede ist?

Scheven sagt:

Was sich ereignete, war nicht eine geologische Spätfolge der während der Sintflut schon einmal zerborstenen Erdkruste. Erst nach der Sintflut fanden durch das Ereignis der Zerteilung der Erde weitere, jetzt aber weitgehend horizontale Tafelablagerungen statt. Die Schüttungsvorgänge haben sich als solche und in Verbindung wieder mit Wasser, Faltungen und Hebungen stets nur über kurze Zeiträume abgewickelt, und weltweit geschehen, eine Vielzahl von geologischen Schüttungen bewirkt wurde.

Und er sagt weiter, dass z. B. die Jurazeit dabei allenfalls 10-20 Jahre Jahre dauerte. Die Ablagerungen in den Schichten von Prem, Trias, Jura und Kreide sollen dagegen nach der traditionellen Geologie 204 Millionen Jahre benötigt haben.

In seinem Buch „Die Erde im Umbruch" bezeugt Hans-Joachim Zillmer anhand von vielen geologischen Beispielen, dass es - durch umfangreiche Vorkommnisse auch von vulkanischer Art - zu Ablagerungen kam, die durchweg einen außerordentlich frischen Eindruck erwecken. Die geologischen Schichten sind dadurch zwar an Ort und Stelle in Folge von Schichtungen nach und nach entstanden, die in ihnen gefundenen fossilierten Lebewesen haben aber nicht wirklich dort gelebt. Auch Zillmer sagt, die Art der Aufschüttung der Schichtungen weist nach, dass für die in den Ablagerungen zu findenden Fossilien und Artefakte, von wo anders her ein Transport erfolgt sein muss. Sie können deshalb nicht allmählich in Millionen von Jahren nach und nach millimeterweise aufsteigend entstanden sein, da Fossilien dies in einer so langen Zeit nicht überlebt hätten.

Er ist deshalb auch der Meinung, dass dies erst vor ein paar tausend Jahren und sogar zu Lebzeiten der Menschen geschah. Die vielen in den Ablagerungen des Tertiärs und Quartär zu findenden Spuren von Menschen und menschlicher Tätigkeit gehen auf das Konto der Schneezeit. Auch für diese Vorgänge wird von der historischen Geologie ein Zeitraum von ca. 140 Millionen Jahre anberaumt.

Die später folgenden **Abbildungen 7.1 und 7.2** zeigen die Fossilien und Artefakte, die während der Schneezeit abgelagert wurden. Es handelt sich unter der Rubrik „menschliche Lebensspuren" also um solche von menschlichen Primaten, die in der konventionellen Zeittafel unterdrückt und deshalb nicht dokumentiert wurden. Auch an diesen Funden bestätigt sich wieder, dass der Mensch von Anfang an, auch schon im Präkambrium, existent war. Der Nachweis menschlicher Funde gelingt ab dieser Zeit bis hin zum Quartär. Wieviele Funde von Tieren und Pflanzen mögen nicht nur unterdrückt, sondern auch beseitigt worden sein, weil sie nicht zu dem Lehrgebäude der naturalistischen Evolution passen?

Im nächsten Punkt werden in einer zusammenfassenden Gegenüberstellung die gravierenden Unterschiede zwischen der naturalistischen Sichtweise der Evolutionslehre und der der Schöpfungslehre weiter verdeutlicht.

7.4 Aufzeichnungen der Geologischen Zeittafel gravierend unvollständig

Die anschließend in den **Punkten 7.5 bis 7.10** aufgeführten Geologischen Zeittafeln basieren auf den Darstellungen der Brockhaus Enzyklopädie und denen des Werkes „Die Chronik der Erde" von Felix R. Paturis. Die neugestalteten Zeittafeln stellen die **Abbildungen 7.1 bis 7.6** dar und sind in diesen Punkten enthalten. **In den Darstellungen gelingt** unter der Spalte „Zusätzliche menschliche Lebensspuren an Fossilien und Artefakte" **Aktivitäten menschlichen Lebens bis ins Präkambrium nachzuweisen.**

Das Bild, das in den Geologischen Zeittafeln unter der Spalte „Entwicklung des Lebens von der Urzelle bis zum Menschen" **vermittelt wird, ist dagegen ein gravierend anderes.** Die altersmäßige Entwicklung wird ausgehend von den ersten Lebenspuren an - ab dem Präkambrium - nur anhand von Fossilien über einen Zeitraum von Milliarden von Jahren bis zum Holozän der Erdneuzeit dargestellt. **Artefakte menschlicher Lebensspuren erscheinen nicht.** Man glaubt aber, dass die Evolutionsgeschichte des Menschen erst mit den Australopithecinen (als den ersten Hominiden) vor höchstens 2,5 Ma (2,5 Mill. Jahren) begann und sich über Homo erectus zum Neandertaler bis zum Homo sapiens über diesen Zeitraum hinweg fortsetzte.[4]
Nochmals sei dazu vermerkt:
Menschliche Fossilien und Artefakte kommen also in den Geologischen Zeittafeln in den postulierten 2,5 Millionen Jahren, wie sich zeigen wird, überhaupt nicht vor.

Ein anderes Bild ergibt sich, durch die Darstellung einer Vielzahl unterdrückter geologischer Funde in den Zeittafeln. Dies passt zu der plötzlichen Entstehung der Hochkulturen, mit denen die menschliche Kulturgeschichte erwiesenermaßen schätzungsweise erst vor höchstens ca. 5000 Jahren in Mesopotamien (nach der Sintflut) wieder ihren Anfang nahm. Auch wenn das Nachfolgende in den Geologischen Zeittafeln des Brockhaus nicht dokumentiert ist, macht dieser an anderer Stelle zur Entwicklung der menschlichen Kulturgeschichte folgende Angaben:
Das Altpaläolitikum (Altsteinzeit) wird danach als der älteste und längste Zeitabschnitt der Menschheitsgeschichte angesehen. Danach fällt dessen 1. Teil in die Zeit der Australopithecinen vor 2,5-1 Ma (2,5 Mill. Jahre bis 1,0 Mill. Jahre). Dieser erste Menschentyp soll in der wildreichen Savannenlandschaft Ost- und Südafrikas gelebt haben.
Ein zweiter Teil des Altpaläolitikums fällt nach allgemeiner Auffassung in die Zeit des Homo erectus vor 1-0,2 Ma (1,0 Mill.-200000 Jahre). Während dieser Zeit habe der Mensch erst begonnen, das Feuer zu nutzen. Faustkeile aus Feuerstein wären aber schon etwa ab 0,5 Ma (500000 Jahre) zum bedeutendsten Steinwerkzeug geworden.
Man unterscheidet in einem dritten Teil die Zeit von 0,2-0,04 Ma. (200000-40000 Jahre), das **Mittelpaläolitikum.** Diesen Zeitabschnitt betrachtet man als den des Homo Sapiens Neanderthalensis, und dass sich schon während dieser Zeit eine stärkere kulturelle Entfaltung eingestellt hätte.
Viertens sei das Jungpaläolitikum zu benennen. Dieses würde die Zeit umfassen, während der unsere eiszeitlichen Vorfahren, die ersten Homo sapiens sapiens, etwa um 0,04-0,01 Ma (40000-10000 Jahre) aufgetreten seien. Während dieser Zeit erst hätten sich höher entwickelte Jägerkulturen mit deutlich verbesserter Bewaffnung ausgebildet.
Schließlich fünftens hätten wir es mit dem **Spätpaläolitikum** zu tun gehabt, dessen Zeit man mit dem Ende der so genannten letzten Eiszeit verbindet. Gemeint ist der Zeitraum von 0,01-0,008 Ma (10000-8000 Jahre). Jägergruppen wären erst ab dieser Zeit mit Pfeil und Bogen bewaffnet gewesen. Die wichtigsten Steinwerkzeuge seien vorher mehr oder weniger nur

4 Brockh. Enzykl., Band 8, 1989, Seiten 320

Kratzer und Rückenspitzen (Azilspitzen und Federmesser) gewesen. Bei bestimmten Funden ließen sich schon einzelne Siedlungsplätze erkennen. [5]

Verschiedene Forscher, besonders Zillmer in seinem „Dinosaurier Handbuch", haben in ihren Werken anhand von archäologischen Funden im Gegensatz zu obigen Ausführungen nachgewiesen, dass Menschen sogar schon vor den Dinosauriern lebten. Diese sind nach offiziellen Verlautbarungen angeblich seit 65 Ma (65 Millionen Jahre) etwa zu Ende des Zeitalters des Paläozäns und zu Beginn der Oberkreide ausgestorben.

Wie weiter aus **Abbildungen 7.1 bis 7.6** der Geologischen Zeittafeln zu ersehen sein wird, sind die Gesteinszeitalter in den geologischen Perioden seit dem achtzehnten Jahrhundert leider mit einem Zeitrahmen verknüpft, der ein reines Postulat ist. **So presst man sich in ein Schema, das unbeeindruckt aufrechterhalten wird.**

In den Abbildungen der Geologischen Zeittafeln finden wir die Erdzeitalter und ihre Perioden mit dem Auftreten von fossilen Lebewesengruppen eng verbunden, und zwar in der Weise, dass ein Aufbau in Stufen von den einfachsten Lebensformen bis hin zum Menschen auf Basis von Funden **scheinbar bewiesen ist.** Was allerdings davon nicht ins Schema passte, durfte nicht erscheinen, wie umfassend nachgewiesen werden kann. Danach gibt es eine große Zahl von Funden, die zeigen, dass es den unterstellten makro-evolutionären Prozess in Millionen von Jahren einfach nicht gegeben hat. In den **Abbildungen 7.1-7.6** wird unter der Rubrik „Zusätzliche menschliche Lebensspuren an Fossilien und Artefakte" auf eine Vielzahl von Funden hingewiesen, die nicht ihren Niederschlag in den heute anerkannten Geologischen Zeittafeln gefunden haben.

Es handelt sich dabei um die Recherchen der Autoren Michael A. Cremo und Richard L. Thompson, Hans Joachim Zillmer und Erdogan Ericvan.

Die in dieser Beziehung umfassendste Arbeit lieferten die beiden Wissenschaftler Cremo und Thompson. Sie beschreiben in ihrem mehr als 1000 Seiten umfassenden Werk kompromissloser Gelehrsamkeit menschliche Funde vom Präkambrium bis ins obere Pleistozän. Das umfassende Material ist geeignet, die gegenwärtigen Theorien der menschlichen Evolution völlig in Frage zu stellen. Mit den in die Geologischen Zeittafeln eingearbeiteten Recherchen - auch der anderen Autoren - erhält man ein eindrucksvolles Bild von der Unvollständigkeit dieser Graphiken in Bezug auf die Funde menschlicher Fossilien und Artefakte. Es muss aufgrund der vorgefundenen, aber unterdrückten Befunde für menschliche Aktivitäten vermutet werden, dass auch solche von Pflanzen und Tieren als nicht angebracht unterdrückt wurden. Die Darstellungen in den Zeittafeln liefern den Beweis dafür, dass die dem Werk „Die Chronik der Erde" von Felix R. Paturis entnommenen Aufstellungen mehr als unvollständig sind, **was aber nicht an dieser Ausarbeitung liegt.** Es ist ein unglaublicher Prozess der Vertuschung gelaufen. Es soll aber trotzdem nicht an der Zuverlässigkeit der in den Geologischen Zeittafeln gemachten Einteilung, für Zeitalter, System und Serie gezweifelt werden, wenn auch die Zuordnung vieler Funde von Fossilien und Artefakte zu den Gesteinsformationen und Sedimenten, einfach unterlassen wurde. Die Altersbestimmungen in Millionen von Jahren sind geschätzt. Das geordnete Übereinander der Lebewesen vom Kambrium bis zum Holozän wird als eine Folge vom einfachsten Lebewesen bis hin zum Menschen so dargestellt, als habe es das gleichzeitige Erscheinen aller Lebewesen gemäß dem Genesisbericht der Bibel nicht gegeben.

Die Autoren Michael A. Cremo und Richard L. Thompson z. B. sind Mitglieder des Bhaktivedanta-Instituts, einer bedeutenden Zweigstelle der Internationalen Gesellschaft für Krishna-Bewusstsein, welche die Beziehung zwischen moderner Wissenschaft und der in der vedischen Literatur behandelten Weltanschauung untersucht. An dieser Stelle werden nicht

5   Brockh. Enzykl., Band 1, 1986, Seite 451-455

nur Vertreter der Evolutionslehre, sondern möglicherweise auch solche der Schöpfungslehre beim Lesen wahrscheinlich sofort innerlich Einspruch gegen diese Institution erheben. Das wäre allerdings nicht haltbar und unredlich! Man kann das Ergebnis wissenschaftlicher Untersuchungen nicht wegen einer möglicherweise anderen Weltanschauung der Forscher ablehnen. **Für mich zählt nicht die Quelle, sondern die Qualität der Aussage.**

Der Autor des Buches „Vergessene Archäologie - Steinwerkzeuge fast so alt wie Dinosaurier" Michael Brandt bezeichnet als Christ in seinem Buch die Arbeit von Michael A. Cremo und Richard L. Thompson als gründlich und korrekt. Zur Lektüre des Buches >>Verbotene Archäologie<< von Michael A. Cremo und Richard L. Thompson äußerte sich nachstehend Brandt als Fachmann zu den in diesem Monumentalwerk dokumentierten Funden:
1993 in englischer Sprache, 1994 in verkürzter und 2006 in vollständiger Ausgabe auf Deutsch, letztere mit über 1000 Seiten. Aus einer Fülle überwiegend älterer Literatur, darunter zahlreiche Fachpublikationen, werden **Hinweise auf die Existenz des Menschen zum Teil weit vor dem heute akzeptierten Auftreten in der Erdgeschichte aufgeführt** *mit Schwerpunkt auf Feuersteinwerkzeugen in tertiären Schichten.*
Der Verfasser hat nahezu alle Arbeiten, auf die sich Cremo und Thompson berufen, ebenfalls studiert und kann bestätigen, dass die beiden Autoren gründlich und korrekt gearbeitet haben."
Brandt sagt außerdem, dass sein Buch einige Passagen enthält, die sich stark an „Verbotene Archäologie" anlehnen. Er erweiterte aber den Rahmen um eine ganze Anzahl älterer Arbeiten und einige neuere Publikationen. Ohne die immensen Literaturrecherchen von Cremo und Thompson, sagt Brandt, hätte er das Thema nicht bewältigen können. [6]
Genauso verhält es sich beim Autor dieser Zeilen, der ebenfalls ohne die Vorarbeit dieser Wissenschaftler das **Kapitel 7** in der vorliegenden Form nicht hätte schreiben können. Dies gilt auch für die ebenfalls eingearbeiteten **Tabellen 1 und 2** von Hans-Joachim Zillmer und die Recherchen von Erdogan Ericvan.
Alle drei Autoren haben in sachlicher Argumentation ihre Fähigkeit bewiesen, die Befunde in Form einer großen Menge an kontroversem Beweismaterial allgemein verständlich und auch wissenschaftlich fundiert vorzulegen. Tatsache ist, und das kann nicht oft genug betont werden, dass dieses Material zu den Festlegungen in den traditionellen Geologischen Zeittafeln gravierend im Widerspruch steht. Ihnen allen gebührt Dank für ihr Engagement.
Auch den Verlagen gebührt dafür Anerkennung und Dank an dieser Stelle, besonders dem Kopp-Verlag. Giftige Angriffe werden nicht ausbleiben, das ist sicher. Bekanntlich ist dies eine gängige Praxis in akademischen und anderen Einrichtungen. Es gibt nachweisbare Beispiele dafür, dass Mitarbeiter solcher Gesellschaften, die es wagen, etwas gegen die traditionellen Vorstellungen vorzubringen, vom Dienst suspendiert oder kaltgestellt wurden und werden.
In „Verbotene Archäologie" wird dazu u. a. ein eindrückliches Beispiel gegeben.
„Anfang der 50er Jahre fand Thomas E. Lee vom kanadischen Nationalmuseum fortschrittliche Steinwerkzeuge in Gletscherablagerungen bei Sheguiandah auf der Insel Manitoulin im nördlichen Huronsee. Der Geologe Sanford von der Wayne State University kam zu dem Ergebnis, dass die ältesten Sheguiandah-Werkzeuge mindestens 65000 Jahre alt seien und vielleicht sogar 125000 Jahre (nach offizieller Zeitrechnung) *alt sein könnten. Für die Anhänger der schulwissenschaftlichen Ansichten über die nordamerikanische Frühgeschichte waren solche Zahlen unannehmbar.*
Der Entdecker der Fundorte (Thomas E. Lee) wurde von seiner Arbeit im Staatsdienst in eine langdauernde Arbeitslosigkeit getrieben. Publikationsmöglichkeiten wurden verbaut, das

6   Michael Brandt, „Vergessene Archäologie", SCM Hänssler Holzgerlingen, Ausgabe
      2011, Seiten 15-16

*Beweismaterial wurde von mehreren bekannten Autoren falsch dargestellt, **Artefakte wurden tonnenweise in Kisten verstaut und verschwanden in Lagerräumen des kanadischen Nationalmuseums.***

*Da der Direktor des Nationalmuseums, der vorgeschlagen hatte, über die Fundstelle eine Monographie zu veröffentlichen, sich geweigert hatte, den Entdecker zu entlassen, wurde auch er abgesetzt und ins Exil geschickt; um ganze sechs nicht verschwundene Sheguiandah Fundstücke in die Hand zu bekommen, wurden Leute von Rang und offizielle Machthaber bemüht. Die Fundstelle selbst wurde in einen Urlaubsort verwandelt. Sheguiandah hätte zwangsläufig zu dem unangenehmen Eingeständnis geführt, dass die Intellektuellen doch nicht alles wussten. Es wäre unumgänglich gewesen, fast jedes einschlägige Buch umzuschreiben. **Die Sache musste sterben. Und sie starb.**"* [7]

Mühelos ließe sich eine Vielzahl von Beispielen anfügen, die allesamt Beweise für diese Vorgehensweise liefern.

Zum besseren Verständnis des in den **Punkten 7.5 - 7.10 und in den Abbildungen 7.1 - 7.6** eingearbeiteten Materials ist ab der nächsten Seite nachstehende Legende gedacht.

[7]   Michael A. Cremo und Richard L. Thompson „Verbotene Archäologie", Kopp-Verlag, 2. Auflage 2007, Seiten 30-31

Legende zu den tabellarischen Abbildungen und Texten der Geologischen Zeittafeln 7.1 bis 7.6 und deren Quellen

Die Daten und Texte in den **Abbildungen der Geologischen Zeittafeln 7.1 bis 7.6** für **Zeitalter, System und Serie** (erste bis dritte Spalte) basieren auf dem Werk von Felix R. Paturi „Die Chronik der Erde".

Um zu verstehen, worum es sich bei diesen drei und den nachfolgenden Spalten handelt, nachstehend die bildliche Darstellung am Beispiel der **Abbildung 7.4** auf Seite 169:

Geologische Zeitskala (Fortsetzung)   **Abbildung 7.4**, Seite 170
Erdgeschichte

Zeitalter	System	Serie 1 Ma = 1 Mill. Jahre	Entwicklung des Lebens von der Urzelle bis zum Menschen	Zusätzliche menschliche Lebensspuren an Fossilien und Artefakte
Paläozoikum (Erdaltertum, 590 bis 250 Ma)	Perm (290 bis 250 Ma)	Unterperm (Rotliegendes, 290 bis 270 Ma)	Erste Ceratites (Mesammoniten, Zehnfußkrebse (Dekapod), Käfer, Wanzen Aussterben der Acanthodii Erste Ginkgogewächse	25 Zentimeter lange Goldkette, fest in Kohle eingebettet, 260 bis 320 Ma, Pos.3 Blockwand in Kohle (Abschnitt A2.13), 286 Ma

Die Texte unter **„Entwicklung des Lebens von der Urzelle bis zum Menschen"** (vierte Spalte), entsprechen der Sichtweise der historischen Geologie, deren Quelle das Werk von Felix R. Paturi „Die Chronik der Erde" ist. Die Angaben unter **„Zusätzliche menschliche Lebensspuren an Fossilien und Artefakte"** (fünfte Spalte) wurden überwiegend den Büchern der Autoren Zillmer, Cremo, Thompson, und Ericvan entnommen, und in folgender Weise in die Geologischen Zeittafeln eingebracht.

Angaben von Zillmer **(in den Zeittafeln mit rotem Text und Positions-Nr.)** entsprechen den auf den nachfolgenden Seiten aufgeführten **Tabellen 1 und 2.** Angaben von Cremo und Thompson sind **in den Zeittafeln mit blauem Text und Tabellen- oder Abschnitt-Nr.** gekennzeichnet. Angaben aus dem Buch von Erdogan Ercivan erscheinen **in den Zeittafeln mit schwarzem Text.**
Es handelt sich bei diesen Angaben um solche Bodenfunde, die entsprechend den von der historischen Geologie festgelegten hohen Altern von besonderer Bedeutung sind. Nur diese werden auch näher entweder tabellelarisch dargestellt oder kommentiert. Zu den Angaben ist noch auszuführen:

Die Texte von Zillmer sind seinem Buch „Die Evolutionslüge" entnommen worden. Über diesen **Kommentaren** stehen Tabellen-Nr., Pos. Nr., Seiten Nr. und die betreffende Kommentarüberschrift, z. B:
Tabelle 1, Pos. 3, Seiten 150-151 - 25 Zentimeter lange Goldkette, aus dem Perm/Karbon (siehe Abbildung 7.4, wie oben).

So ähnlich wird auch mit **tabellarischen Aufstellungen** aus dem Buch von Michael A. Cremo und Richard L. Thompson „Verbotene Archäologie" verfahren. Diese werden mit Tabellenbezeichnung, Seitenangabe und Tabellenüberschrift gekennzeichnet, z. B.:
Tabelle A3.2, Seiten 967- 968 - Beweismaterial für Nord- und Südamerika bis 2,5 Ma (siehe Abbildung 7.4, wie oben). Über **Kommentaren** von Chremo und Thompson stehen dann Abschnitts-Nr., Seitenangabe und auch die Kommentarüberschrift, z. B.:
Abschnitt-Nr. A2.13, Seite 946 - Blockwand aus Steinblöcken in Kohle (Abbildung 7.4)

Bei noch anderen besonderen Einzel-Kommentaren wird an Ort und Stelle die genaue Quellenangabe vermerkt, wie bei denen von Erdogan Ercivan, z. B.:
Zickzackspuren von Würmen in 1.6 Milliarden altem rötlichen Gestein (Abbildung 7.6).

Literaturangaben:
Brockhaus Enzyklopädie, Band 8, 1989, 9. völlig neu bearbeitete Auflage - F.A. Brockhaus, Seiten 320-322
Felix R. Paturi, „Die Chronik der Erde". Chronik Verlag im Bertelsmann Lexikon Verlag GmbH Gütersloh/München, 1991, 1995
Hans Joachim Zillmer, „Die Evolutionslüge", LangenMüller in der F. A. Herbig Verlagsbuchhandlung GmbH, München, Sonderproduktion 1. Auflage 2007 **(roter Text)**
Michael A. Cremo und Richard L. Thompson, „Verbotene Archäologie", Kopp-Verlag, 2. Auflage 2007 **(blauer Text)**
Erdogan Ercivan, „Missing Link der Archäologie", Kopp Verlag, 1. Auflage **(schwarzer Text)**

Erklärung zu den Bezeichnungen der Feuersteinwerkzeuge, wie:
Eolithen = natürlich gebrochener Stein mit einer oder mehreren vorsätzlich veränderten oder durch Gebrauch abgenutzten Kanten.
Paläolithen = vorsätzlich durch Abschlagen in einen erkennbaren Werkzeugtyp gebrachte Steine.
Neolithen = die fortschrittlichen Steinwerkzeuge und Steinwerkzeugutensilien.

7.5 Zeugnisse menschlich. Lebens vom Quartär (Holozän) bis zum Tertär (Pliozän) Abbildung 7.1 - Zeitraum von 0,01 Ma (10000 Jahre) bis 5 Ma (5 Mill. Jahre)

Anmerkung:
An dieser Stelle soll nochmals daran erinnert werden, dass es sich bei den hohen Altern in Millionen von Jahren um Schätzungen handelt, die von Arthur Holme vorgenommen wurden, und die in seiner „absoluten" Zeitskala so festgeschrieben sind.

Die Festlegung der Abfolge der Schichtgesteine über Zeitalter, System und Serie durch die Geologen und in welchen Schichten, wo Fossilien und Artefakte gefunden wurden, ist ansonsten brauchbar. Diese Aussage hat aber nur dann ihre Berechtigung, wenn konsequent alles, was man in diesen Schichten findet oder schon gefunden hat, in den Geologischen Zeitstafeln erscheint. Gerade in diesem Kapitel wird aber nachgewiesen, dass dies nicht geschehen ist, weil es zu den Altersfestlegungen in diesen Tafeln absolut nicht passt.

Auch ist mehr als unbefriedigend, ja sogar irreführend, wenn die Altersschätzungen, die vor mehr als 100 Jahren vorgenommen wurden, bis heute um jeden Preis aufrechterhalten werden. Als **willkürlich** erscheinen deshalb die diesen Schichten zugeordneten **Millionen und Milliarden Jahre.** Wie alt das Universum genau wirklich ist, vermag niemand zu sagen. Bei der Schöpfung ging es in erster Linie um unsere Erde und das Prozedere, das zur Entstehung des Lebens führte.

Wie aus den **Punkten 7.3 und 7.4** hervorgeht **ist die Geschichte des Lebens,** auch die der Menschheit, **ein relativ kurze** und umfaßt nur einige Tausende von Jahren. Während dieser kurzen Zeit dürfte der Erdmantel außerdem durch topografische und kataklysmische Ereignisse umfangreichen Veränderungen ausgesetzt gewesen sein. Diese übten einen nachhaltigen Einfluss aus, wodurch viele Fossilien mariner Fauna, aber sehr wenige von Bewohnern der trockenen Erdoberfläche entstanden sind. **Abbildung 7.1** zeigt beispielsweise Funde menschlichen Lebens aus der Erdneuzeit beginnend mit dem Holozän zwischen 0,01 Ma bis 5 Ma (10000 bis 5 Mill. Jahre). Die nachstehende Tabelle widerspricht der Auffassung, es hätten beispielsweise in Amerika zu den angegebenen Zeitpunkten keine Menschen gelebt.

Tabelle A3.2, Seiten 967- 968 - Beweismaterial für Nord- und Südamerika bis 0,7 Ma

Kategorie	Anzahl	Millionen Jahre	Jahre
Eolithen	5	0,02-0,09 Ma	20000-90000
Paläoliten	5	0,06-0,3 Ma	60000-300000
Knochen eingeschnitten	2	0,08-0,75 Ma	80000-750000
Menschenknochen	6	0,027-0,048 Ma	27000-48000
Menschenschädel	2	0,017-0,028 Ma	17000-28000
Menschenskelett	1	0,026 Ma	26000
Herdstellen	2	0,03 Ma	30000
bemalter Kreis	1	0,03	30000
Kupferring	1	0,05 Ma	50000

Begonnen wird mit der Übertragung der **Tabelle A3.2** in **Abbildung 7.1.** Es geht hier also um die Zusammenfassung des ungewöhnlichen Beweismaterials zum Alter der Menschheit, bezogen auf Nord- und Südamerika. Cremo und Thompson betonen, dass fast allen Wissenschaftlern zufolge der Mensch Nordamerika erst vor 12000 Jahren betrat, was so nicht stimmt, wie nachgewiesen werden kann.
Die Funde menschlicher Fossilien sind manchmal umstritten. Hier überzeugt über alle

Zeitalter hinweg schließlich die Fülle der Funde, insbesondere aber die der Artefakte. Die Fossilien aus La Denise und Piltdown sind ungewöhnlich, wenn sie über 0,1 Ma alt sind. Dabei handelt es sich um menschliche Schädelfragmente, die von de Mortilett 1883 mit einem Alter von 0,3 bis 2 Ma (300000-2 Mill. Jahren) angegeben wurden. Dies erscheint vielen Wissenschaftlern zu Folge viel zu alt, weil einigermaßen anatomisch moderne Menschen erstmals in Afrika wesentlich später in Erscheinung getreten sein sollen. Schon unter der nächsten **Abschnitt-Nummer 6.1.1** ist dies Thema. [8]

Abschnitt-Nummer 6.1.1, Seiten 483-484 - **menschliche Oberschenkelknochen u. Fragmente eines menschlichen Schädels**
Die Trenton-Fossilien aus New Jersey (menschl. Oberschenkelknochen Fermur und zwei Fragmente eines menschlichen Schädels als Teil des Scheitelbeins) mit einem Alter von 0,107 Ma (107000) Jahren liegen zeitlich vor den ältesten anerkannten Fossilien von anatomisch modernen Menschen von 0,1 Ma (100000) Jahren, aber nur für Afrika zutreffend.

Abschnitt Nummer 6.1.2.4, Seite 493 - menschliche Schädelfragmente
Das Stirnbein eines menschlichen Schädels war von besonderem Interesse. Keith (1928, Seite 279) berichtete, das Stirnbein weiche >>in keiner wesentlichen Einzelheit von dem Stirnbein eines modernen Menschen ab<<. Der Fund wurde aus einer besonders alten Limonitschicht geborgen, für die ein Alter zwischen **30000 Jahren und zwei Millionen Jahren veranschlagt wurde.**

Abschnitt-Nr. A2.7, Seiten 938-939 - münzenähnliche Platte aus Kupfer
Über Objekte aus Brunnenbohrungen berichtete 1871 William E. Dubois vom Smithsonian Institut. Dort wurden mehrere von Hand hergestellte Gegenstände in tieferliegenden Schichten in Illinois gefunden.
Der erste Gegenstand war eine münzenähnliche Platte aus Kupfer aus dem Lawn Ridge im Bezirk Marshall, Illinois. Der Gegenstand wurde aus 34 m Tiefe am Bohrer klebend hervorgeholt. Die Schätzung für das Alter übernahm der Geologische Dienst des Staates Illinois. Die Ablagerungen hätten sich während der Yarmouth-Zwischenzeit irgendwann vor 200000-400000 Jahren gebildet. Auf beiden Seiten der münzenähnlichen Platte befanden sich **Inschriften in einer nicht erkennbaren Sprache.** Das Erscheinungsbild unterschied sich von jeder bekannten Münze. Menschen sollten aber erst, wie man sagt, vor höchstens 100000 Jahren gelebt haben, wobei nach dieser Auffassung anstatt z. B. vor 12000 Jahren allerhöchstens vor 30000 Jahren die ersten Menschen hätten in Amerika gelebt haben können. **Und Metallmünzen seien erstmals im achten Jahrhundert v. Chr. in Kleinasien verwendet worden.** Berichtet wurde außerdem, dass im nahegelegenen Bezirk Whiteside in Illinois andere Artefakte gefunden worden seien. In einer Tiefe von 36 Metern entdeckten Arbeiter einen Kupferring bzw. eine Kupfermuffe, die heute für Schiffspapiere verwendet wird. Sie fanden auch etwas, das aussah wie ein Bootshaken.

Weitere zahlreiche Relikte (Überreste) wurden in geringeren Tiefen entdeckt. So ein speerförmiges Beil in einer Tiefe von 12 Metern. Steinpfeifen sowie Töpferarbeiten wurden an vielen Stellen zwischen 3 bis 15 Metern Tiefe geborgen. Cremo und Thompson schließen ihren Bericht ab mit der Bemerkung:
*„Im September 1984 schrieb uns der Geologische Dienst des Staates Illinois, dass das Alter der Ablagerungen in einer Tiefe von 36 Metern im Bezirk Whiteside sehr unterschiedlich ist. An einigen Stellen findet man nur 50000 Jahre alte, 36 Meter tiefe Ablagerungen, **an anderen Stellen wiederum findet man Grundgestein aus dem Silur, das 410 Millionen Jahre alt ist.“***

8   Michael A. Cremo und Richard L. Thompson „Verbotene Archäologie", Seite 967

Erdgeschichte

Zeitalter	System	Serie 1 Ma = 1 Mill. Jahre	Entwicklung des Lebens von der Urzelle bis zum Menschen	Zusätzliche menschliche Lebensspuren an Fossilien und Artefakte
Erdneuzeit (Neozoikum oder Känozoikum, 66 Ma bis heute)	Quartär (1,7 bis heute)	Holozän (0.01 Ma bis heute)	Kulturelle Entwicklung u. Differenzierung der Menschheit; Pflanzen- u. Tierwelt der Gegenwart; Veränderung der natürlichen Umwelt durch den Menschen	
		Oberes Pleistozän (0.72 bis 0,01 Ma)	Den Klimaschwankungen (Wechsel von Kalt- und Warmzeiten) entsprechende erhebliche Veränderungen der Tier- und Planenwelt; beschleunigte Evolution des Menschen über den Homo erectus zum Neandertaler und Homo sapiens sapiens	Eolithen, 0,02-0,09 Ma Paläoliten, 0,06-0,3 Ma Knochen eingeschnitten, 0,08-0,7 Ma Menschenknochen, 0,027-0,048 Ma Menschenschädel, 0,017-0,028 Ma Menschenskelett, 0,026 Ma Herdstellen, 0,03 Ma bemalter Kreis, 0,03 Ma Kupferring, 0,05 Ma, **Tabelle A3.2, Beweismaterial bis 0,7 Ma** menschl. Oberschenkelknochen und Fragmente d. menschl. Schädels (Scheitelbein), **0,107 Ma, Abschnitt 6.1.1** sehr fein bearbeitete Steinwerkzeuge **0,25 Ma, Abschnitt 5.4.4** Folsom-Klinge, **0,25 Ma, Abschnitt 5.4.5** münzenähnliche Platte aus Kupfer, **0,2-0,4 Ma, Abschnitt Nr. A2.7**
		Unteres Pleistozän (0,72 bis 1,7 Ma)		menschliche Schädelfragmente **0,3 bis 2 Ma, Abschnitt 6.1.2.** acht kleine Zähne, **2-4 Ma, P.M. 02/2012**
Erdneuzeit (Neozoikum) oder Känozoikum 66 Ma bis heute)	Tertiär (66 bis 1,7 Ma)	Pliozän (5-1,7 Ma)	**Erste** Hominiden (Australopithecinen), Einhufer, Wühlmäuse	Tonfigur, **2 Ma, Abschnitt A2.8** Paläoliten, Herdstellen, Schlacke, angebrannte Knochen, verbrannte Erde, menschliche Wirbelknochen, **3-5 Ma** Eolithen, Neolithen, Knochenwerkzeuge, gesägter Knochen, **2,5 Ma** Menschenskelett u. menschl. Teilskelette, **3-4 Ma** menschl. Fußabdrücke, **3,6-3,8 Ma** menschl. Oberarmkn., **4-4,5 Ma** geschnittene Muscheln, Paläoliten, eingeschn. Knochen, menschliche Knochen u. Zehenabdrücke, **4,7 Ma** **Beweismaterial ab 2,5 bis 5 Ma**

Abschnitt-Nummer 5.4.4, Seiten 436-449 - sehr fein bearbeitete Steinwerkzeuge
Diese Werkzeuge wurden in den 1960er Jahren bei Hueyatlaco nahe Valsequillo, 120 km
südöstlich von Mexiko-City ausgegraben, die einen Vergleich mit den besten Werkzeugen des
europäischen Cro-Magnon-Menschen standhalten können. Auch wurden Steinwerkzeuge
einer etwas primitiveren Art an der nahe gelegenen Fundstelle von El Horno gefunden. Die
stratigraphische Position der Werkzeuge wurde nicht in Frage gestellt. Ein Geologen-Team,
von denen einige für den Geologischen Dienst der USA arbeiteten, datierten sie auf ca.
250000 Jahre vor unserer Zeit. Diesen Geologen zufolge gab es vier verschiedene
Datierungsmethoden, die die Richtigkeit dieses Alter bestätigten. Dies führte allerdings zu
zahlreichen Kontroversen. Sie gipfelten darin, dass eine Wissenschaftlerin, die sich von einer
Veröffentlichung der Daten nicht abhalten lassen wollte, für verrückt erklärt wurde. Cremo
und Thompson, die versuchten, die Erlaubnis zu erhalten, Fotografien der Artefakte von
Hueyatlaco zu veröffentlichen, wurde mitgeteilt, dass eine Genehmigung nur erteilt würde,
wenn sie mit einem Höchstalter von 30000 Jahren angegeben würden. Die beiden Autoren
schreiben:
*„Natürlich räumen wir ein, dass ein Alter von 250000 Jahren falsch sein könnte. Ist es aber
wirklich angemessen, Studien wie die von Virginia Steen-McIntyre und ihren Kollegen mit
dem Begriff >>verrückt<<zu belegen? "*

Abschnitt-Nr. 5.4.5, Seiten 449-450 - Folsom-Klinge
1975 erfuhr Virginia Steen-McIntyre von einem weiteren interessanten Fund von
Steinwerkzeugen in Nordamerika aus der Sandia Höhle (Sandia Cave) in Neumexiko, USA,
der auf ein Alter von 0,25 Ma (250000 Jahre) geschätzt wird.
In der Fundstätte fand man eine so genannte Folsom-Klinge (v. Fundort Folsom), eingebettet
in die untere Schicht einer Travertinkruste der Sandia Höhle (Smithsonian Miscellaneosaus
Collections, Bd. 99, Nr. 23, Tafel 7). Dies widerspricht wieder dem gesamten Bild der
menschlichen Evolution, was aber noch viel gravierender zu Tage treten wird.

Abschnitt-Nr. A2.8, Seiten 939-942 - Tonfigur
1889 wurde eine Tonfigur, die kunstfertig aus Ton geformt war, in Nampa, **Idaho**, gefunden
Sie wurde wieder im Zuge einer Brunnenbohrung aus einer Tiefe von 96 Meter geborgen.
**Dieser Gegenstand weist ein pleistozänes Alter auf, und ist etwa 2 Ma (zwei Mill. Jahre)
alt,** und stellt eine weibliche Figur dar, die eine bemerkenswerte künstlerische Perfektion
besitzt. Das Figürchen ist mit lebensechten Zügen so fein gearbeitet, dass es einen Vergleich
mit der Venus von Willendorf aus Europa, die auf ein Alter von 0,03 Ma (30000 Jahre)
geschätzt wurde, standhält. Cremo und Thompson sagen:
*„Außer dem Homo sapiens sapiens weiß man von keinem Hominiden, der Kunstwerke wie das
Nampa-Figürchen hätte herstellen können. Die Befunde sprechen dafür, dass Menschen der
modernen Art vor etwa 2 Ma (2 Mill. Jahren), am Übergang vom Plio- zum Pleistozän, in
Amerika gelebt hatten. "* Näheres dazu bringt Erdogan Ercivan in seinem Buch. Er versuchte
herauszufinden, wie es um die Echtheit des Artefakts bestellt ist. Er beschreibt, dass der
Archäologe Loui Sellbach 1930 trockene Höhlen südlich von Idaho untersuchte, und auch
Ausgrabungen durchführte. Dabei entdeckte er einige Artefakte, die von der Form und
Kunstfertigkeit der „Nampa-Figur" entsprachen, auch wenn diese nur aus Tiefen von 4-5
Meter stammten.
Damit konnte er den Beweis erbringen, dass es sich bei der >>Nampa-Figur<< zwar um einen
>>echten<< Fund handelte, der aber offensichtlich von Indianern herrührte, die einst in dieser
Gegend lebten. Doch wie gelangte die Figur 96 Meter unter Kies, Ton und Eisenoxid, so dass
sie nach Ansicht der Geologen zwei Millionen Jahre alt sein müsste? [9]

9   Erdogan Ercivan, „Missing Link der Archäologie", Kopp Verlag 2009, Seite 259

Interessant ist, was Dave Balsinger und Charles E. Sellier jr. über die genaue Schichtung herausfanden. Zunächst sagen sie, dass 1889 ein gewisser M. A. Kurtz es war, der einen artesischen Brunnen bohrte, und dabei auf das Figürchen stieß. Zu den genauen Schichtungsverhältnissen führen sie aus:

*„Kurtz fand das nur 3,8 Zentimeter hohe Figürchen, nachdem er durch folgende Schichten gebohrt hatte: 4,5 m Lavagestein, 30 Meter Schwemmsand, 15 Zentimeter Lehm, dann weitere 12 Meter Schwemmsand, danach abermals Lehm, Schwemmsand, Lehm, dann Lehmbrocken vermischt mit Sand und schließlich grobkörnige*n Sand.“ Sie erklären sich die Entstehung dieser sedimentären Lagerstätten mit Fluttätigkeit und verweisen sogar auf die Sintflut. [10] Tatsächlich bleibt aber völlig ungeklärt, wie die Figur in diese Tiefe gelangen konnte.

Wissenschaftsmagazin P. M. 02/2012 - acht kleine menschliche Zähne
„Wir sind alle Araber!“: Unter diesem Titel beschreibt eine Notiz in der P.M.vom Februar 2012 Fundrelikte amerikanischer Anthropologen. Die Forscher fanden in einer Höhle in Israel acht kleine Zähne, die auf ein Alter von 200000-400000 Jahre datiert wurden und geeignet sind, die Geschichte der Menschheit umzuschreiben. In der Notiz heißt es weiter:

„Erstaunlich daran ist, dass es Homo-sapiens-Zähne sind, also Zähne von Menschen, die genauso gebaut waren, wie wir heute. Nach der bisherigen Theorie wanderten unsere Vorfahren erst viel später, vor ungefähr 100000 Jahren, aus Afrika am Mittelmeer vorbei nach Europa. Jetzt vermuten die Forscher, dass unsere Ahnen schon viel früher in Arabien gelebt und dort entscheidende Entwicklungsschritte gemacht haben. Wie sonst sollten die Zähne nach Israel gekommen sein? Sie stammen von mehreren Menschen, einige sind Milchzähne von kleinen Kindern.“ [11]

Tabelle A3.2, Seiten 960-961 - Beweismaterial ab 2,5 bis 5 Ma
Auswertung

Kategorie	Anzahl Funde	Zeitabschnitt in Millionen Jahren
Paläoliten, Herdstellen, Schlacke, angebrannte Knochen, verbr. Erde, menschl. Wirbelknochen	mehrere	3-5 Ma
Eolithen, Neolithen, Knochenwerkzeuge, gesägter Knochen	mehrere	2,5-144 Ma
Menschenskelett	1	3-4 Ma
Menschenskelett u. menschl. Teilskelette	mehrere	3-4 Ma
Menschliche Fußabdrücke	1	3,6-3,8 Ma
Menschl. Oberarmknochen	1	4-4,5 Ma
Geschnittene Muscheln, Paläoliten, eingeschn. Knochen, menschl. Zehenabdrücke	mehrere	4-7 Ma

Es folgen vor **Punkt 7.6** die **Tabellen 1 und 2,** deren Inhalt ab **Abbildung 7.2** bis **Abbildung 7.6** rot gekennzeichnet in die Geologischen Zeittafeln zeitlich passend eingefügt wurden.

10   Dave Balsinger und Charles E. Sellier jr., „Die Arche Noah“, Seiten 70-71
11   „Wir sind alle Araber!“, Wissenschaftsmagazin P.M. 02/2012, Verlagshaus Gruner + Jahr, Seite 14

Tabelle 1 (Zillmer, „Die Evolutionslüge")

Pos.	Zeitabschnitt in Mio. Jahren	Fundstätte	Kategorie	Referenz /Datum	Seite
1	Erdmittelalter (Kreide)	Kentucky (US)	Menschliche Fußabdrücke	Science Newsletter 10.12.38, S. 372	154
		Missouri (US)		Journal of Science and Arts, 1822, S. 223-231	154
		Pennsylvania (US)		Science Newsletter, 29.10.38, S. 278-279	154
2	spätes Tertiär	South Carolina (US)	Sechs Meter lange Echse	Holmes 1871, i. Academy of Naturel Science, S. 31	158
3	Perm-Karbon in 260-320 Mio. Jahre alter Karbonkohle	Morrisoville (US)	25 cm lange Goldkette (achtk., 12 gr) von alter u. wundersamer Kunstfertigkeit	Morrisonville Times, 11. Juni 1891, S. 1	151-152
4	Karbonkohle	Wilburton Oklahoma, (US)	Eine Art Messbecher aus Eisen	1912 bezeugt d. Jim Stull, Firma Municepal Electric, notariell verbürgt	152
5	Karbonkohle		Ein Fingerhut	J. Q. Adams in American Antiquarian, 1883, S. 331-332	152
6	Karbonkohle		Ein Löffel	Harry Wiant in: "Creation Research Society Quarterly", Heft Nr. 1, 13. Jahrgang, 1976	152
7	Karbonkohle		Ein eiserner Kessel und menschliche Fußabdrücke	Wilbert H. Rusch in "Creation Research Society Quarterly", 7. Jahrgang 1971	152
8	Karbonkohle		Ein Instrument aus Eisen	John Buchanan in: "Proceedings of the Society of Aniquarians of Scotland", 1. Jahrgang 1853	152
9	Unteres Devon, Sandstein mind. 387 Mio. Jahre alt.	Steinbruch in Kingoody nahe Dundee (Schottland)	Kopf eines Nagels	David Brewster, 1844, Bericht der Britischen Gesellschaft z. Förderung der Wissenschaft	152
10	Devon, in entsprechender geolog. Schicht		Metallenes Schiff oder Gefäß mit Silbereinlage	Zeitschrift „Scientific American", 5. Juni 1852, S. 298	152
11	Devon in purem Fels	Entdeckt i. der Nähe von Rutherford Mills (England)	Goldfaden	„Times" in London, 22. Juni 1844, S. 8 u. "Kelso Chronicle", 31. Mai. 1844. S. 5	152
12	Devon, in einem Quarzbrocken	Kaliformien (US)	Abgebrochener Eisennagel	London „Times", 24. Dezember 1851, S. 5	152-153
13	Devon, in einer Geode eingeschlossen	Virginia (US)	Metallschraube	Rene Noorbergen 1977	153
14	Devon, gefund. bei einer Brunnenbohrung in 100 m Tiefe	Nampa in Idaho (US) entdeckt	Kunstvoll aus Ton geformte Figur, die einen bekleideten Menschen zeigt.	Wright, 1897, S. 379-391	153
15	Fund i. Jura in kohlehaltiger Schicht, Datierung: ca.160-190 Mio. Jahre	Nevada (US) im Fischer Canyon, Pershing Country	Abdruck eines Schuhs, bei der Sohle sogar Spurenvon einer Art Zwirn zu sehen	1927	154

Tabelle 2 (Zillmer, „Die Evolutionslüge")

Pos.	Zeitabschnitt in Mio. Jahren	Fundstätte	Kategorie	Referenz /Datum	Seite
16	Unterkreide, vor 150 Mio. Jahren	West Virgina (US)	37 cm langer perfekter Fußabdruck	„American Anthropologist " (Bd. IX/1896, S. 66)	154
17	Kreidezeitlicher Dakota-Sandstein	Carrizo Valley i. Nordwest-Oklahoma (US)	Mehrere Fuß- u. Schuhabdrücke	gefunden in den 1970er Jahren	155
18	Trias, vor etwa 250 Mio. Jahren in hartem Stein	Rockcastle Country, Kentucky, auch in Jackson, Pennsylvania Missouri	mehrere menschliche Fußabdrücke	W.G. Burroughs in „The Berea Alumnus", (November 1938, S. 46f.)	155-156
19	Karbon, vor 300. Mio. Jahren	östliches Flöz Braun, 2. Sohle, Querschlag 3	Prähistorischer Fund eines versteinerten Unterschenkelknochens	1909 Überführung des >Braun< -Fundes ins preußische Staatsmuseum nach Berlin	156-157
20	Oberkreide in Phosphatgesteinen vor 80 Mio. Jahre	South Carolina (US)	Riesiges Massengrab mit Säugetieren (u.a. Mammuts, Elefanten, Schweine, Hunde, Schafe) mit Vögeln u. Meerestieren (Wale, Haie), auch Relikte von Menschen	Willis, 1881	158
21	Perm/Karbon in Kohlenflöz vor 286-320 Mio. Jahren	Landkreis Macoupin, Illionis (US)	Knochen eines Mannes von einer Kruste aus hartem, glänzendem Material überzogen	Fachzeitschrift „The Geologist"	157
22	Oberkreide vor 80 Mio. Jahren	South Carolina	Dinosaurierskelette zusammen mit wesendlich jüngeren Großsäugern u. Menschen in Massengrab	Beschrieben in Buch von F. S. Holmes „The Phosphate Rocks of South Carolina"	158-159
23	Tertiär bis 1,7 Mio. Jahren	In der Gegend von Miramar	Menschliche Relikte u. dazu passende Steinwerkzeuge	Antonio Romero, 1918	162
24	Im Tertiär, in Kiesschicht vor 9-55 Mio. Jahren	Table Mountain im kaliformischen Tuolonne Country (US)	Speerspitzen, Schöpflöffel mit Stielen u. Kieferknochen	Becker, 1881	171-172
25	Im Eozän in Goldabbauregion in Stollen vor 33-55 Mio. Jahren	Fund auf Höhenniveau mit dem Tuolonne Tafelberg	Mastodon-Zähne, Elefanten-Knochen u. Skelett eines mod. Menschen	Winslow, 1873	179
26	Präkambrium vor 600 Mio. Jahre in altem Gestein	In Guayana Südamerika)	Pollen und Sporen von Blumen und Pflanzen	"Nature", Band 210, 16.04.1966, S. 292-294	59

7.6 Zeugnisse menschlichen Lebens vom Tertiär (Miozän) bis zur Oberkreide
Abbildung 7.2 - Zeitraum von 5 Ma (5 Mill. Jahre) bis 97 Ma (97 Mill. Jahre)

Tabelle A3.2, Seiten 957-960 - weltweites Beweismaterial
Auswertung

Kategorie	Zeitabschnitt in Mill. Jahren	Abschnitt-Nummer
Neolithen	>5	5.5.11
Paläoliten, Hinweise auf Feuer, Knochen, eingeschnitten, abgeschabt, zerbrochen, angebrannt	12-25	5.1.5
Paläolithen	5-12	4,8
Menschenskelett	5-25	6.2.7
Paläolithen		4.1.1
Neolith (Kings-Stößel)	9-55	5.5.10
Steinperle		5.5.7
Neolithen		5.5.6
menschliches Schädelfragment, Neolithen		5.5.5
menschliche Kiefer, Neolithen, Paläolithen		5.5.4
Paläolithen	26-54	4.4
Menschenskelett	33-55	6.2.6.2
Neolithen		5.5.9
Neolith, eingekerbter Stein		5.5.9
Menschenskelett	38-55	6.2.7
Edolithen, Paläolithen		3.3.7
eingekerbter Stein		2.16
Edolithen, Paläolithen	50-55	3.4.1

Abschnitt-Nr. A2.6, Seiten 936-938 - Ein tertiärer Kalkball aus Laon in Frankreich
Die englische Zeitschrift The Geologist veröffentlichte im April 1862 die Übersetzung eines Berichtes von Maximilien Melleville, Vizepräsident der Societe Academique von Laon in Frankreich. Beschrieben wird ein runder Kalkball, der 75 Meter unter der Oberfläche in frühtertiären Lignitschichten bei Laon entdeckt worden war. Bei Lignit handelt es sich um eine weiche Braunkohle.
Arbeitern, die im August 1861 am äußersten Ende eines Schachtes 67,5 Meter unter der Oberfläche des Hügels gruben, fiel bei der Ausgrabung ein rundes Objekt in die Hände. Es hatte einen Durchmesser von sechs Zentimetern und wog 310 Gramm. Gemäß seiner stratigraphischen Lage konnte ihm ein Alter von 45-55 Ma (45-55 Mill. Jahren) zugeordnet werden.
Nach Melleville bestand keine Möglichkeit, dass der Kalkball eine Fälschung war. Dass das Fundstück bestimmt von einem Menschen gefertigt worden war, bestätigten umfangreiche Untersuchungen.

Abschnitt-Nr. A2.14.1, Seite 948 - Metallrohre in Kalk, Frankreich (Kreidezeitalter)
Im späten 20. Jahrhundert wurden in Kalk aus der Kreidezeit in Frankreich halb eiförmige Metallrohre im Jahr 1968 von Y. Drurt und H. Salfati entdeckt. Sie entstammen einer auf ein Alter von mindestens 65 Ma (65 Mill. Jahre) geschätzten alten Kalkschicht aus einem Steinbruch in SaintJean de Livet. Die Artefakte wurden nachweislich der Universität von Caen übergeben, die allerdings auf schriftliche Anfrage der Autoren nicht reagierte.

Ericvan, „Missing Link der Archäologie", Seiten 265-267 und Seite 257
Der Fernsehjournalist und Buchautor Erdogan Ercivan erzählt eine interessante Begebenheit. Eine Frau Emma Hahn befindet sich mit ihrer Familie im Jahr 1934 auf einer Wanderung zum Llano-Uplift-Gebirge. Sie entdeckte neben einem Wasserfall einen Stein, aus dem ein Stück Holz hervorragte. Eine Überraschung war, dass sich beim Freilegen des Holzstückes

Zeitalter	System	Serie 1 Ma = 1 Mill. Jahre	Entwicklung des Lebens von der Urzelle bis zum Menschen	Zusätzliche menschliche Lebensspuren an Fossilien und Artefakte
Erdneuzeit (Neozoikum, Erdneuzeit) oder Känozoikum (66 Ma bis heute)	Tertiär (66 bis 1,7 Ma)	Miozän (24-5 Ma)	**Erste** Elefanten, Giraffen, Antilopen, Robben, Giftschlangen	Tabelle A3.2 weltweites Beweismaterial Neolithen, >5 Ma Paläoliten, Hinweise auf Feuer, Knochen, eingeschnitten, abgeschabt, zerbrochen, angebrannt, 12-25 Ma Paläolithen, 5-12 Ma Menschenskelett, Paläolithen 5-25 Ma
		Oligozän (36-24) Eozän (55-36)	**Erste** Menschenaffen (Aegyptopithecus), Breit- u. Schmalnasenaffen, Schweine, Hirsche, Flughunde **Erste** Pferde (Eohippus oder Hyracotherium), Rüsseltiere (Moeritherium), Huftiere (Paarhufer u. Unpaarhufer), Meeressäugetiere (Wale, Seekühe), Fledermäuse, Spitzmäuse	Menschenskelett, Paläolithen 5-25 Ma Neolith (Kings-Stößel) Steinperle, Neolithen, menschl. Schädelfragmente, menschl. Kiefer, Paläolithen 9-55 Ma Paläolithen, 26-54 Ma Menschenskelett, Neolithen, eingekerbter Stein 33-55 Ma Menschenskelett, Edolithen, Paläolithen, eingekerbter Stein, 38-55 Ma Edolithen, Paläoliten, 38-55 Ma Ende Tabelle A3.2 tertiärer Kalkball, 45-55 Ma, Abschnitt A2.6 Mastodon-Zähne, Elefanten-Knochen u. Skelett e. mod. Menschen, 33-55 Ma, Tabelle 2, Pos. 25
		Paläozän (66 bis 55 Ma)	Erste Halbaffen (Tarsier), Raubtiere, Nagetiere, Blindwühler	Metallrohre, 65 Ma, Abschnitt A2.14.1 Menschl. Relikte mit passenden Steinwerkzeugen, 1,7-65 Ma, Tabelle 2, Pos.23
Mesozoikum (Erdmittelalter 250 bis 66 Ma)	Kreide (140 bis 66 Ma)	Oberkreide (97 bis 66 Ma)	**Aussterben** der Dinosaurier, Flugsaurier, Ammoniten, Belemniten, Rudisten u. Inoceramen (Meeresmuscheln) **Erste** Primaten (Plesiadapiformes: Purgatotius), Urhuftiere (Condylathra) Zahnvögel (Heperornis, Ichthyornis), u. moderne Vögel, Insektenfresser, Riesenschildkröten **Erste** Angiospermen, mit Laubblättern (Credneria)	Massengrab m. Skeletten von Dinosauriern, Großsäugern und Menschen, Oberkreide, Tabelle 2, Pos. 22 Menschl. Fußabdrücke, Kreide, Tabelle 1, Pos.1 Mehrere Fuß- u. Schuhabdrücke, Kreide, Tabelle 2, Pos. 17 Massengrab, mit Säuge- u. Meerestieren, Vögeln u. menschl. Relikten, 80 Ma, Tabelle 2, Pos. 20

dieses sich als der **Holzstiel eines Hammers** entpuppte, dessen Alter man mit 140 Millionen Jahren bezifferte. Dieser bewunderungswürdige Gegenstand **hatte sich in den Stein eingebettet zu einem Kalksteingebilde formieren können (siehe Abbildung 7.3).**

Ercivan konnte diesen >>Hammer **aus Texas**<< 2005 in Berlin als Original persönlich untersuchen. Er fand heraus, dass der Fund definitiv >>echt<< ist. Dabei bezweifelt er das Alter von 140 Millionen Jahren. Er sagt:

„Dieser Fund offenbart uns dennoch eine wertvolle Erkenntnis. Der >>Hammer aus Texas<< ist ein schönes Beispiel dafür, wie sich innerhalb von wenigen Jahrzehnten Kalksteingebilde formieren können, ohne dass dafür Jahrtausende oder Jahrmillionen vergehen müssen. "

Auch Charles Hoy Fort hat diese Tatsache im Jahre 1919 in seinem Werk „Buch der Verdammten" bestätigt. Fort berichtet über zwei Beispiele. Beim ersten handelte es sich um ein Stück Holz mit einem Nagel, der innerhalb von 12 Jahren vollkommen von Sandstein eingehüllt wurde. Im zweiten Fall geht es darum, dass Quarzkristalle in einem Bergwerk innerhalb von nur 15 Jahren die Hinterlassenschaften der Bergleute regelrecht verschluckten.

Ercivan:

„Weiß ein Geologe über derart kurzzeitige Kristall- und Gesteinsbildungen überhaupt Bescheid?" [12]

Ercivan weist an anderer Stelle seines Buches daraufhin, dass dies auch auf andere geologische Formationen zutrifft:

„Nun, ganz offensichtlich benötigt Kohle viel weniger Zeit, um sich auszubilden. Man spricht meist von Millionen von Jahren, was aber nicht stimmen kann. Geologen meinten, dass die im Kohleklumpen gefundene Goldkette **(siehe Abbildung 7.4 und Tabelle 1 von Zillmer, Pos 3)** *ein 260 Millionen Jahre altes Artefakt sein müsste - weil die Kohleschichten so alt sein sollen. Dagegen entpuppte sich* **eine alte Münze, die auch in Kohle eingebettet war (siehe Abbildung 7.4)**, *als viel jüngeren Datums. Ein Engländer fand das Artefakt im Jahre 1900. Die Münze hat (glücklicherweise) die Jahresangabe 1397 enthalten und war demzufolge ganz eindeutig nur etwas mehr als 600 Jahre alt und konnte daher nicht Millionen von Jahren in dem Kohleblock gesteckt haben. Ist der letztgenannte Fund nicht der Beweis dafür, dass wir ganz offensichtlich Fehler bei unseren geologischen Datierungen machen und Schichten, denen wir eine Millionenjahre lange Entstehungszeit zubilligen, in Wirklichkeit in viel kürzerer Zeit entstehen konnten? "* [13]

12   Erdogan Ercivan, „Missing Link der Archäologie", Seiten 265-267
13   Erdogan Ercivan, „Missing Link der Archäologie", Seite 257

7.7 Zeugnisse menschlichen Lebens von Unterkreide bis Oberperm
Abbildung 7.3 - Zeitraum von 97 Ma (144 Mill. Jahre) bis 270 Ma (270 Mill. Jahre)

Abschnitt-Nr. 6.6.3, Seiten 551-552 - menschlicher Fußabdruck neben Dinospur
Die Moskauer Nachrichten (1983, Ne. 24, Seite 10) brachten einen kurzen Bericht über den Fund eines sehr wahrscheinlich **menschlichen Fußabdruckes** in einem 150 Ma alten Felsen aus dem Jura. Interessanterweise wurde dieser **neben einem riesigen dreizehigen Fußabdruck eines Dinosauriers** gefunden. Die Entdeckung in der ehemaligen Turkmenischen Sowjetrepublik wurde keine weitere Aufmerksamkeit geschenkt, weil Professor Amanniyazov, seinerzeitiges Mitglied der Turkmenischen Akademie der Wissenschaften erklärte, es gäbe keine schlüssigen Beweise dafür, dass es ein menschlicher Fußabdruck sei, obwohl er einem menschlichen Fußabdruck ähnele. Die Autoren erklären schließlich: *„Dieser Entdeckung wurde nicht viel Aufmerksamkeit geschenkt, doch angesichts der vorherrschenden Einstellung der wissenschaftlichen Gemeinschaft ist das auch nicht zu erwarten."*

Abschnitt-Nr. A2.12, Seite 945 - versteinerte Schuhsohle, auch Tabelle 1, Pos. 15
In einer Beilage veröffentlichte die American Weekly der New York Sunday American im Oktober 1922 einen Spezialartikel mit der Überschrift: „Geheimnis der 5 Ma (5 Mill. Jahre) alten versteinerten Schuhsohle von Dr. W. H. Ballou. Gemeint ist der Teil einer Schuhsohle in Fels aus Nevada (Ballou 1922) aus dem Trias, dessen Alter man inzwischen mit 213-248 Ma (Mill. Jahre) ansetzt.
Ballou (1922, Seite 2) schrieb:
Das merkwürdige war, dass es beim näheren Hinschauen sich um eine Schuhsohle handelte, die zu Stein wurde und der vordere Teil fehlte. Von den noch zu sehenden zwei Dritteln des Umrisses verlief um diesen herum ein gut erkennbarer genähter Faden, der wie es schien, den Rahmen an der Sohle gehalten hatte.
Interessanterweise kommt Zillmer in seinem Buch auf denselben Fund zu sprechen. Er erwähnt dabei, dass der Fund sogar aus einer kohlehaltigen Schicht geborgen worden sei, deren Alter auf 160-195 Ma geschätzt worden war. Diese Datierung liegt schon sehr nahe am Trias.
In New York zeigte Reid diesen Fund mehreren Fachwissenschaftlern der Universität Columbia. Alle Herren kamen zu dem Schluss, nämlich, dass >>es die bemerkenswerteste natürliche Imitation eines künstlichen Objektes war, das sie je gesehen hatten<<.
Einigkeit bestand darüber, dass die Felsformation aus der Trias stammte, auch dass das Exemplar ursprünglich eine handgenähte Sohle gewesen sein müsse. Letztlich wurde der Fund nur als eine bemerkenswerte Laune der Natur angesehen, weil die zeitliche Datierung völlig aus dem Rahmen fällt.
Trotzdem blieb Reid hartnäckig, und setzte sich zwecks einer Analyse mit einem analytischen Chemiker vom Rockefeller-Institut in Verbindung, um dies nicht zu einer Angelegenheit des Instituts werden zu lassen. Die Aussage dazu besagt:
Die Analysen ließen jeglichen Zweifel daran schwinden, dass die Schuhsohle im Trias versteinert war. Zu diesem Ergebnis kamen auch noch zwei andere Geologen, die Reid zu Rate gezogen hatte. Das sagt nichts über ihr wirkliches Alter aus.

Tabelle 2, Pos. 16, Seite 154 - 37 Zentimeter langer perfekter Fußabdruck
„Im Fachmagazin >>American Antrophologist<< (Bd. IX/1896, S. 66) wird der Fund eines ungefähr 37 Zentimeter langen perfekten Fußabdrucks beschrieben, der vier Meilen nördlich von Parkersburg im US-Bundesstaat West Virginia entdeckt wurde. Nach moderner geologischer Datierung müsste hier vor 150 Millionen Jahren zu Lebzeiten der Dinosaurier ein Mensch im Osten der USA umhergelaufen sein.

Zeitalter	System	Serie 1 Ma = 1 Mill. Jahre	Entwicklung des Lebens von der Urzelle bis zum Menschen	Zusätzliche menschliche Lebensspuren an Fossilien und Artefakte
Mesozoikum (Erdmittelalter, 250 bis 66 M)	Kreide (140 bis 66 Ma)	Unterkreide (140 bis 97 Ma)	Unterkreide (140 bis 66 Ma) Beginn d. Känophyikums: erste Angiospermen (Bedecktsamer, höhere Blütenpflanzen, Pflanzentiere, Schlangen, Beuteltiere)	Holzstiel eines Hammers aus Texas 140 Ma alt (Ericvan, „Missing Link der Archäologie", Seite 266)
	Jura (210 bis 140 Ma)	Oberjura (Malm, Weißer Jura, 160 bis 140 Ma)	Urvogel (Archaeopteryx), erste moderne Haie, echte Meerkrokodile (Geosaurus), Eidechsen, Salamander, Molche, Lungenschnecken	menschlicher Fußabdruck, neben riesigem dreizehigen Fußabdruck eines Dinosauriers, **Abschnitt-Nr. 6.6.3, 150 Ma** 37 Zentimeter langer perfekter Fußabdruck, **Tabelle 2, Pos. 16, 150 Ma.**
		Mitteljura (Dogger, Brauner Jura, 184-160 Ma)	**Erste** Theria (lebendgebärende Säugetiere, Amphiterum)	
		Unterjura (Schwarzer Jura, 210 bis 184 Ma)	**Erste** echte Knochenfische (Leptolepis), Krabben, irreguläre Seeigel, Zweiflügler (Dipteren), Geradflügler	
Mesozoikum (Erdmittelalter, (250 bis 66 Ma)	Trias (250 bis 210 Ma)	Obertrias (Keuper, 230 bis 210 Ma)	**Erste** Säugetiere, Dinosaurier, Flugsaurier, Krokodile, Schildkröten, Schmetterlinge, Hautflügler **Aussterben** der Ceratites Conodonten, Thecodoniter	versteinerte Schuhsohle, **Abschnitt-Nr. A2.12, 213-248 Ma,** siehe auch Zillmer **Tabelle1, Pos. 15, 160-190 Ma** aus Steinkohle geborgen (genauer ist der obere Wert aus der Trias)
		Mitteltrias (Muschelkalk, 243 bis 230 Ma)	**Erste** Ichthyosaurier (Fischechsen) Placodontier (Plattenzähner), Cyclocorallia (Steinkorallen), Plesiosaurier (Schlangenhalssaurier)	
		Untertrias (Bundsandstein 250-243 Ma)	**Erste** Rhynchocephalia (Schnabelechsen), Frösche, Kröten (Triadobatachus)	**Mehrere** menschliche Fußababdrücke in hartem Stein, **Tabelle 2, Pos. 18, 250 Ma**
Paläozoikum (Erdaltertum, 590 bis 250 Ma)	Perm (290 bis 250 Ma)	Oberperm (Zechstein von 270 bis 250 Ma)	**Erste** Therapsida (säugetierähnlich. Reptil), Nothosaurier (Flossenechsen), Thecodontier (Gruben- oder Bedecktzähner), Urzweiflügler **Aussterben** d. Trilobiten, Rugosa, Bödenkorallen, Goniatiten, Bactrites, Fusulinen, Stachelhäuter u. Moostierchen, Armfüßler. Die Vorherrschaft der Nacktsamer ersetzt Nadelhölzer	

Tabelle 2, Pos. 18, Seite 155 - 156 - mehrere menschliche Fußabdrücke
In weiteren US-Bundesstaaten fand man menschliche Fußabdrücke aus der Zeit vor den Dinosauriern:

„Der Leiter der geologischen Abteilung am Berea College in Berea (Kentucky), Professor W. G. Burroughs (1938), schrieb in >>The Berea Alumus<< (November 1938, S. 46f.) von >>Geschöpfen, die zu Beginn des oberen Kohlezeitalters auf ihren zwei Hinterbeinen gingen und auf einem Sandstrand im Rockcastle Country, Kentucky, Spuren hinterlassen haben. Es war die Zeit der Amphibien, in der die Tiere sich auf vier Beinen vorwärtsbewegten und Füße hatten, die keineswegs an menschliche erinnerten; aber in Rockcastle, Jackson und an mehreren Stellen zwischen Pennsylvania und Missouri existierten Geschöpfe mit Füßen, deren Erscheinungsbild auf seltsame Weise an Füße von Menschen gemahnt und die auf zwei Hinterbeinen gingen.

Zillmer hat, als der Verfasser dieser Zeilen, die Existenz dieser Geschöpfe in Kentucky nachgewiesen. Durch die Mitarbeit von Dr. Charles W. Gilmore, dem Kustos der Abteilung für Paläontologie der Wirbeltiere an der Smithsonian Institution, konnte gezeigt werden, dass ähnliche Wesen in Pennsylvania und Missouri lebten.

Weiter wurde von den Wissenschaftlern festgestellt, dass die Sandkörner innerhalb der Abdrücke enger aneinander liegen als außerhalb, was auf den Druck zurückzuführen ist, der durch das Körpergewicht über die Füße auf den Untergrund übertragen wird. Am dichtesten liegen die Körner an der Ferse, da hier auch der Druck größer ist als auf dem Vorderfuß.

Den Einwand, Indianer könnten die Eindrücke aus dem Stein gemeißelt haben (>>Science News Letter<<, 1938, s. 372), wies der Bildhauer Kent Previette (1953) zurück: >>Weder auf vergrößerten mikroskopischen Fotos noch auf vergrößerten Infrarotfotos waren Hinweise auf Meißel- und Schneidarbeiten irgendwelcher Art zu entdecken.<<

Demzufolge hätten menschliche Wesen vor Beginn der Dinosaurier-Ära im Erdaltertum gelebt.“

7.8 Zeugnisse menschlichen Lebens vom Unterperm bis Unterdevon
Abbildung 7.4 - Zeitraum von 270 Ma (270 Mill. Jahre) bis 410 Ma (410 Mill. Jahre)

Abschnitt-Nr. A2.4, Seite 934 - in Stein eingebetteter Goldfaden, auch Tabelle 1, Pos. 11
In England erschien am 22. Juni 1844 ein seltsamer Bericht in der Zeitung London Times
(Seite 8) mit den Worten:
>>*Vor einigen Tagen, als einige Arbeiter in einem Steinbruch nahe dem (Fluss) Tweed etwa
eine halbe Meile (800 Meter) unterhalb der Rutherford-Mühle beschäftigt waren, wurde in
einer Tiefe von acht Fuß (2,4 Meter) ein in Stein eingebetteter Goldfaden entdeckt*<<.
Auf eine Anfrage der Autoren an Dr. A. W. Medd vom britischen Geologischen Dienst
schrieb dieser ihnen, dass dieser Stein aus dem frühen Karbon (vor etwa 320 bis 360 Ma)
stamme. Auch in **Tabelle 1** bei Zillmer und bei Ericvan erwähnt. Letzterer sagt in seinem
Bericht:
„Das Verwirrende dabei war, dass es sich bei dem den Golddraht (oben als Goldfaden
bezeichnet) *umschließenden Gestein um Granit handelt. Doch Granite entstehen erst durch
die Erstarrung von Gesteinsschmelzen (Magma) innerhalb der Erdkruste, meist in einer Tiefe
von mehr als zwei Kilometern."*
Ericvan kommt zeitlich zu einer anderen Einschätzung, das wieder die Relativität der
Zeiteinschätzung offenbart, wenn er dazu sagt:
*„Für die Entstehung von Magmakammern muss man mit Zeiträumen von 10-15 Millionen
Jahren rechnen. Wie und wann kam der Golddraht in den Granit?"* [14]

Abschnitt-Nr. A2.10, Seiten 943-944 - gemeißelter Stein bzw. Steinplatte

Die Daily News von Omaha, Nebraska, veröffentlichten am 2. April 1897 einen Artikel mit
der Überschrift: „Gemeißelter Stein in Bergwerk vergraben". Der Gegenstand wurde in einem
Bergwerk bei Webster City in Iowa gefunden. In dem Artikel stand darüber:>>*Beim Abbau
von Kohle in dem Kohlebergwerk Lehigh am heutigen Tage entdeckte einer der Bergleute in
einer Tiefe von 130 Fuß (39 Meter) ein Stück Fels, das ihn verblüffte, und er konnte sich ein
Vorhandensein am Sockel eines Kohlebergwerks nicht erklären. Der Stein ist von
dunkelgrauer Farbe und etwa zwei Fuß (0,6 Meter) lang, einen Fuß (0,3 Meter) breit und vier
Zoll (zehn Zentimeter) dick. Auf der Oberfläche des Steins, der sehr hart ist, sind Linien in
Winkeln gezogen, die perfekte Diamantenform aufweisen. In der Mitte von jedem Diamanten
sieht man das recht gut dargestellte Gesicht eines alten Mannes, der eine eigenartige
Vertiefung in der Stirn hat, die in jeder der Abbildungen erscheint, die alle bemerkenswert
einander ähnlich sind. Bis auf zwei sehen alle Gesichter nach rechts. Wie der Stein in dieser
Lage unter den Strata von Sandstein in einer Tiefe von 130 Fuß gelangen konnte, ist eine
Frage, die die Bergleute nicht beantworten können. Die Bergleute sind sich sicher, dass die
Erde dort, wo der Stein gefunden wurde, nie zuvor berührt worden war*<<.
Die Kohle dürfte aus dem Karbon stammen und dann ca. 300 Ma (300 Mill. Jahre) alt sein.
Ericvan erwähnt diesen Fund ebenfalls. Er schrieb noch diesen interessanten Satz:
„In den Schichten wurden auch noch andere Einlagerungen gefunden." [15]

**Abschnitt-Nr. 6.3.1, Seite 547 - Knochen eines Menschen auf einer Kohleschicht, auch
Tabelle 2, Pos. 21**
In der amerikanischen Zeitschrift „The Geologist" erschien 1862 ein Bericht mit folgendem
Inhalt:
>>*Im Bezirk Macoupin, Illinois, wurden 27 Meter unter der Erdoberfläche die Knochen eines
Menschen auf einer Kohleschicht gefunden, die von 60 Zentimeter Schiefer überdeckt war.*

14   Erdogan Ercivan, „Missing Link der Archäologie", Seite 254
15   Erdogan Ercivan, „Missing Link der Archäologie", Seite 253

Erdgeschichte

Zeitalter	System	Serie 1 Ma = 1 Mill. Jahre	Entwicklung des Lebens von der Urzelle bis zum Menschen	Zusätzliche menschliche Lebensspuren an Fossilien und Artefakte
Paläozoikum (Erdaltertum, 590 bis 250 Ma)	Perm (290 bis 250 Ma)	Unterperm (Rotliegendes, 290 bis 270 Ma)	**Erste** Ceratites (Mesammoniten), Zehnfußkrebse (Dekapod), Käfer, Wanzen Aussterben der Acanthodii Erste Ginkgogewächse	25 Zentimeter lange Goldkette, fest in Kohle eingebettet, **260 bis 320, Tabelle 1, Pos 3** **Münze in Kohle mit Jahreszahl 1397 (Prägung) (Ericvan, „Missing Link der Archäologie", Seite 257)** Blockwand aus Steinblöcken in Kohle **Abschnitt A2.13, 286 Ma**
	Karbon (360-290 Ma)	Mittel-/Oberkarbon (Pennsylvanian, 325-290 Ma)	**Erste** Reptilien (Pelycosaurier und Eosuchia), Rundmäuler (Mayomyzon), Süßwasserschnecken und -muscheln, Libellen **Aussterben** der Panzerfische Höhepunkt der niederen Gefäßpflanzen: baumförmige Bärlapp-, Schachtelhalm- und Farngewächse **(Kohlebildung)** Erste Samenflanzen	Knochen eines Mannes auf einer Kohleschicht, **Tabelle 2, Pos. 21, 286-320 Ma, siehe auch Abschnitt 6.3.1** Gemeißelter Stein, **A2.10, ca. 300 Ma** versteinerter menschl. Unterschenkelknochen, **Tabelle 2, Pos. 19, 300 Ma** Messbecher aus Eisen, **Tabelle 1, Pos. 4, Karbonkohle** Fingerhut **Tabelle 1, Pos. 5, Karbonkohle** Löffel **Tabelle 1, Pos. 6, Karbonkohle** Eiserner Kessel und menschliche Fußabdrücke **Tabelle 1, Pos. 7, Karbonkohle** Instrument aus Eisen **Tabelle 1, Pos. 8, Karbonkohle**
		Unterkarbon (Mississippian, 360 bis 325 Ma)	**Erste** Belemniten Aussterben der Graptoliten	menschl. Skelette u. Eisenschraube im **Karbon** (Ericvan, „Missing Link der Archäologie", Seite 255) Goldfaden in Stein **Abschnitt A2.4, 320-360 Ma, auch in Tabelle 1, Pos. 11**
	Devon (410 bis 360 Ma)	Oberdevon (375-360 Ma)	**Erste** Amphibien (Labyrinthodontier), Chimeren (Seedrachen, Holocsphali), Clymenien, geflügelte Insekten **Aussterben** der Tentaculiten **Älteste Kohlenflöze**	Metallenes Schiff/Gefäß m. Silbereinlage **Tabelle 1, Pos. 10, Devon** Kopf e. Nagels in Sandstein **Tabelle 1, Pos. 9, Devon, 367 Ma** Kunstvoll aus Ton geformte Figur eines bekleideten Menschen, **Tabelle 1, Pos. 14, Devon** Metallschraube, in einer Geode **Tabelle 1, Pos. 13, Devon** Abgebrochener Eisennagel in einem Quarzbrocken, **Tabelle 1, Pos. 12, Devon** Nagel fest im Stein, **Abschnitt A2.3, 360 bis 408 Ma, siehe auch Tabelle 1, Pos. 9**
		Mitteldevon (390 bis 375 Ma)	**Erste** Goniatiten, flügellose Insekten (Apterygota, Rhyniella), Besiedlung des Landes durch Tiere **Erste** Bärlapp- u. Schachtelhalmgewächse, Farne	
		Unterdevon (410 bis 390 Ma)	**Erste** Lungenfische, Quastenflosser, Ammoniten (Paläoammoniten, Anarcestida)	

Die Knochen waren zum Fundzeitpunkt mit einer Kruste oder Schicht hartem glänzenden Materials überzogen, so schwarz wie die Kohle selbst; doch als sie abgekratzt wurden, zeigten sich weiße natürliche Knochen.<<

Nach einer Rückfrage der Autoren schrieb C. Brian Trask vom Amt für Energie und Bodenschätze des Staates Illinois, Abteilung Geologischer Dienst im Juli 1885.

Danach berechtigt diese Mitteilung zu der Annahme, dass das Skelett aus dem Bezirk Macoupin aus der zweiten Hälfte des Karbons stammt und mindestens 286 bis 320 Ma alt ist.

Abschnitt-Nr. A2.13, Seite 946 - Blockwand aus Steinblöcken in Kohle

Tief in einem Kohlebergwerk wurde eine merkwürdige Blockwand aus Steinblöcken in Kohle gefunden. W. W. McCornick aus Abilene, Texas erzählte von einem Bericht, den sein Großvater einmal abgab:

>>*Im Jahr 1928 arbeitete ich, Atlas Almon Mathis im Kohlebergwerk Nr. 5 zwei Meilen (3,2 Kilometer) nördlich von Heavener in Oklahoma. Dies war ein Schachtbergwerk, und man sagte uns, es sei zwei Meilen tief. Das Bergwerk war so tief, dass man uns mit dem Fahrstuhl herunterließ. Es war so tief, dass man Luft zu uns herunterpumpte*<< (Steiger 1770, Seite 27). *Eines Abends sprengte Mathis Kohle durch Sprengkörper in Raum 24 dieses Bergwerks los.* >>*Am nächsten Morgen*<< *so Mathis,* >>**lagen mehrere Betonblöcke im Raum.** *Diese Blöcke waren Zwölf-Zoll-Würfel (30,5 Zentimeter), und sie waren außen so glatt und poliert, dass alle sechs Seiten als Spiegel benutzt werden konnten. Und doch waren sie voller Kies, denn ich schlug einen von ihnen mit der Pike auf, und es war reiner Beton innen*<<. *Mathis fügte hinzu:* >>*Als ich begann den Raum abzustützen, stürzte er ein, und ich kam gerade so davon. Als ich nach dem Einsturz zurückkam, war eine feste Wand aus diesen Blöcken freigelegt worden. Etwa 100 bis 150 Yard (90 bis 140 Meter) tiefer in unserem Luftkern stieß ein anderer Arbeiter in dieser Grube auf genau diese Wand oder auf eine ähnliche*<<.

Da die Kohle im Bergwerk möglicherweise wie üblich aus dem Karbon stammte, mussten auch die Wände mindestens **286 Ma alt** gewesen sein. **Die Direktoren** der Bergbaugesellschaft **hätten**, wie Mathis erzählte, die Männer sofort aus dem Bergwerk geholt und **verboten über das Geschehene zu sprechen.**

Abschnitt-Nr. A2.3, Seite 934 - Nagel fest in Stein, auch Tabelle 1, Pos. 9

„*Im Jahr 1844 fand man einen Nagel fest in Stein (in einem Sandsteinblock) eingebettet. Die Fundstelle war im Steinbruch Kingoodie (Mylnfield) im nördlichen England. Dies meldete Sir David Brewster, ein berühmter schottischer Physiker. Die Autoren erhielten auf Anfrage eine Antwort von Dr. A. W. Medd vom britischen Geologischen Dienst, der ihnen im Jahr 1985 zu dem Fund schrieb:* "

Dieser Sandstein stamme aus dem >>*unteren Alten Roten Sandsteinalter*<< (Devon, vor etwa 360 bis 408 Ma).

Medd verwies auf Brewster, der zur Sache einen Bericht anfertigte, den er an die British Association Advancement of Science 1944 geschrieben hatte, worin stand:

>>*Der Stein im Steinbruch von Kingoodie besteht aus sich abwechselnden Lagen von hartem Stein und einer weichen tonartigen Substanz, genannt >Till<; der Verlauf des Steins schwankt in der Dicke von sechs Zoll bis zu sechs Fuß (15 Zentimeter bis 1,8 Meter). Dieser spezielle Block, in dem der Nagel gefunden wurde, war neun Zoll dick (23 Zentimeter), und während der Reinigung des Blocks zur Aufbereitung stellte man fest, dass die Spitze des Nagels (die schon stark von Rost zersetzt war) etwa einen halben Zoll (1,27 Zentimeter) in den >Till< hineinstach; der Rest des Nagels lag bis zu etwa einem Zoll (2,54 Zentimeter) des Kopfes, der direkt in den Steinblock hineinragte, entlang der Oberfläche des Steins.*<<

Nach der Lage des Nagels im Stein scheint es nicht möglich, dass der Nagel nach dem Bruch in den Stein getrieben wurde. In **Tabelle 1, Pos. 9, Seite 152** erwähnt auch Zillmer diesen Nagelkopf.

Tabelle 2, Pos. 19, Seiten 156-157 - versteinerter menschl. Unterschenkelknochen
Es gibt menschliche Knochenfunde in viel zu alten geologischen Schichten. Dem Autor Zillmer wurde in diesem Zusammenhang ein Artikel zugesandt, der in >>heimatliche Plaudereien aus Neukirchen<< im Saarland gedruckt wurde. Der Absender war Manfred E. Hornig. In der Zeitschrift wird im Jahr 1975 (Seite 40) berichtet:
>>*1908 Besuch der internationalen Studienkommission zur Untersuchung des prähistorischen Fundes eines versteinerten menschlichen Unterschenkelknochens im östlichen Flöz Braun, 2 Sohle, Querschlag 3. 1909 Überführung des Braun - Fundes nach dem preußischen Staatsmuseum in Berlin (geheim).*<<
Weiter schreibt der Verfasser:
„*Geheim muss diese Angelegenheit schon behandelt werden, denn Menschen können nicht im Karbon-Zeitalter vor vielleicht 300 Ma (300 Mill. Jahren) gelebt haben.*"

Tabelle 1, Pos. 3, Seiten 150-151 - 25 Zentimeter lange Goldkette, aus dem Perm/Karbon
Die Herausgeberin der Lokalzeitung in Morrisonville im US-Bundesstaat Illinois, S. W. Culp, füllte ihren Kohlenkasten am 9. Juni 1891. Weil einer der Kohlebrocken zu groß war, zerkleinerte sie ihn. Bei diesem Vorgang zerbrach er in zwei nahezu gleich große Teile.
Zillmer:
„*Zum Vorschein kam eine zarte, ungefähr 25 Zentimeter lange Goldkette >>von alter und wundersamer Kunstfertigkeit <<(Morrisonville Times, 11. Juni 1891, S. 1).*"
Die eng aneinander liegenden Enden der Kette waren noch immer **fest in Kohle eingebettet**. Dort, wo der jetzt gelöste Teil der Kette gelegen hatte, war ein kreisförmiger Abdruck in der Kohle sichtbar. Das Schmuckstück war offenbar so alt, wie die Kohle selbst. Eine Analyse ergab, dass die Kette aus achtkarätigem Gold gefertigt wurde und zwölf Gramm wog. Die Kohle, in der die Kette eingebettet war, ist angeblich 260-320 Ma alt.

Tabelle 1, Pos. 4, Seite 152 - Messbecher aus Eisen - aus Karbonkohle geborgen
Dieses Fundstück wurde im Jahre 1912 in Wilburton (Oklahoma) entdeckt.
„*Bei der Verarbeitung von Kohle stemmte Frank J. Kenard ein großes Stück auseinander, und heraus fiel eine Art Topf oder Messbecher aus Eisen. Dieser Fund wurde bezeugt durch Jim Stull, einem Angestellten der Municipal Electric, notariell niedergelegt vor Julia L. Eldred.*"

Tabelle 1, Pos. 14, Seite 152 - Kunstvoll aus Ton geformte Figur-aus dem Devon (ca. 300-400 Ma)
Diese Figur kam in Nampa im Bundesstaat Idaho zum Vorschein. Sie stellt einen bekleideten Menschen dar.
„*Dieses Artefakt wurde in 100 Meter Tiefe beim Bohren eines Brunnens entdeckt. Professor F. W. Putnam wies darauf hin, dass sich auf der Oberfläche der Figur eine eisenhaltige Verkrustung bildete und teilweise eine rote Beschichtung aus Eisenoxid erhalten ist (Wright, G. F. 1887, S. 379-391).*"

Tabelle 1, Pos. 13, Seite 153 – Metallschraube im Devon
„*Rene Noorbergen (1977) berichtet über den Fund einer Metallschraube in US -Bundesstaat Virginia. Diese war in einen kugeligen mineralischen Hohlkörper (einer Geode) eingeschlossen.*"

Erdogan Ercivan, mehrere menschlichen Skelette und Eisenschraube im Karbon
In seinem Buch „Missing Link der Archäologie" werden zwei weitere Beispiele für Funde,
die der Karbonzeit zugeordnet werden, vorgestellt.

Fund mehrerer menschlicher Skelette in 300 Millionen Jahre alten Schieferschichten
*„The Geologist berichtete im selben Jahr (1861) auch noch darüber, dass in einem
Kohlebergwerk in Illionis, Chicago, mehrere menschliche Skelette gefunden wurden, die von
einer 60 Zentimeter dicken Schieferschicht bedeckt waren und sich 28 Meter unter der
Erdoberfläche befanden. Leider lässt sich der Fund heute nicht mehr überprüfen. Aus Sicht
der damaligen amerikanischen Geologen mussten diese Skelette vor unglaublichen 300
Millionen Jahren bestattet worden sein, was nach unserer heutigen naturwissenschaftlichen
Erkenntnis allerdings auf gar keinen Fall der Realität entsprechen kann. Melleville und seine
amerikanischen Kollegen versicherten, dass es sich bei den Funden um keine Fälschungen
handelte.* " [16]

Zillmer und Ercivan erwähnen in ihren Büchern Metallschrauben als uralte Funde. Zillmer
betont, dass der zumindest von ihm erwähnte Fund sogar aus noch älteren geologischen
Schichten als denen des Karbonzeitalters, das für Kohle steht, stammt.

Eisenschraube fünf Zentimeter groß
In einem Bergwerk in der Abbey Mine von Treasure City (Nevada) wurde im Dezember 1869
von Arbeitern eine etwa fünf Zentimeter große Eisenschraube, die in einen gespaltenen
Granitblock eingebettet war und ein Gewinde enthielt sowie über einen Sechskantkopf
verfügte, gefunden. Eine Schraube dieser Form wurde erst 1888 erfunden. Ercivan fragt:
*„Wie ist es möglich, dass Gegenstände gefunden werden konnten, die zum Zeitpunkt ihrer
Entstehung noch gar nicht erfunden worden waren? Weshalb lagen diese Funde in Millionen
Jahre alten Schichten?* " [17]
Fragen, die sich bei allen in **Kapitel 7** aufgeführten Artefakte stellen.

16   Erdogan Ercivan, „Missing link der Archäologie", Seite 255
17   Erdogan Ercivan, „Missing link der Archäologie", Seite 255

7.9 Zeugnisse menschlichen Lebens vom Obersilur bis Unterordovizium
Abbildung 7.5 - Zeitraum von 410 Ma (410 Mill. Jahre) bis 500 Ma (500 Mill. Jahre)

Der **Abbildung 7.5** konnte bislang kein neues Fundmaterial zugeordnet werden.

Geologische Zeitskala (Fortsetzung)　　　　　　　　　　　　**Abbildung 7.5**

Erdgeschichte

Zeitalter	System	Serie 1 Ma = 1 Mill. Jahre	Entwicklung des Lebens von der Urzelle bis zum Menschen	Zusätzliche menschliche Lebensspuren an Fossilien und Artefakte
Paläozoikum (Erdaltertum, 590 bis 250 Ma	Silur 440 bis 410 Ma)	Obersilur (420 bis 410 Ma)	**Erste** Knorpelfische, Knochenfische (Teleostomi), Panzerfische, (Placodermi); Acanthodii (Stachel- oder Dornhaie) Neben marinen Kalkalgen **erste** sichere Landpflanzen (Nacktfarne), Cooksonia	
		Mittelsilur (430 bis 420 Ma)	**Erste** Tausendfüßler Spinnentiere (Skorpione)	
		Untersilur (440 bis 430 Ma)	**Erste** Knospenstrahler	
	Ordovizium (500 bis 440 Ma)	Oberordovizium (460 Ma)	**Erste** Seewalzen	
		Mittelordovizium (480 bis 460 Ma)	**Erste** Rugosa (Pterocorallia), Bödenkorallen (Tabulata) Älteste Landpflanzensporen (Amibitisprites)	
		Unterordovizium (500 bis 480 Ma)	**Erste** Seelilien und Haarsterne, Seesterne, Schlangensterne, Moostierflechten (Bryozoen), Tentuculiten, Seeigel, Grabfüßer (Scaphopoda), Beactrites (Kopffüßer) Thallophyten (Lagerpflanzen, vor allem Algen)	

7.10 Zeugnisse menschlichen Lebens vom Oberkambrium bis Archäikum
Abbildung 7.6 - Zeitraum von 500 Ma (500 Mill. Jahre) bis 4000 Ma (4 Milliarden Jahre)

Abschnitt-Nr. A2.14.2, Seiten 948-951 - Schuhabdruck
Im kambrischen Schiefer bei Antilope Spring in Utah, USA ist ein Schuhabdruck entdeckt worden, der sich nicht von dem eines modernen Schuhs unterscheidet. Bei Echtheit desselben wäre er sensationelle 505 Ma alt.
William Meister, ein Konstruktionszeichner und Amateursammler von Trilobiten, machte den Fund im Wheeler-Schiefer bei Antilope, den er 1968 meldete. Der Abdruck wurde freigelegt, als Meister einen Schieferblock aufschlug. Besonders interessant ist, dass in dem Eindruck deutlich die Überreste von Trilobiten, ausgestorbenen Krebstieren, erkennbar waren. Der Abdruck im Schiefer, in dem sich die Trilobitenfossilien befanden, **stammt aus dem Kambrium. Das Alter wäre dann 505 bis 590 Ma.** Die Autoren Cremo und Thompson fotografierten den Abdruck im Schiefer zusammen mit dem Abdruck eines modernen Schuhs direkt daneben.
Meister veröffentlichte (1968, Seite 98) über den gefundenen Schuhabdruck einen Artikel in der Zeitschrift Creation Research Society Quarterly und schrieb:
>>*Der Fersenabdruck war in den Fels um etwa ein Achtel Zoll (0,3 Zentimeter) tiefer als die Sohle eingedrückt. Der Fußabdruck stammte eindeutig vom rechten Fuß, denn die Sandale war an der rechten Seite der Ferse auf charakteristische Art und Weise verschlissen*<<.
Dazu verfasste Meister (1968, Seite 99) eine weitere wichtige Information:
>>*Am 4. Juli begleitete ich Dr. Clarence Coombs vom Columbia Union College in Tacoma, Maryland, und Maurice Carlisle, graduierter Geologe von der Universität Colorado in Boulder, an die Fundstätte. Nach einigen Stunden Ausgrabungen fand Mr. Carlisle eine Lehmplatte, die ihn nach eigenen Angaben davon überzeugte, dass die Entdeckung fossiler Spuren an dieser Stelle eindeutig möglich war, da diese Entdeckung zeigte, dass die Formation früher einmal an der Oberfläche gelegen hatte.*<<
Die Reaktion der etablierten Wissenschaftler auf diese Funde war die zu erwartende. Die Finder werden mit Verächtlichkeit belegt. Ein Geologe schrieb 1981, dass die Spur eine >> *Eigenartigkeit der Auswitterung (darstelle), die nichtkundige Menschen fälschlicherweise als fossile Formen deuten*<<.
Ein Professor für evolutionäre Biologie, der auf den entdeckten Abdruck angesprochen wurde, erklärte:
>> *Ich bin mit dem Trilobitenfall nicht vertraut, doch ich wäre sehr überrascht, wenn dies nicht ein weiterer Fall einer Fälschung oder absichtlicher Fehldeutung wäre*<<.
Obwohl mit den Fakten nicht vertraut kommt der Professor zu einer Aussage, die ganz offensichtlich seiner ideologischen Einstellung entspricht.

William Lee Stokes, ein Biologe und Geologe an der Unversität Utah untersuchte den von Meister entdeckten Abdruck. Er schrieb, dass er das Exemplar gesehen, aber nicht als Fußabdruck akzeptieren könne. Um als echt anerkannt zu werden müssten echte Fußabdrücke in einer Abfolge von mehren Schritten mit rechten und linken Abdrücken in gleichem Abstand voneinander und in gleicher Größe aufgetreten sein. Es sei deshalb äußerst seltsam, dass keine weiteren, entsprechenden Abdrücke zu finden waren. Er kenne keinen Fall, in dem in einem Bericht in einer wissenschaftlichen Fachzeitschrift ein einzelner Fußabdruck als echter anerkannt erwähnt wurde.
Im Gegenteil zu dieser Beurteilung erwähnen die Autoren einen Artikel, der im Scientific American erschien, wo ein französischer Wissenschaftler (de Lumley 1969) von einem einzelnen, menschenähnlichen Fußabdruck aus der mittelpleistzänen Lagerstätte von Terra Amata in Südfrankreich berichtete. Sie sagen abschließend, dass einer von ihnen (Thompson) den Fußabdruck genau untersucht hätte. Die Untersuchung des Abdrucks „*ließ auf keine*

Geologische Zeitskala (Fortsetzung)   **Abbildung 7.6**

Erdgeschichte

Zeitalter	System	Serie 1 Ma = 1 Mill. Jahre	Entwicklung des Lebens von der Urzelle bis zum Menschen	Zusätzliche menschliche Lebensspuren an Fossilien und Artefakte
Paläozoikum (Erdaltertum, 590 bis 250 Ma)	Kambrium (590 bis 500 Ma)	Oberkambrium (520 bis 500 Ma)	**Erste** Wirbeltiere (Agnathen oder Kieferlose), Kopffüßler (Nautiloideen)	Fund eines Schuhabdrucks (vom rechten Fuß) in altem Schiefer. Deutlich sichtbar in dem Eindruck waren die Überreste von Trilobiten, ausgestorbenen Krebstieren, zu erkennen, **Abschnitt A2.14,2, 505-590 Ma**
		Mittelkabrium (545 bis 520 Ma)	**Erste** Graptoliten (Kragentiere)	
		Unterkambrium (590 bis 545 Ma)	**Erste** Armfüßler (Brachiopoden), Muscheln, Schwämme (Archäocyatha), Trilobiten, Pfeilschwanzkrebse (Xyphosura), Krebse, Stachelhäuter (Edrioasteroidea), Weichtiere (Schnecken), Conodonten, Foraminiferen, Radiolarien Relativ arme Algenflora	
Präkambrium (Erdfrühzeit, ca. 4000 bis 590 Ma)	Proterozoikum (ca. 2500 bis 900 Ma)	Oberproterozoikum (Jungpräkambrium, 900 bis 590 Ma)	**Erste** , rein weichkörnige Vielzeller (Ediacara Fauna): Medusen und korallenartige Hohltiere, Ringelwürmer, Gliederfüßler **Älteste** Pflanzen, die wenigstens zeitweise aus dem Wasser auftauchten, Pflanzen mit Zellkern (eukaryontisch), vor allem Algen (Grünalgen; etwa 1300 Mio. Jahre alt)	Metallvase, ähnelt in der Farbe Zink, an der Seite sechs Zeichnungen oder eine Blume, vielleicht ein Bouquet, wundervoll mit Silber eingelegt. Das Gefäß wurde aus festem Steinkonglomerat gesprengt, **Abschnitt A2.5, 600 Ma** Pollen und Sporen von Blumen und Pflanzen, **Tabelle 2, Pos. 26** Ericvan: Zickzackspuren von Würmen in altem rötlichem Gestein **ca. 1,6 Ma**
		Mittel - präkambrium (Mittelproterozoikum, 1700 bis 900 Ma)		
		Unterproterozoikum (Unterpräkambrium 2500 bis 1700 Ma)		
	Archäikum (ca. 4000 Ma)		**Älteste** Spuren des Lebens (kugelf. u. fadenf. Organismen: prokariontische, d.h. zellkernlose Blaualgen u. Bakterien), älteste Stromatolithen (aus Blaualgen entstandene Kalkablagerungen, etwa 3500 Mio. Jahre alt), Chemofossilien	Fund von Hunderten eingekerbten Metallkugeln in Pyrophylit, **Abschnitt A2.14.3, geschätzt auf 2800 Ma**

Äußere Einwirkungen auf den Abdruck können somit als Ursache ausgeschlossen werden, weil sich dieser im Inneren eines Schieferblocks befand, der erst von Meister zerbrochen worden war. Ihn deshalb als eine *„Eigenartigkeit der Auswitterung"* zu bezeichnen, wäre nach der Meinung der beiden Autoren *„eine durchaus bemerkenswerte Laune der Natur,* ***denn der Abdruck weicht nicht einmal in Kleinigkeiten von der Form eines echten Schuhs ab. "***

Abschnitt-Nr. A2.5, Seiten 934-935 - Metallvase

In diesem Abschnitt geht es um eine Metallvase aus dem präkambrischen Fels in Dorchester, Massachusetts, USA. Dieser weitere Fund aus der Urzeit ist einfach umwerfend.

Am 5. Juni 1852 war in der Zeitschrift Scientific American in einem Bericht zu lesen:

>>Vor einigen Tagen erfolgte eine mächtige Sprengung im Fels von Meeting House Hill in Dorchester, einige Ruten südlich von Rev. Mr. Halls Versammlungshaus. Die Sprengung schleuderte eine große Masse Fels heraus; einige Stücke wiegen mehrere Tonnen, und Bruchstücke wurden in alle Richtungen geschleudert. Darunter befand sich ein metallenes Gefäß, dass durch die Explosion in zwei Teile zerbrochen war. Nachdem die Teile zusammengefügt wurden, bildeten sie ein glockenförmiges Gefäß, 4,5 Zoll hoch, 6,5 Zoll am Boden, 2,5 Zoll am oberen Rand etwa ein Achtel Zoll dick (11,4x16, 5x6,4 Zentimeter, Dicke 0,3 Zentimeter). Der Körper dieses Gefäßes ähnelt in der Farbe Zink oder einem Kompositionsmetall, in dem sich ein beträchtlicher Anteil Silber befindet. An der Seite sind sechs Zeichnungen oder eine Blume, vielleicht ein Bouqet, wundervoll mit reinem Silber eingelegt, und um den unteren Teil des Gefäßes herum sieht man eine Ranke oder einen Kranz, ebenfalls mit Silber eingelegt. Die Ziselierung, Schnitzerei und Einlegearbeit sind kunstfertig von Hand eines begnadeten Handwerkers eingeführt. Dieses seltsame und unbekannte Gefäß wurde aus festem Steinkonglomerat gesprengt, das sich fünfzehn Fuß (4,5 Meter) unter der Oberfläche befand. Es befindet sich nun im Besitz von Mr. John Kettel.

Der außerordentlichen Brisanz dieses Berichtes wegen wird auch das Folgende wörtlich aus dem Abschnitt des Buches von Cremo und Thompson übernommen.

„Die Redakteure von Scientific American erklärten ironisch: >>Obiger Artikel stammt aus dem Boston Transcript, und wir fragen uns, wie der Transcript annehmen kann, Prof. Agassiz sei geeigneter zu erklären, wie er dahin kam, als John Doyle der Schmied. Dies ist keine Frage der Zoologie, Botanik oder Geologie, sondern eine, die sich auf ein altes Metallgefäß bezieht, das vielleicht von Tubal Cain stammt, dem ersten Einwohner von Dorchester<<.
Der Sage nach ist Tubal Cain der Vater aller Schmiede. Dieser könnte an jeden Ort der Welt gelebt haben (Anmerkung des Übersetzers). " Diese übersetzen den englischen Buchtext so weiter:

*„Auf einer neueren Karte des US-amerikanischen Geologischen Dienstes von dem Gebiet rund um Boston-Dorchester stammt das **Steinkonglomerat**, das heute Roxbury-Konglomerat genannt wird, **aus dem Präkambrium vor 600 Ma.** Den Standardberichten zufolge begann sich das Leben auf diesem Planeten erst zu bilden. Doch in dem Gefäß von Dorchester haben wir einen Befund, der auf die Anwesenheit von kunstfertigen Metallarbeitern in Nordamerika vor über 600 Ma (600 Mio Jahre) hindeutet. "*

*„Dr. J.V.C. Smith, der kürzlich im Osten herumreiste, hunderte seltsamer Haushaltsgegenstände untersuchte und Zeichnungen von ihnen besitzt, hat niemals etwas Ähnliches gesehen. Er hat eine Zeichnung angefertigt und es präzise ausgemessen, um es der Wissenschaft vorzuführen. Es besteht kein Zweifel, dass dieses seltsame Stück, wie oben angegeben, aus dem Felsen gesprengt wurde; doch würde Professor Agassiz oder ein anderer Wissenschaftler uns bitte erklären, wie es dahin kam? Diese Angelegenheit sollte näher untersucht werden, **da in diesem Fall keine Täuschung vorliegt. "***

Tabelle 2, Pos. 26, Seite 165 - Pollen und Sporen von Blumen und Pflanzen
Da bei den Recherchen vor allem der Nachweis geführt werden sollte, dass es menschliche
Fossilien und Artefakte über alle Zeitalter gegeben hat, wurden Funde von abgestorbenen
Pflanzen vernachlässigt. Aber über einen Fund wird nachstehend berichtet.
*„Auch Bäume leben unverändert seit scheinbar 200 Ma (200 Mill. Jahren), wie der
Ginkgobaum. In Guyana hat man sogar in über 600 Ma (600 Mill. Jahre) altem Gestein aus
dem Präkambrium (Erdfrühzeit) Pollen und Sporen von Blumen und Pflanzen entdeckt
(>>Nature<<, Bd. 210, 16.04.1966, s. 292-294). Zu dieser Zeit gab es angeblich noch kein
Leben auf dem Land, das erst im Kambrium erschien.* **Ist ganz einfach die Geologische
Zeitskala falsch?"**

Abschnitt-Nr. A2.14.3, Seiten 951-953 -Funde von Hunderten eingekerbter Kugeln
Es geht bei diesem Abschnitt um die Funde von Hunderten eingekerbter Kugeln, die im
Verlauf von mehreren Jahrzehnten in Südafrika **immer wieder von Bergleuten gefunden**
wurden und offenbar dem Präkambrium zugerechnet werden können. Diese Kugeln haben
mindestens drei parallel verlaufende Einkerbungen rund um ihren Äquator aufzuweisen. Die
wörtliche Schilderung der Autoren lautet:
„Es gibt zweierlei Arten von Kugeln" - *>>eine aus stabilem bläulichen Metall mit weißen
Flecken darauf und eine weitere, die einen hohlen Ball mit einer weichen porösen Mitte
darstellt<< (Jimison 1982). "*
Nach einer Erklärung von Roelf Marx, dem Kurator des Museums von Klerksdorp in
Südafrika, in dem einige von diesen Kugeln aufbewahrt werden, **stellen die Kugeln ein
absolutes Mysterium dar,** und er erklärte dazu:
*>>Sie sehen aus wie von Menschenhand geschaffen, doch zu dem Zeitpunkt der
Erdgeschichte, in dem sie in diesen Fels zu liegen kamen, existierte noch kein intelligentes
Leben. Ich habe noch nie zuvor etwas Ähnliches gesehen<<.*
Die Autoren Cremo und Thompson baten Roelf Marx um weitere Informationen. Sein
Antwortbrief erreichte sie am 2.September 1984, worin er schrieb:
*>>Es wurde bisher kein wissenschaftlicher Bericht über die Globen veröffentlicht, doch dies
sind die Fakten: Sie wurden in Pyrophyllit entdeckt, das nahe der kleinen Stadt Ottosdal im
westlichen Transvaal abgebaut wird. Dieses Pyrophyllit (Al_2, Si_4 O_{10} (OH_2)) ist ein sehr
weiches Sekundärmaterial (d. h. es ist erst nach der Bildung des es umgebenden Gesteins
entstanden - Anmerkung d. Übersetzers), mit einer Härte von nur drei auf der Mohs'schen
Skala* **und es bildete sich vor etwa 2,8 Milliarden Jahren (nach offizieller Zeitrechnung)**
*durch Sedimentierung. Auf der anderen Seite sind die Globen, die innen eine faserartige
Struktur mit einer Hülle aufweisen, sehr hart und können sogar mit Stahl nicht angekratzt
werden.<<*
Bei der Mohs-Härteskala wurden zehn Materialien als Bezuggrößen ausgewählt, wobei
Talkum das weichste mit 1 auf der Skala und Diamant mit 10 das härteste ist. Die Autoren
sagen weiter, dass Marx in dem Brief auch erwähnte, dass A. Bisschoff, ein Geologie-
Professor an der Universität Potchefstroom, ihm erklärt habe, die Kugeln bestünden aus
>>Limonitkonkretion<<. Limonit ist ein Eisenerz, auch Brauneisen oder Brauneisenstein
genannt. Als Konkretion (zusammengewachsene innige Verbindung) wird eine kompakte,
abgerundete Gesteinsmasse, die sich durch hohe lokale Verzementierung rund um einen Kern
gebildet hat, bezeichnet.
In der Brockh. Enzykl. steht unter dem Begriff „Konkretion" eine interessante Erklärung, die
dem Vorstehenden genau entspricht. Dort heißt es, dass es sich bei solchen Gebilden um
meist knollige, unregelmäßig rundliche, kugel-, trauben-, nieren- oder linsenförmige
Mineralausscheidung in Sedimentgesteinen - entstanden aus zirkulierenden übersättigten
Lösungen - handeln würde. Ihr Entstehen ist auf Anlagerung an einen Ansatzkern (u. a.
verrottete organische Substanz), verbunden mit einem Wachstum von innen nach außen,

zurückzuführen.

Konkretionen können aus ganz unterschiedlichen Substanzen bestehen, so aus Calcit (z. B. Lößkindel, Knollenmergel, Dolomit (Torfdolomit), Siderit (Toneisenstein), Pyrit oder Markasit, Eisenoxiden, Siliciumoxid (Feuerstein), Calciumphosphat.

Hierbei handelt es sich durchweg um monokline (kristalline) Materialstrukturen, die relativ weich sind, was auch auf Limonit zutrifft. [18]

Die Autoren weisen deshalb in ihren Ausführungen ausdrücklich darauf hin, dass es mit der Hypothese, die Objekte seien Limonitkonkretionen, wegen ihrer außerordentlichen Härte ein Problem gibt. Vor allem dann, wenn die Metallkugeln nicht einmal mit einer Stahlspitze angekratzt werden können, was bedeutet, dass sie äußerst hart sind. Zitat:

„Doch standardmäßig wird Limonit als Mineral nur mit 4-5,5 auf der Mohs'schen Skala angegeben, was auf einen relativ geringen Härtegrad schließen lässt (Kourmisky 1977). Darüber hinaus findet man Limonitkonkretionen für gewöhnlich in Gruppen, wie eine Masse von Seifenblasen, die aneinanderhaften. Anscheinend treten sie normalerweise nicht isoliert und **vollkommen rund** *auf, wie es der Fall bei den vorliegenden Objekten ist.*

In dieser Untersuchung interessiert uns die Kugel mit drei parallelen Einkerbungen rund um ihren Äquator am meisten. Selbst wenn man einräumt, dass die Kugel selbst eine Limonitkonkretion ist, so muss man noch immer die drei parallelen Kerben erklären. Da es keine zufriedenstellende Erklärung für natürliche Einwirkungen gibt, ist der Befund etwas mysteriös, und es besteht die Möglichkeit, dass die eingekerbte Kugel aus Südafrika - die in einer 2,8 Milliarden Jahre (nach offizieller Zeitrechnung) alten Mineralienablagerung gefunden wurde - von einem intelligenten Wesen stammt. "

Zickzackspuren von Würmen in 1,6 Milliarden altem rötlichen Gestein

Von diesem Fund berichtet Erdogan Ercivan in seinem Buch, und bezeichnet diese Erscheinung als eine der vielleicht umstrittensten Spuren von Fossilien. Sie wurden von den Geologen der Universität Jadavpur (Kalkutta) in Indien entdeckt.

Ercivan:

„In der Umgebung von Madhy Pradesh fand man ein 1,6 Milliarden altes rötliches Gestein, das die untersuchenden Wissenschaftler verblüffte, weil es Zickzackspuren eines Wurmes aufwies. Die ältesten bislang bekannten Fossilien dieser Art kannte man bislang nur aus China und Namibia. Aus ihnen wurde allerdings abgeleitet, dass die mehrzelligen Tiere vor ungefähr 600 Millionen Jahren in der Evolutionslinie auftauchten. Sofern man den indischen Fund richtig gedeutet hatte, würde er die bisherigen Grundlagen der Evolutionstheorie ernsthaft in Frage stellen, da zwischen diesem Fossil und den in China und Namibia gefundenen eine riesige Lücke von immerhin einer Milliarde Jahren klaffte. Der Paläontologe Andrew Knoll von der Harvard University gestand denn auch unumwunden ein:

>>Wenn man Organismen mit dieser Größe von einem Zentimeter sieht und diese dann 400 Millionen Jahre lang nicht wiederzufinden sind, gibt es einiges zu klären:<<

Als dann noch weitere Funde und Spuren auf ähnlichem Gestein entdeckt wurden, begannen viele ungläubige Wissenschaftler das Alter der Steine aufs Neue zu untersuchen: Aber auch **durch den Einsatz der Zirkonanalyse** *wurde das für unmöglich gehaltene* **Alter der Fossilien erneut bestätigt,** *was die Sache nach Ansicht von Adolph Seilacher von der Yale University in Chicago >>noch aufregender und unwahrscheinlicher<< machte. Seilacher zufolge könne es sich bei den Abdrücken, wenn man unseren derzeitigen Wissensstand berücksichtigt, unmöglich um Spuren fossiler Tiere handeln. Er fügte allerdings hinzu, dass er gleichzeitig >>die Offensichtlichkeit der Spuren akzeptieren<< müsse, weil er bislang keine andere Erklärung finden konnte. " [19]*

18   Brockh. Enzykl., Band 12, 1990, Seite 274

19   Erdogan Ercivan, „Missing Link der Archäologie", Seite 267

Eine solche Erklärung lässt sich meines Erachtens sehr wohl finden, nur wäre es notwendig, aus den erdrückenden Argumenten, die dafür sprechen, die Problematik mit der radiometrischen Altersbestimmung endlich ernst zu nehmen und sich einzugestehen, dass es sich bei den so gefundenen Werten nur um Relativalter handeln muss. Bei der Altersbestimmung mit Hilfe der oben genannten Zirkonanalyse wurde das Alter wiederum nur aufgrund einer in der Wissenschaft gebräuchlichen Methode errechnet.

Zirkon ist nach der Brockh. Enzykl. ein meist durchsichtiges bis durchscheinendes, fettglänzendes, tetragonales Mineral der chemischen Zusammensetzung $ZrSiO_4$ (Zirkoniumsilikat). Da $ZrSiO_4$ neben Zirkonium und Hafnium auch Uran und Thorium (12g je t) enthält, ist das Silikat Hauptträger der Radioaktivität in Gesteinen.[20]

Wegen der Spuren von Uran und Thorium ist bekannt, dass es ein wichtiges Mineral für die radiometrische Datierung nach der Uran-Thorium-Blei-Methode ist, die auf dem radioaktiven Zerfall der vorgenannten Elemente beruht. In **Kapitel 3** wurde bereits deutlich gemacht, dass z. B. bei der Uran-Thorium-Blei-Methode Wanderungen der Isotope und Mischungen im Uran-Thorium-Blei-System vordergründige und chronische Probleme sind. Sie lassen vermuten, dass zeitunabhängige Prozesse so stark einwirken, dass alle davon abgeleiteten Zeitberechnungen als unsicher bezeichnet werden müssen.

Positiv zu bewerten ist, dass die 1,6 Milliarden Jahre im obigen Beispiel von den Wissenschaftlern diesmal nicht weginterpretiert oder unterdrückt wurden. Man wundert sich trotzdem über die ungeheuren Alter vieler Artefakte, und man macht trotzdem immer weiter, weil man in einem System gefangen ist. Immer neue Zahlen werden geboren und sterben manchmal auch wieder, wenn sie nicht passen.

Über die haarsträubenden Größenordnungen solcher Zahlen braucht man sich aber eigentlich nicht zu wundern, da, wie oben schon gesagt, es neben Vermischungen durch Wanderungen der Isotope, darüber hinaus auch Isotope-Reduzierungen durch Austritte aus den chemischen Verbindungen gegeben hat, und daneben eine durchgehend ungestörte Ablagerung wegen erfolgter kataklysmischer Ereignisse in den Sedimentschichten und Gesteinsfolgen auch nicht stattgefunden hat.

Es gibt nur eine einleuchtende Erklärung, vor allem bezüglich der menschlichen Funde in den geologischen Schichten bis zum Permkarbon, die sämtlich während der Sintflut abgelagert wurden. **Dabei kann es sich nur um menschliche Spuren aus dem Präkambrium, der Zeit vor der Sintflut, handeln.**

Viele solche Funde wurden z. B. in Kohleschichten gefunden, die in Flözen kataklysmisch übereinder in leergewordene Räume der Brunnen der großen Tiefe geschichtet wurden. Von solchen Fossilien und Artefakte, die auch in anderen geologischen Schichten aus der Zeit nach dem Permokarbon vorzufinden sind, wissen wir nicht, woher sie wirklich stammen. Eines ist klar, dass die Fossilien meistens durch Wasser gewaltsam herantransportiert wurden, was aber bedeutet, dass sie dort wo sie gefunden werden, nicht gelebt haben.

Bei einem einzigen kataklysmischen Ablagerungsprozeß können viele geologische Schichten innerhalb kürzeter Zeit entstehen. Da solche Vorgänge auch zu unterschiedlichen Zeiten geschehen konnten, sind viele Schichten auch nacheinander entstanden. Dies macht eine Neubewertung von vielen geologischen Befunden erforderlich.

Verwundert berichtet Hans-Joachim Zillmer davon, dass Geologen behaupten, sie läsen in den Gesteinen wie in einem Buch, und würden nur darüber lachen, wenn man über schnelle Bildungen von Sedimentschichten berichtet. Für sie steht weiterhin fest, dass sich dieser Prozeß langsam - Körnchen auf Körnchen - vollzogen und Millionen und Milliarden von Jahren gedauert hat, abgesehen von einzelnen Desastern. Für sie wäre es eine Katastrophe, wenn man nicht davon ausgehen könnte, dass die fossilierten Lebewesen, deren Spuren man

20 Brockh. Enzykl., Band 24, 1994, Seite 566

in den Gesteinen und Segmenten findet, nicht dort auch gelebt hätten.

Von Vulkanausbrüchen der Neuzeit gibt es eine ganze Reihe von Beispielen für schnelle Schüttungen von Sedimentschichten und anderen spektakulären Erscheinungen. Geradezu ein Paradebeispiel dafür hat der Ausbruch des Vulkans Mount St. Helens im Jahr 1980 im US-Bundesstaat Washington geliefert.

Zillmer beschreibt, dass ein pyroklastischer Strom als flüssiger, turbulenter Schlamm aus feinem vulkanischem Staub mit der Geschwindigkeit eines Hurrikans den Vulkanhang herab floss, nachdem die mit Eis und Schnee bedeckte Bergspitze weggesprengt worden war. Es bildeten sich aus dem mit hoher Geschwindigkeit fließenden Schlamm im Eiltempo vollkommen voneinander getrennte Schichten aus groben und feinen Partikeln.

Zillmer :

„Solche Vorgänge folgen hydrodynamischen Gesetzen. Derart fein gegliederten Sedimentschichten, die teils eine Mächtigkeit von 8 m aufweisen, wird in der Geologischen Zeitskala anhand der vielen geologischen Schichten eine sehr lange Bildungsdauer zugeordnet, falls man derartige geologische Schichten ausgraben würde und nicht - wie im vorliegenden Fall - weiß, dass viele Schichten während eines einzigen Ablagerungsprozesses entstanden sind."

Dann, am 19. März 1982, schoss wiederum eine Schlammflut den Vulkankegel hinunter und wusch ein System von Kanälen und drei Schluchten innerhalb von neun Stunden aus dem 1980 aufgeschütteten Sedimentschichten. Eine derart entstandene Schlucht erhielt den Namen „Der kleine Grand Canyon vom Toutle Fluss", da diese wie ein Modell des Grand Canyon im Maßstab 1:40 aussieht. Und tatsächlich schlängelt sich - wie beim großen Bruder in Arizona - am Grund des kleinen Grand Canyon ein Bach entlang, den es vorher gar nicht gab,

Außerdem entstand der 30 m tiefe Loowit Canyon, der in bereits vorhandene feste Basaltschichten eingegraben wurde. Am Canyonanfang stürzt heute ein Wasserfall in die Tiefe, und ein Bach schlängelt sich im neugebildeten Talgrund entlang. Fazit: Eine große Schlammmenge kann superschnell ein Ergebnis erzielen, für das eine kleine Menge Wasser eine Ewigkeit benötigt.

Auch für die Auswaschung des Grand Canyon war die Tätigkeit riesiger und nicht geringer Wassermassen verantwortlich. Genau diese Sichtweise wurde vom Geologischen Dienst der USA in Zusammenarbeit mit den Geologen der Universität von Utah im Jahre 2002 bestätigt."

Man kommt zu dem Ergebnis „Steinalte Schlucht? Falsch! Man ist der Auffassung, dass die Schlucht durch eine Serie kurzer und heftiger Ereignisse ausgegraben wurde. Man führt das zurück auf eine Flutwelle, die sich vor 165000 Jahren ereignete, die einen Teil des Grand Canyon schuf. Einer der Wissenschaftler hält es aber auch für möglich, dass Teile des Grand Canyon durch ein katastrophisches Ereignis sogar erst zu Lebzeiten prähistorischer Indianer entstanden sind! [21]

---

21   Hans-Joachim Zillmer, „Die Erde im Umbruch", F. A. Herbig Verlagsbuchhandlung GmbH, München, 2011, Seiten 95-96

7.11 Epilog

Die Ausführungen des vorstehenden Kapitels stellen eine Katastrophe für einen großen Teil des wissenschaftlichen Establishments dar, das stets die Weltsicht der naturalistischen Evolutionslehre vertritt. Sie engagieren sich über alle Fachsparten hinweg für die Aufrechterhaltung dieser Lehre um jeden Preis. **Wie viele Fundobjekte mögen deshalb noch irgendwo verkümmern oder sogar einer Beseitigung zum Opfer gefallen sein?**

Im Gegensatz zu dieser Verfahrensweise konnten dem Werk von Cremo und Thompson eine Fülle von menschlichen Fossilien und Artefakte entnommen werden, die den Darstellungen in den traditionellen Geologischen Zeittafeln gegenübergestellt wurden. Dies betrifft auch Zillmers Buch „Die Evolutions-Lüge". In dieser Beziehung weniger ergiebig erweisen sich Zillmers Bücher „Darwins Irrtum", das „Dinosaurier Handbuch" und Erdogan Ercivans Buch „Missing Link der Archäologie". Die in diesen Büchern nachgewiesenen **ebenfalls unterdrückten Funde tierischer und pflanzlicher Fossilien** mussten vernächlässigt werden. Der amerikanische Chefredakteur des Magazins Atlantic Rising und Herausgeber des Buches „Die Archäologie-Verschwörung", J. Douglas Kenyen, sagt nachstehend, dass in der Vergangenheit alle **Beweise, die die traditionelle Theorie nicht unterstützten, einfach negiert wurden:**

„Als Folge versanken viele fossile Fundstücke mehr als ein Jahrhundert lang im Staub wissenschaftlicher Ignoranz. Sie wurden unterdrückt, weil sie einem fest verwurzelten Glaubenssystem widersprechen. Zudem sahen sich Wissenschaftler, die diese Dogmen infrage stellten, nicht nur zunehmend isoliert und aus den Diskussionen herausgehalten, sondern verloren oft auch ihren Arbeitsplatz." [22]

So bestätigen die vielen unterdrückten Befunde, dass die Menschheitsgeschichte eine junge ist, und die Menschen über alle geologischen Zeitalter hinweg stets anwesend waren. Übergangsarten und Zwischenstufen im Sinne von Makroevolution sollen sich in Wandlungsprozessen manifestiert haben. Entwicklungsstufen über Mischkreaturen sollte es massenweise geben. Fehlanzeige auf der ganzen Linie!

Es ist deshalb nicht verwunderlich, dass Hans Joachim Zillmer seinem Buch den Titel „Die Evolutions-Lüge" gegeben hat. Diese Problematik war schon Darwin bewußt. Zillmer zitiert ihn dazu wie folgt:

>>Alle aus den Versteinerungen bekannten sowie heutzutage (rezent) lebenden Tiere erscheinen vollkommen entwickelt und ideal angepasst. Woher kommt es dann, dass nicht jede geologische Formation und jede Gesteinsschicht voll von solchen Zwischenstufen ist? Die Geologie enthüllt uns keine solche fein abgestufte Organismenreihe, und dies ist vielleicht die handgreiflichste und gewichtigste Einrede, die man meiner Theorie entgegenhalten kann. Die Erklärung hierfür liegt aber in der äußersten Unvollständigkeit der geologischen Urkunden<< (Darwin, 2000, S. 357f).
Darwin hoffte damals, dass in der Zukunft irgendwann irgendeine Übergangsform gefunden wird. Makroevolution kann bisher in den Versteinerungen nicht nachgewiesen werden.
Übergangsformen wurden nicht gefunden, aber eben ein urplötzliches Auftreten neuer, vollkommener Tiere, ohne jegliche Übergangsform. Ein solches Szenario lässt sich in Schichten aus dem Kambrium (590-500 Ma = 590-500 Mill. Jahre) nachweisen.
Dieses wunderbare Ereignis wird in der geologischen Literatur die >>kambrische Explosion<< genannt, denn in den Schichten des Präkambriums (Erdfrühzeit) lässt sich organisches Leben nicht nachweisen, und plötzlich wimmelt es von Leben aller Art. Die meisten der in den kambrischen Schichten gefundenen Lebensformen weisen urplötzlich

---

22   J. Douglas Kenyen, „Die Archäologie-Verschwörung", Kopp-Verlag Rottenburg, 1. Auflage 2011, Seite 36

erscheinende komplexe Organsysteme wie Augen, Kiemen und andere hoch entwickelte Strukturen auf, die sich in keiner Weise von ihren neuzeitlichen Ebenbildern unterscheiden." Zillmer weist dazu auf das Wissenschaftsmagazin >>Science<< (Bd. 293, 20.07.2001, S. 438f.) hin. Dort wird bestätigt, dass das mit dem Beginn der kambrischen Epoche erlebte plötzliche Auftreten von fast allen Hauptgruppierungen der Tiere im Fossilnachweis, die bis heute überwiegend noch die Biosphäre ausmachen, erstaunlich ist. Darwin war diese Zusammenhänge noch unbekannt, deshalb schreibt er:

>>Ließe sich irgendein zusammengesetztes Organ nachweisen, dessen Vollendung nicht möglicherweise durch zahlreiche kleine aufeinander folgende Modifikationen hätte erfolgen können, so müsste meine Theorie unbedingt zusammenbrechen<< Darwin, „The Origin of Species", London 1859, S. 206). Zillmer: Dieses Organ gibt es!

„Die Trilobiten tauchten plötzlich auf und besaßen ein kompliziertes Auge, das aus Hunderten von wabenförmigen Einzelaugen mit einem Doppellinsensystem besteht – ein optimales Design. Diese Wabennetzstruktur des Trilobitenauges hat sich über 600 Millionen Jahre hinweg unverändert bis in unsere Zeit erhalten, denn Insekten wie Bienen und Libellen haben die gleiche Augenstruktur wie die Trilobiten (Gregory, R. L.: „Eye and Brain: The Physiology of Seeing", Oxford 1995, S. 31). Wenn man außerdem berücksichtigt, dass sich viele Tierarten, wie z. B. die Salamander, seit den Dinosauriern nicht verändert haben, oder dass die Spinnenseide seit 125 Ma (125 Mill. Jahren) unverändert sein soll, so muss man fragen: Wo ist denn die evolutive Entwicklung geblieben?"

Zillmer erwähnt, dass im Petrified Forest National Park in Arizona versteinerte Baumstämme nach angeblich mehr als 200 Millionen Jahren sogar noch aus den Hängen der heutigen Tafelberge, aus den ehemaligen Schlammschichten herausragen. Er hält diese Erscheinung für Zeugnisse von Superfluten in einem heute wüstenhaften Gebiet. Und sagt:

„Zur Überraschung der Fachleute fand man in solchen versteinerten Bäumen vereinzelt fossile Nester von Bienen und Wespen („The Arizona Republic", 26.05.1995, S. B7). Bienen und die für diese Tiere notwendigen Pflanzen entwickelten sich angeblich erst 140 Millionen Jahre nach der Entwurzelung dieser Bäume. Entweder stimmt die Datierung der geologischen Schichten oder die Zeitleiter der Evolution nicht"
Deshalb wurden entsprechende Funde wissenschaftlich auch nicht veröffentlicht. Die (vorstehend) vorgestellten, auch durch Fachleute dokumentierten Funde und die empirische Beweisführung entlarven die Evolutionstheorie als eine von den Forschern der Erd- und Menschheitsgeschichte bewusst gepflegte und gehegte Lüge." [23]

Obwohl diese und viele andere Zusammenhänge ein Umdenken dringend erforderlich machen, wird die Irreführung weiter munter betrieben. Zu welchen abstrusen Praktiken man in dieser Beziehung inzwischen neigt, dokumentiert eine Notiz des Biologen Reinhard Junker in „Wort und Wissen" 3/11, auf die ich aufmerksam gemacht wurde. In dieser Notiz schreibt Junker:

„Nach über 30 Jahren bleibe ich mit meinen Kollegen bei Wort und Wissen bei der Einschätzung, dass im Rahmen der Evolutionslehre anspruchsvolle Wissenschaft betrieben wird, ausgeklügelte Forschung mit interessanten Ergebnissen (wie die gewonnenen Ergebnisse interpretiert werden ist eine andere Sache und hier nicht mein Thema). Aber es gibt noch eine andere Seite, die wir zunehmend beobachten. Immer mehr wird unterschwellig oder ausdrücklich von Menschen, die wissenschaftlich oder pädagogisch tätig sind, eine Art **Bekenntnis zur „Tatsache Evolution" verlangt.** *Ein Beispiel aus dem Rundschreiben einer christlichen Bekenntnisschule zeigt das:*
Es gab einen Besuch vom zuständigen Schulrat. Dabei wurde, wie vor einigen Jahren schon

23   Hans-Joachim Zillmer, „Die Evolutions-Lüge", LangenMüller, München, Sonderproduktion 1. Auflage 2007,Seiten 292-295

einmal, geprüft, ob an dieser Schule die Evolutionstheorie überhaupt ein Thema sei. Der damalige Bericht habe die höheren Schulen beruhigt, denn eine Bekenntnisschule dürfe schließlich nach ihrem Bekenntnis unterrichten. Dennoch lernen die Schüler die evolutionäre Erkenntnistheorie kennen, die ihnen ja auf Schritt und Tritt begegnet oder begegnen wird. ***Ebenso aber sollen ihnen die wissenschaftlichen Argumente bekannt sein, die als Indizien für Schöpfung interpretiert werden können.***

Die Mitarbeiter der Schule schreiben nun weiter, dass der erneute Besuch eines staatlichen Vertreters jedoch neues Licht auf das werfe, >>was sich in fast allen Publikationen und Medienaussagen hartnäckig, autoritär und äußerst intolerant in den Vordergrund und in das Bewusstsein drängt: ***Die Theorie der Evolution ist wahr, hat wahr zu sein und muss als Wahrheit, als Faktum gelehrt werden!<<***

An dieser bewiesenen Tatsache soll niemand mehr rütteln. ***Die Menschen sollen einfach glauben, dass es sich bei der Evolution um Wahrheit und nichts als die Wahrheit handelt.***
Soweit die Eindrücke des Rundschreibens.

Warum wird so hartnäckig ein Bekenntnis zur „Wahrheit der Evolution" eingefordert?

Nicht erst seit der denkwürdigen Warnung des Europarates im Oktober 2007 vor den >>Gefahren des Kreationismus<< wird immer wieder eine Begründung genannt, die Kelly Smith in der philosophischen Zeitschrift >>Synthese<< kürzlich formuliert hat: Kernpunkt ist, ***„dass der >>Kreationismus<< eine Bewegung sei, >>die die akademische Welt bedroht, weil sie die Fähigkeit untergräbt, objektiv Befunde zu bewerten<<*** *(Kelly C Smith, 2001 Foiling the Black Knight. Synthese 178,219-235)."*

Was sie anderen Ankreiden praktizieren sie selbst heftig. Auf nicht wenige Vertreter der akademischen Welt trifft nämlich zu, dass sie alles tun, um Befunde, die gegen die Evolutionslehre stehen, systematisch zu beseitigen oder zu diskriminieren. Kann man eine solche Verlogenheit noch widerspruchslos hinnehmen?

Reinhard Junker stellt in seiner Notiz deshalb auch die Frage:

Sind sie *„voraussetzungslos in der Einordnung von Daten? Wissenschaftliche Theorien sind vorläufig und revidierbar - das ist anerkanntes Allgemeinwissen bei Wissenschaftlern jeder Weltanschauung.* ***Wirklich jeder? Auch einer Weltanschauung, die ihr Lieblingskind als reine Wissenschaft ausgibt, aber Glaubensbekenntnisse dazu verlangt?***

In der letzten Veranstaltung einer universitären Vortragsreihe über alle möglichen Aspekte von Evolution ***stand der Organisator am Ende im Hörsaal auf, breitete die Arme aus und rief: >>Es lebe die Evolution!<< Es fehlte nur noch das >>Amen<<…***
Vorgänge wie die geschilderten zeigen klar, dass es hier um mehr als Wissenschaft geht." [24]
Dies und vieles andere kann nicht mehr ohne energischen Widerspruch hingenommen werden.

Der namhafte Biologe und Bestsellerautor Rupert Sheldrake weist auf diese Praktiken an vielen Stellen in seinem Buch „Der Wissenschaftswahn" mit dem Untertitel „Warum der Materialismus ausgedient hat" hin. **Er bringt seine Besorgnis über die Entwicklung in der Welt der Wissenschaft und das der Wissenschaft unwürdige Verhalten ungeschminkt auf den Punkt.** Nachstehend sollen einige seiner wesentlichen Ausführungen zur Kenntnis gelangen:

Sheldrake:

„Die meisten gebildeten Menschen beugen sich in der Öffentlichkeit der Meinungsmacht der Naturwissenschaft und bekennen sich zum orthodoxen Glauben, auch wenn sie privat anders denken." [25]

„Das jeweils herrschende Paradigma gibt also vor, was für Fragen erlaubt und wie sie zu

24   Reinhard Junker, info Wort und Wissen, 3/11, Nr. 96/September 2011, Seiten 1-2
25   Rupert Sheldrake, „Der Wissenschaftswahn", 2012 O. W. Barth Verlag, Seite 39

*beantworten sind. Normale Wissenschaft spielt sich in diesem Rahmen ab, **was sich nicht einfügt, wird in der Regel wegerklärt.** "* [26]
Im Sinne des Verwerfens und Wegerklärens, wenn etwas nicht zur gängigen Anschauung passt, zitiert Sheldrake den Wissenschaftshistoriker Thomas Kuhn, der aufzeigte, dass *>>normale Wissenschaft<< innerhalb eines >>Paradigmas<< gemeinsamer Annahmen und durch den Konsens abgesegneter Vorgehensweise betrieben"* wird. *„**Was nicht ins Bild passt, Anomalien, wird in der Regel verworfen oder wegerklärt. Wissenschaftler erweisen sich als dogmatisch und voreingenommen,** wenn sie mit Ergebnissen oder Ideen konfrontiert werden, die ihren Überzeugungen widersprechen. Womit sie sich nicht abgeben wollen, das ignorieren sie gern. >> Sich blind stellen ist das Mittel der Wahl, wenn es um Ideen geht, die Ärger machen können<<, bemerken die Wissenschaftssoziologen Harry Collins und Trevor Pinch. "* [27]

„Und ich unterstelle, dass es echte Wissenschaftler nicht aus der Bahn werfen wird, wenn neue Fakten auftauchen; dass sie nicht am materialistischen Weltbild festhalten werden, nur weil es Tradition hat. " [28]

„Wenn wir die Naturwissenschaften von der Ideologie des Materialismus befreien, entsteht Raum nicht nur für neue Dialoge, sondern auch für neue Forschungsansätze. " [29]

Wie sich die materialistische Weltanschauung in den wissenschaftlichen Gremien heute ausprägt, wird von Sheldrake noch mit nachfolgenden Sätzen zum Ausdruck gebracht:

*„**Naturwissenschaftler bilden eine Priesterschaft**, die jeder religiösen Priesterschaft überlegen ist, weil es dort doch nur darum geht, die Angst und Unwissenheit der Menschen auszunutzen, um das eigene Prestige zu steigern und die eigene Macht zu erhalten. Naturwissenschaftler sind die Speerspitze des Fortschritts, sie führen die Menschen weiter und höher hinauf in eine bessere und schönere Welt. "*

Anmerkung: Dies ist inzwischen ihr Anspruch.

*„Die meisten Wissenschaftler sind sich der Mythen, der Symbolik, der Annahmen bewusst, denen sie ihre gesellschaftliche Rolle und politische Macht verdanken. **Da geht es um implizite, unausgesprochene Glaubenssätze, deren Macht darin liegt, dass sie zur Gewohnheit geworden sind.***

*Ich habe in diesem Buch aufgezeigt, **dass die materialistische Philosophie oder >>das materialistische Weltbild<< nicht die unbestreitbare objektive Wahrheit erfasst.** Es handelt sich um ein anfechtbares Glaubenssystem, über das die Naturwissenschaften selbst bereits hinausgewachsen sind. "* [30]

Wie aus den vorstehenden Äußerungen des Biologen Sheldrakes hervorgeht, regt sich unter unabhängigen, aber sehr mutigen Wissenschaftlern längst Widerstand. Zunehmend setzen sich solche Wissenschaftler kritisch mit dem Darwinismus und der auf materialistischer Basis gelehrten Evolutionstheorie auseinander, obwohl sie sich bei diesem Prozess noch immer nicht zu Gott bekehren. Umso interessanter sind gerade dann die Äußerungen dieser Wissenschaftler, zu denen auch der amerikanische Philosoph Thomas Nagel gehört.

Der Reinhard Junker hat sich in einem Artikel im factum-Magazin 6/2013 mit dem Titel „Das Scheitern des Materialismus" mit der Arbeit Nagels befasst. Dieser ist bekennender Atheist und als berühmter Philosoph einer der profiliertesten Intellektuellen Amerikas.
In seinem Buch „Geist und Kosmos" setzt sich Nagel kritisch mit dem Erklärungsanspruch des Darwinismus auseinander. Zunächst ein Wort dazu, wie er die Situation analysiert:

26   Rupert Sheldrake, „Der Wissenschaftswahn", Seite 41
27   Rupert Sheldrake, „Der Wissenschaftswahn", Seite 389
28   Rupert Sheldrake, „Der Wissenschaftswahn", Seite 44
29   Rupert Sheldrake, „Der Wissenschaftswahn", Seite 418
30   Rupert Sheldrake, „Der Wissenschaftswahn", Seiten 381-382

*>>Der Naturalismus, wonach es in der Welt zu allen Zeiten ausschließlich mit so genannten natürlichen Dingen zugeht, **kann seine Grundthese nicht beweisen. Ganz analog können Evolutionstheorien**, deren Kernstück die ziellose Abfolge von Mutation und Selektion ist, **nicht erklären, >>wie aus Anorganischem organisiertes Leben entstand**, aus einfachen Systemen komplizierte wurden und Instinkt in Verstand und Bewusstsein mündete.<<*

Junkers:

„Auch wenn Nagel kein schlüssiges Alternativkonzept zum Reduktionismus, Naturalismus oder Evolutionismus anbietet, er macht doch die Unvollständigkeit und prinzipiellen Defizite dieser Weltanschauungen klar. Er hat sich nicht zum Theismus >>bekehrt<< und stellt eine Evolution der Lebewesen überhaupt nicht in Frage, allerdings ohne zu wissen, wie sie vonstattengegangen sein könnte.“

Nachstehend wurden dem Artikel Junkers dazu noch einige zentrale Aussagen Nagels entnommen:

*>>**Seit langer Zeit finde ich es schwer, an die materialistische Erzählung zu glauben**, wie wir und unsere Mitorganismen entstanden sind, und zwar einschließlich der Standardversion über die Arbeitsweise der Evolution.*

Mir ist klar, dass solche Zweifel viele Leute empören werden. Aber das liegt daran, dass fast jeder in unserer säkularen Kultur dahingehend eingeschüchtert wurde, das reduktionistische Programm für sakrosankt (heilig) *zu halten, mit der Begründung, alles andere sei keine Wissenschaft.*

Es wäre ein Fortschritt, würde sich das säkulare Establishment und die gegenwärtige aufgeklärte Kultur, die von ihm dominiert wird, vom Materialismus und vom Lückenbüßer Darwinismus trennen<<.

Prophetische Anmutung hat, was Thomas Nagel am Schluss seines Buches äußert:

>>Ich geh jede Wette ein, dass der gegenwärtige Konsens (in Bezug auf den materialistischen Neo-Darwinismus) in ein oder zwei Generationen lächerlich erscheinen wird<<. [31]

Diese und andere Aussagen sind für mich inzwischen bezeichnend dafür, dass sich ein Sinneswandel vollzieht. Wie notwendig dieser ist, haben nicht zuletzt die Ausführungen dieses Kapitels gezeigt. Einen solchen Sinneswandel zu praktizieren kann auf verschiedene Weise geschehen.

Er kann darin bestehen, dass man sich, wie prophezeit, vom materialistischen Neo-Darwinismus abwendet und versucht, eine neue Hypothese für die Entstehung unseres Universums zu finden. Auch das heißt nicht, dass man sich dabei vom Atheismus verabschiedet, um sich an Stelle dessen Gott zuzuwenden, was ratsam wäre.

Zu bedenken ist nämlich, dass die Auferstehung nach dem Tode alle Menschen erleben, aber mit Christus werden die einen zum Leben, ohne ihn die anderen zum Gericht auferstehen - mit einer schrecklichen Zukunft fern von Gott. Angesichts dieser Konsequenz sollte die Hinwendung zum Glauben ein MUSS! sein.

Einer, der diesen entscheidenden Schritt getan hat, ist Heinrich Heine gewesen. Der große deutsche Dichter und Lyriker war Atheist und wurde der „Spötter im Dichterwald“ genannt. Später schrieb er über seine Abkehr vom Atheismus:

„Ja, wie mit der Kreatur habe ich auch mit dem Schöpfer Frieden gemacht, zum größten Ärgernis meiner aufgeklärten Freunde, die mir Vorwürfe machten über dieses Zurückfallen in den alten Aberglauben, wie sie meine Heimkehr zu Gott zu nennen belieben. In der Tat, weder eine Vision noch eine Verzückung noch die Stimme vom Himmel, auch kein merkwürdiger Traum brachte mich auf den Weg des Heils. Ich verdanke meine Erleuchtung ganz einfach der Lektüre eines Buches. Mit Fug und Recht nennt man dieses auch die Heilige Schrift; wer

31   Reinhard Junker, „Das Scheitern des Materialismus“, factum Magazin 6/2013,
       Schwengeler Verlag AG, Seiten 16-18

seinen Gott verloren hat, kann ihn wiederfinden, und wer ihn nie gekannt, dem weht hier entgegen der Odem des göttlichen Wortes. Ja, ich bin zurückgekehrt zu Gott wie der verlorene Sohn, nachdem ich lange bei den Hegelianern die Schweine gehütet habe. " [32]

Heine sagt, dass er seine Erleuchtung der Heiligen Schrift verdankt. Weil er sie kannte darf man bei ihm voraussetzen, **dass er nicht nur zum Glauben kam, sondern sich mit Gott auch versöhnen ließ.** Diese Versöhnung ist für Gott von großer Bedeutung, was in 1 Timotheus 2, 4 zum Ausdruck kommt:

„Denn Gott will, dass allen Menschen geholfen werde und sie zur Erkenntnis der Wahrheit kommen".

Die Voraussetzung dafür ist, dass ein Mensch glaubt, dass es ihn überhaupt gibt!

Wer also wie Heine rechtzeitig den Weg zurück zu Gott gefunden hat und sich durch Jesus mit Gott versöhnen ließ, darf voller Gewissheit glauben, dass er eine Zukunft in Gottes Reich hat und nicht in die Hölle, sondern ins Reich Gottes gelangt. Wie kann das geschehen? Auf welche Weise dieser zukunftsträchtige und überlebenswichtige Schritt getan werden kann, darauf möchte ich nun auch noch am Ende meines Buches zu sprechen kommen.

Gottes Wort sagt in 1. Johannes 1,7-9:

*„Jeder der zu Gott umkehren will **und Jesus seine Schuld bekennt**, dem wird sie vergeben, der wird befreit von aller Schuld."*

Mit anderen Worten: Wer von einem Leben ohne Gott umkehrt, Jesus um Vergebung seiner Schuld bittet und ihn im Glauben als seinen Herrn anerkennt, wird gerettet. Ein solches Verhalten ändert alles, für den, der daran glaubt und konsequent danach handelt und eröffnet jedem Menschen eine Zukunft im Reich Gottes. Du kannst jetzt den entscheidenden Schritt, einer Hinwendung zu Gott und zur Versöhnung mit ihm tun, wenn Du dazu bereit bist folgendes Gebet zu sprechen.

Lieber Herr Jesus, ich habe verstanden, warum Du in diese Welt gekommen bist und danke Dir dafür. Ja, ich möchte mit Deiner Hilfe mit Gott versöhnt werden. Mir ist klar geworden, Du weißt um alle meine Schuld von Jugend an - was mir gegenwärtig ist, was ich längst vergessen habe. Alles ist vor Dir wie ein aufgeschlagenes Buch. Damit kann ich vor dem Heiligen Gott nicht bestehen. So bitte ich Dich jetzt um Vergebung meiner Schuld. Bitte eröffne mir den Zugang zu Dir und Deiner Gemeinde in dieser Welt und damit zum Vater im Himmel.

Wenn Du das von Herzen beten kannst, darfst du in der Gewissheit, gerettet zu sein, weiter zu Gott, der nun auch Dein Vater geworden ist, beten:

Lieber Vater im Himmel, ich danke Dir, dass ich mit Dir versöhnt bin und ich jetzt zu Deiner Familie gehören darf.

Wenn Du so von Herzen mit Gott sprichst, wird Gott Dir persönlich in Deinem Herzen Frieden und Gewissheit schenken. Wenn Du diesen Schritt gehst, benötigst Du die Gemeinschaft mit und die Hilfe von anderen gläubigen Christen. So bleibst Du in Deinem Glaubensleben nicht allein und kannst Fortschritte machen. Spätestens in seiner Gemeinde lernst Du die Bibel als das Wort Gottes kennen, deren Autor der Geist Gottes ist. Er vermittelt Dir mit seinen Weisungen, wie Dein Christenleben gelingen kann, und gleichzeitig lernst Du Gottes Heilsplan mit Dir und der Welt kennen. So ist es für Deine Zukunft im Reich Gottes überlebenswichtig den einzigen Weg dahin nicht zu verfehlen.

32   Bundes-Verlag Witten (Ruhr), Buchauszug zu Heinrich Heines Abkehr vom Atheismus

Inhalt zu Buch Teil 1

Evolution
aus naturalistischer Weltsicht
oder
Schöpfung

Biowissenschaftler wollen Leben aus toter Materie erzeugen
Leben kann nur aus Leben entstehen
Hypothetische Schritte zur Entstehung des Lebens nach dem Schema der chemischen Evolution
Black Smoker: Waren sie die Brutstätten des Lebens?
Neun Etappen zum Leben nach der Vorstellung von reiner Selbstorganisation
Zelle oder Stoffwechsel zuerst?
War die Henne vor dem Ei da?
Das Wunder der lebenden Zelle
Das DNS-Makromolekül als der Träger der genetischen Information
Mutation und Selektion setzen Existenz der Makromoleküle als DNS und RNS voraus
Funktion der Nukleotide der DNS und RNS im Zellverband
Blaupausen der DNS: Regieanweisungen wie am Schnürchen

2.8   Was ist menschliches Bewusstsein und wie kann es entstanden sein?
Bewusstsein und Gewissen - Erscheinungsformen der Materie?
Bewusstsein - nur ein biophysikalischer Mechanismus?
Bewusstsein - das Produkt eines subatomaren Energiefeldes?
Epilog

Inhalt zu Buch Teil 3
Kulturgeschichte und Archäologie
bestätigen
biblische Chronologie

Vorwort
Kapitel 8
Kulturgeschichtliche Erscheinungsformen auf dem Wege zu Hochkulturen

8.1   Das Phänomen der Bibel und ihre kulturgeschichtliche Bedeutung
Die weltgeschichtliche Bedeutung der Bibel
Nur die kanonischen Bücher sind anerkannte heilige Schriften
Irrtumslosigkeit und Widerspruchslosigkeit - nur „fundamentalistische" Begriffe?
Wann und von wem wurde die Thora geschrieben?
Biblische Sippenchronik authentisch überliefert
Die Chronologie biblischer Patriarchen
Die Weltchroniken zur Schöpfungsgeschichte

8.2   Das kulturgeschichtliche Phänomen der Hochkulturen
Unsicherheiten im Rückblick auf die Weltgeschichte?
Die Lebensformen zur Hochkultur entstehen schlagartig
Kann die traditionelle Chronologie der Hochkulturen als abgesichert gelten?

Kapitel 9
Ermittlung von Eckdaten für eine chronologische Alternative zur etablierten ägyptischen Chronologie

9.1   Einstiege in die Thematik
9.2   Möglichkeiten des Umdatierens der ägyptischen Chronologie nach Schirrmacher
9.3   Die Eroberung Jerichos bereits um 1400 vor Christus?
9.4   War das Volk Israel überhaupt in Ägypten?
9.5   Die Möglichkeiten des Umdatierens der ägyptischen Chronologie nach Rohl
9.5.0 Auf der Suche nach der historischen Wahrheit
9.5.1 Bestätigen die Amarnabiefe die Regierungszeit der Könige Saul und David?
9.5.2 Die Rolle des ägyptischen Pharaos Ramses II. in der Geschichte Israels